極致愛撫②

——女性器篇

辰見拓郎、三井京子｜著
葉廷昭｜譯

晨星出版

前言

●《極致愛撫②——女性器篇》是《極致愛撫①——胸部特集》的姐妹作（辰見拓郎）

本書《極致愛撫②——女性器篇》乃是前作《極致愛撫①——胸部特集》的姐妹作。前作將乳頭視爲上半身的兩大陰蒂，並以如何愛撫乳頭讓女性高潮爲主旨，介紹兩百多種愛撫乳房的方法，搭配大量的照片與插圖進行解說。眼見前作銷量蒸蒸日上、廣受好評，續作也就於焉付梓。

假設女性能藉由陰蒂獲得百分之百的快感，那麼乳頭即擁有百分之八十的快感；然而同時愛撫兩顆乳頭的相乘效果，可使快感超越百分之一百六十。只要實際應用《極致愛撫①——胸部特集》中記述的方法徹底愛撫女性，女性的性器會變得異常敏感，並期待更進一步的愛撫。本書《極致愛撫②——女性器篇》裡記載了精確的愛撫手法，能更加確實地讓女性獲得性高潮，包准女性情慾高漲難耐，主動懇求男性插入，陰道將如狼似虎地貪求陰莖。

本人在此奉勸各位可以合併使用《極致愛撫①——胸部特集》及本書《極致愛撫②——女性器篇》所記載的方法，一邊愛撫上半身的兩大陰蒂，同時用手指愛撫下體的陰蒂，兼且將手指插入陰道與肛門，這種極致的五點攻勢會讓女性的興奮度和快感急速上升，這時將陰莖插入陰道，可輕易使女方高潮。一般來說，陰道之所以會在男性射精時痙攣，主要是藉由痙攣刺激龜頭來催促男性射精；在獲得性高潮的同時，不但肉體能獲得快感，精神也能得到高度的滿足感。

●許多女性的心聲：我要更多愛撫（三井京子）

在《極致愛撫①——胸部特集》一書中揭露了許多女性的感想，除了「我的乳房從沒這樣被愛撫過」及「我希望乳房能被這樣愛撫」的感想以外，「想要更多愛撫」的意見占了絕大多數。這一點同樣可以套用在女性的性器上。和我共同著書的辰見大師在前面也提到過，同時愛撫上半身兩顆陰蒂（乳頭）、下體陰蒂、陰道及肛門的五點攻勢，對於熟知肛交快感的我而言，這種愛撫方法能讓我得到近乎高潮的超級快感。

第一章有許多女性性器的插圖解說，讀者可藉此了解女性性器的快感；第二章介紹如何用手指準確地愛撫陰蒂；第三章介紹如何舔弄女性性器；第四章介紹愛撫女性性器的合併技巧；第五章介紹如何用陰莖愛撫女性性器，並介紹性愛的重頭戲——男女做愛的技巧。在前面辰見大師也推薦過了，將《極致愛撫②——女性器篇》記載的方法，以及我倆共同著作的《極致愛撫①——胸部特集》的方法合併使用可以徹底滿足女性。當女性在愛撫的過程中確信自己即將獲得高潮，無論男性提出何種羞恥的要求她們也願意配合。性愛講求的就是興奮和快感，興奮和快感愈高昂，愈能獲得爆炸性的高潮。

我身為一個性學作家，總是將自身實踐的經驗寫成原稿。我和性伴侶實際體驗過本書中解說的各種技巧，我被那些技巧翻弄得高潮不斷，簡直不計其數。在寫作原稿的期間，有時回想起來私處還會氾濫成災，但大半夜又不能把性伴侶約出來，好幾次只能靠自己平息慾火。不論各位讀者的性別為何，你若因為閱讀本書而勃起或溼濡，我也會同感欣喜、愛液滿盈。接下來就讓我們進入本文。

極致愛撫②——女性器篇◆目次

第2章 準確愛撫陰蒂

第3章 舔弄女性的性器

第4章 愛撫女性性器的合併技巧

第5章 用陰莖愛撫女性

目次

第1章

了解女性性器

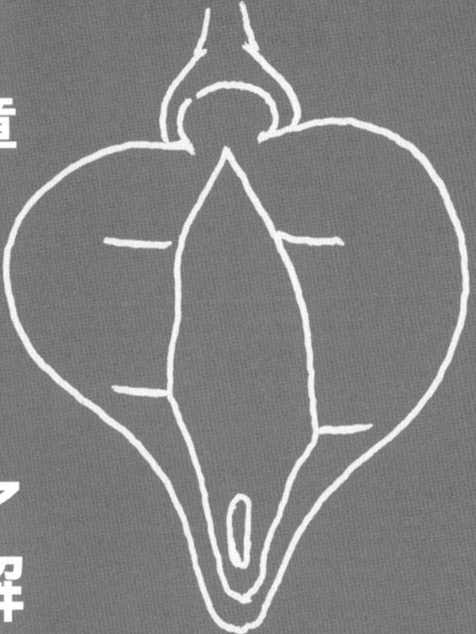

各種形狀巧妙的女性性器

乳頭可謂上半身的陰蒂

在前言中也描述過，本書《極致愛撫②──女性器篇》乃是前作《極致愛撫①──胸部特集》的姐妹作。前作將乳頭視為上半身的兩大陰蒂，並以如何愛撫乳頭讓女性高潮為主旨，介紹兩百多種愛撫乳房的方法，搭配大量的照片與插圖進行解說。

假設女性能由陰蒂獲得百分之百的快感，那麼乳頭即擁有百分之八十的快感。然而同時愛撫兩顆乳頭能使快感超越百分之一百六十，其相乘效果更可使快感超越百分之一百八十。愛撫搔癢難耐的女性性器，男性也能獲得無與倫比的快感。

十四頁到二十一頁將會介紹一部分《極致愛撫①──胸部特集》一書當中記載的方法，將這些方法配合使用，能讓女性獲得爆炸性的高潮。

推薦各位配合本書使用

在閱讀本書前，尚未讀過《極致愛撫①──胸部特集》的讀者，本人在此誠摯建議你購入前作，和本書一起合併使用。

當女性被深情一吻的同時，如果被隔著上衣搓揉乳房，整個人會變得毫無抵抗力。上半身的兩個陰蒂獲得快感，下體的陰蒂也會期待高潮，進而從陰道分泌出愛液。一邊親吻，一邊愛撫乳房的行為，在圓滑的性愛過程中扮演至關重要的角色。在十六到二十一頁，本書會介紹一部分親吻的流程，總共有三種模式。照片取自《極致愛撫①──胸部特集》一書，辰見拓郎、三井京子著。

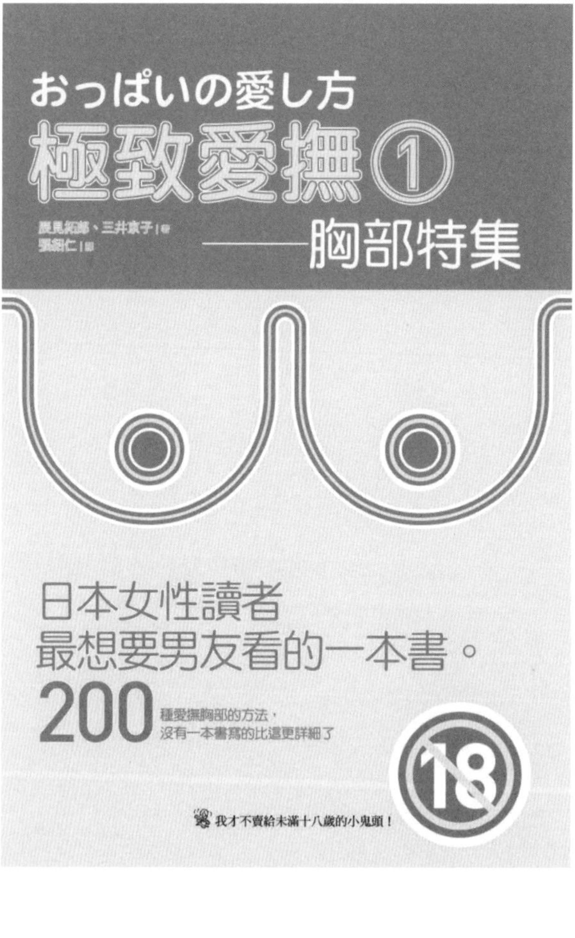
おっぱいの愛し方
極致愛撫①
──胸部特集
日本女性讀者
最想要男友看的一本書。
200
種愛撫胸部的方法，
沒有一本書寫的比這更詳細了
18
我才不賣給未滿十八歲的小鬼頭！

擁有三大陰蒂的快感

女性的上半身擁有兩顆陰蒂（乳頭），下體擁有一個實際的陰蒂。男性的快感主要集中在陰莖，女性則擁有兩顆乳頭、陰蒂、陰道，這四個強烈的性感帶。換言之，就算說女性的全身都是性感帶也不為過。

如果對方是熟識的女性，那麼一開始直接舔弄其下體也無妨，但乳房終究是女性的象徵，女性喜歡男性先從乳房下手，此乃天生的生理構造使然。

男方在親吻剛交往的女友時，假如搓揉對方的乳房也沒被拒絕的話，只要在過程中徹底愛撫女方的乳頭，就能讓女方快感連連。一下子就把手伸進人家裙子裡，很有可能會被對方厭惡；不過要是搓揉對方乳房也沒被拒絕，那就是ＯＫ的證據了，這時要繼續搓揉乳房刺激對方情慾。

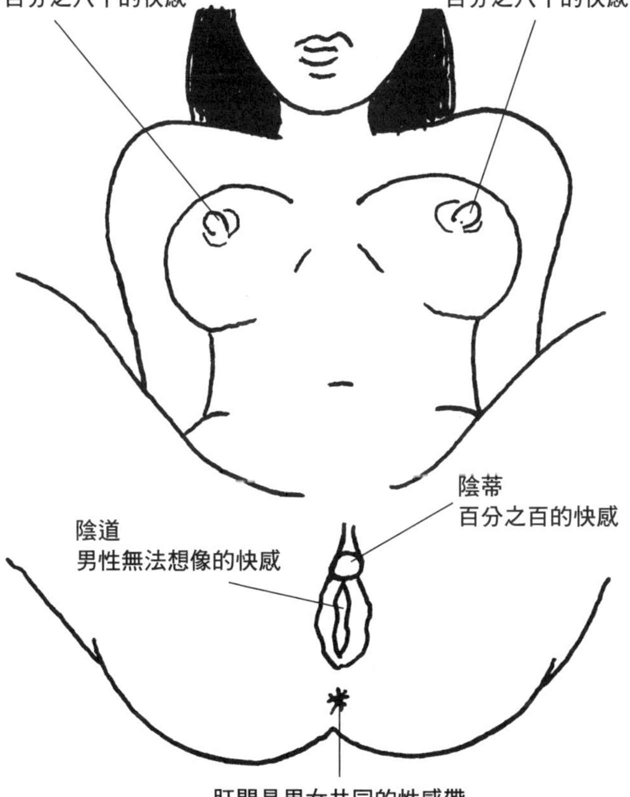

乳房是女性的性特徵，女性天生希望乳房能先被愛撫，男方在親吻女方時，若搓揉對方乳房也沒被拒絕，那就等於可以發展到最終階段了。先以蛇吻挑起女方的情慾再搓揉乳房，等女方脫下衣服後先愛撫乳房，再依序愛撫陰蒂，這時十分潮溼的陰道已經準備好要做愛了。

女性難以抗拒乳房被愛撫的感覺

在講解愛撫乳房的方法之前，為了讓各位了解愛撫乳房在性愛的過程中是何等重要，接下來會介紹四種愛撫的模式。本人身為性學作家，透過和許多女性實際做愛來進行取材，這些經驗使我深刻體認到，愛撫乳房可以成功挑起女性做愛的慾望。

對此，同樣身為性學作家、亦是本書的共同作者三井京子不但表示贊同，也替女性朋友表達了心聲。一旦男性把臉埋進女性的乳房撒嬌，或是在接吻的同時愛撫乳房，幾乎所有的女性都願意發展到最終階段。特別是男性撒嬌的時候會激起女性的母性本能，之後便會願意以身相許。

這四種模式以撒嬌、巧妙脫下對方衣物、淫蕩的愛撫方法、從身後愛撫為主題，搭配不同的情況來進行解說。

深情一吻，隔著衣服將臉埋進乳房撒嬌。

這時女方已經願意發展到最終階段了。

被激起母性本能的女方會抱住對方。

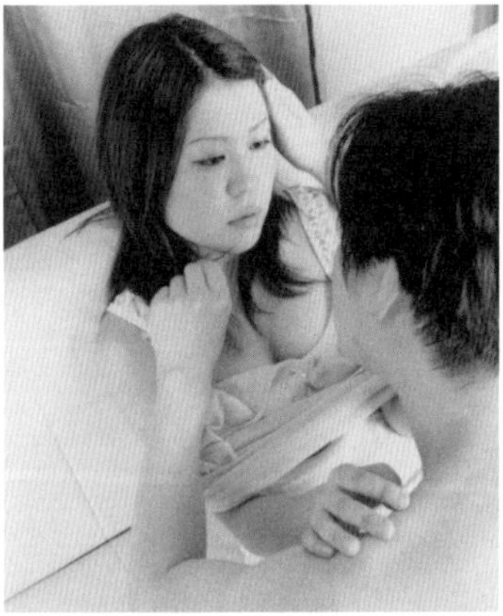

溫柔地撒嬌，同時脫下對方的衣服。

※本書僅介紹三種模式

將臉埋進乳房撒嬌，並脫下對方的胸罩。

先從徹底愛撫乳房開始。

搓揉赤裸裸的乳房，同時親吻女方。

用嘴吸吮、舔弄其中一邊乳頭，再用手指愛撫另一邊乳頭。

●女性會產生高潮的預感

上述的方法都是細心考量女性感受的完美步驟。這時候女性會產生高潮的預感，放鬆身心委身於快感當中。開始接吻以後，一旦女方抱緊自己胸前的男友，那就代表她願意和對方發展到最終階段了。

乳頭可謂上半身的陰蒂，在徹底愛撫乳頭後，下體的陰蒂將會完全勃起，陰道也會變得十分溼潤。只要上半身的陰蒂感受到快感，下體的陰蒂也會變得興奮難耐，進而期待男方的愛撫。一旦連下體的陰蒂都變得興奮難耐，陰道便會極度渴求男方堅挺的陰莖。這時用勃起的陰莖摩擦興奮難耐的陰部，女方的快感將一觸即發。

巧妙脫下女性衣物的老練手法

一開始先輕柔的親吻女方，之後再深情的蛇吻，在輕吻女方的同時慢慢解開對方上衣的鈕扣；這時陶醉在浪漫氣氛中的女方已經願意發展到最終階段了。和剛交往的女友第一次做愛時使用這招也同樣具有神效，巧妙脫下女性衣物可使性愛過程更為順利。

脫下女方的外衣和胸罩後輕吻對方，同時一手摟緊其肩膀，另一手搓揉其乳房，之後徹底愛撫乳房，如此一來整個性愛過程保證從頭到尾氣氛滿點，這次性愛從一開始就能成功引領女方達到性高潮。

過程中，男方在接吻時脫下自己的衣物可以保持良好的氣氛，愛撫完乳頭以後，用「公主抱」將女方抱到床上，女方將會成為你的俘虜，任你予取予求。

接吻的同時解開上衣的鈕扣。

女方將完全委身於男方。

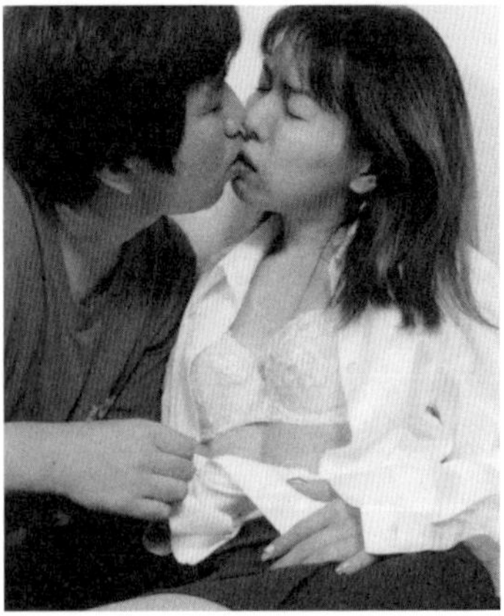
蛇吻後的輕柔接吻極具氣氛。

接吻的同時脫下對方外衣。

持續地輕吻對方，同時脫下對方胸罩。

互相親吻時慢慢加重搓揉乳房的力道。

先輕輕搓揉乳房，同時親吻對方。

極度敏感的女方會激烈喘息。

●接近高潮的邊緣

上述的方法是能讓女性陶醉在浪漫氣氛中的完美步驟。女性不僅難以抗拒親吻和浪漫的氣氛，若在前戲時被巧妙地褪去衣物，她們便會產生高潮的預感。這下子百分之百可以進行到最後，所以請徹底愛撫女方的乳房。

連綿不絕地親吻女方的嘴唇，同時脫下她的胸罩，女方的陰道將會因爲喜悅和興奮而氾濫成災。這種情況下要直接做愛自然沒什麼問題，不過如果能用「公主抱」將女方抱到床上會很有情調，女方甚至會因此接近高潮的邊緣。介紹過成熟美妙的方法之後，接下來就是淫蕩的愛撫技巧，這也是極富變化、令人臉紅心跳的手法。

從身後抱緊女性的愛撫方法

從身後抱緊女方的行為會使整個過程充滿浪漫氣氛。男方的前胸緊貼著女方的後背，女方會轉過頭來和男方接吻。在和女方接吻的同時，雙手潛入其上衣，隔著胸罩搓揉乳房，這時女方已經任你予取予求了。

由於雙方始終在接吻，所以女方被任意搓揉乳房也不會有任何抵抗。之後解開女方背後的胸罩扣，再用雙手搓揉赤裸的乳房，同時親吻女方的頸部。被男方從後方抱緊，乳房和頸部也一同受到搓揉和親吻，女方會完全陶醉在浪漫的氣氛中。

接下來在愛撫兩顆乳頭的時候持續接吻，女方上半身的陰蒂會變得興奮難耐，下體的陰蒂也會期待被愛撫，陰道將徹底溼潤，期待做愛時被陰莖摩擦的快感。

前胸緊貼女方後背，先親吻女方。

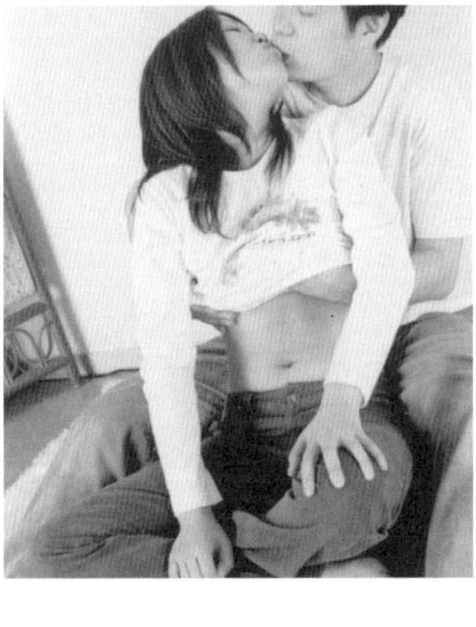
雙手潛入上衣中搓揉乳房。

一邊接吻，一邊脫下胸罩。

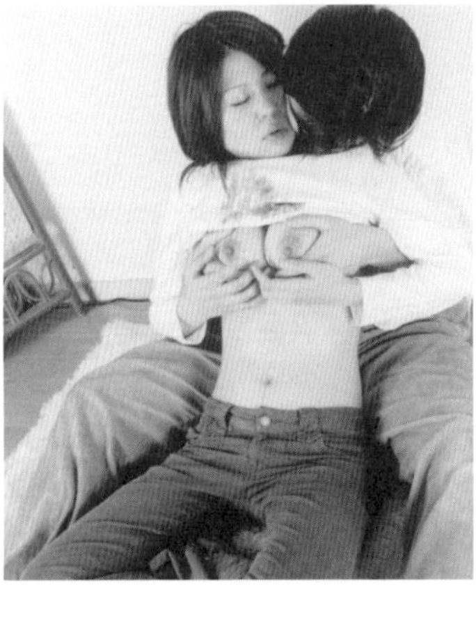
用雙手搓揉乳房，同時親吻頸部。

一邊接吻，一邊按摩乳房。

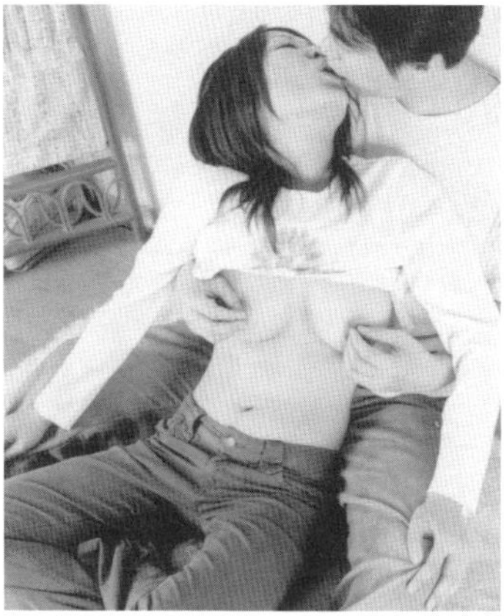

乳頭的快感會讓女方興奮難耐。

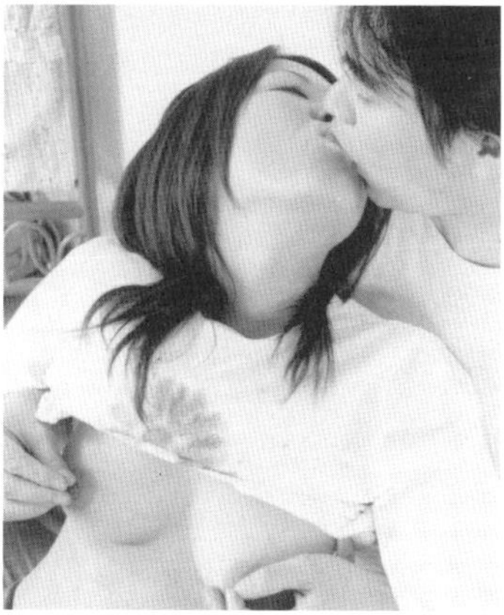

愛撫兩顆乳頭的同時持續親吻女方。

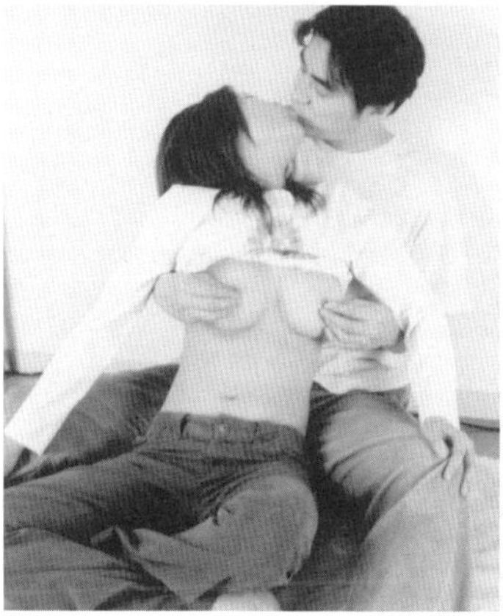

陰蒂和陰道也會因為期待而溼潤。

●男性的溫柔與浪漫氣氛

相信幾乎所有的女性都會支持男性從身後抱緊自己，並愛撫乳房的方法吧！女性雖然也喜歡男性從正面擁抱自己，但從身後擁抱有種美妙的氣氛，這時候女性會任對方予取予求。女性對男性的溫柔及浪漫氣氛是最沒有抵抗力。

使用從身後愛撫的方法，女方會完全委身於男方。牛仔褲雖然比裙子難脫，但這時彼此都已情慾高漲，因此在脫下褲子的時候，女方也會下意識地幫忙，這點毋需擔心。有機會的話請試試從身後擁抱的方法吧，你一定能嘗到新鮮的興奮感和性愛過程。

女性性器的構造與陰蒂

當上半身的兩顆陰蒂（乳頭）受到愛撫和刺激，陰道黏膜中的微血管會在十秒到二十秒內迅速充血，並從血管和黏膜細胞中分泌體液。這些體液會像汗水一樣滲出陰道壁，隨後漸漸溢出陰道口；這些體液當中絕大多數都是愛液。

雖說愛液的分泌量因人而異，但和愛撫乳房的方法也息息相關。換言之，愛液的分泌量和快感成正比。G點分泌液亦會在性快感高昂的時候經由尿道射出，從透明無色乃至乳白色黏稠狀的種類都有。另外，陰道口下方的左右兩側也會分泌巴氏腺液。

這時候陰蒂將完全勃起，花蕊（小陰唇）盛開，大陰唇也跟著膨脹。陰蒂的大小和龜頭一樣因人而異，但快感幾乎不會有任何差別。

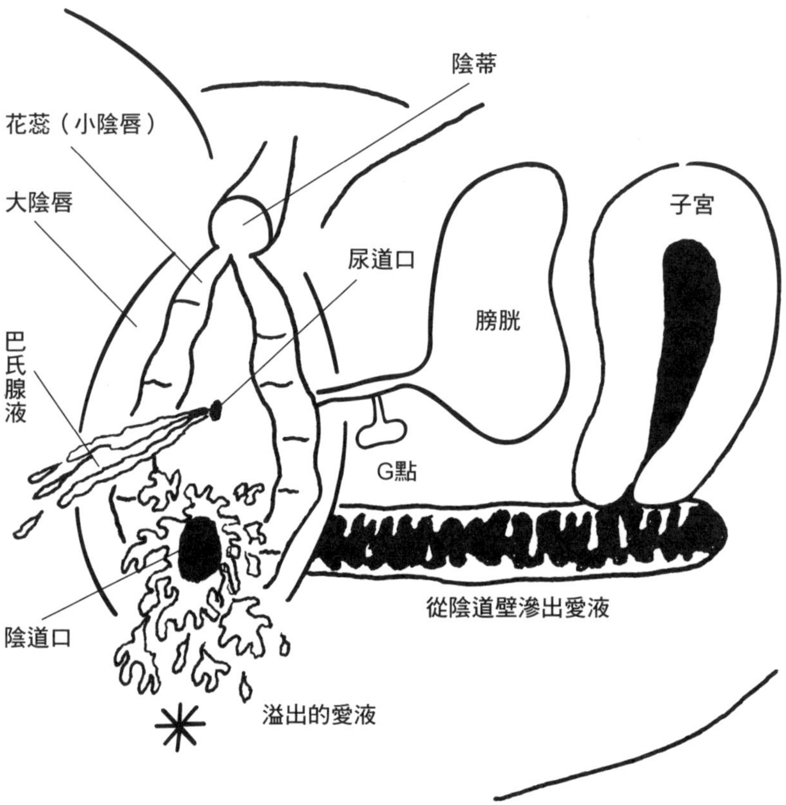
愛液如同汗水般滲出陰道壁

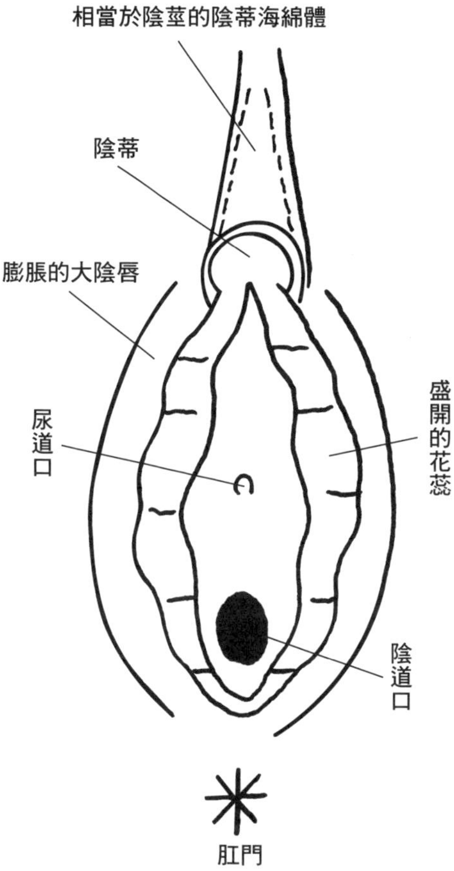

1.5公分以上的超大陰蒂。

0.5～0.7公分的普通陰蒂。

0.3公分以下的小型陰蒂。

●我是本書的共同作者三井京子

我是本作《極致愛撫②——女性器篇》的共同作者三井京子。我和辰見大師的共同著作繁多，這些作品都是由性學泰斗辰見大師與身爲性學後進的小女子共同著述的，相信對於愛撫女性性器的方法，市面上的書籍無人能出其右。

本書赤裸裸地呈現女性的性器，以女性性器的角度來解說愛撫的方法。辰見大師接觸過眾多女性的性器，對女性性器的了解自然毋庸置疑，加上身爲女性的我來補足女性的要求，使本書更加完善。

身爲女性的我看過不少陰莖，唯獨鮮少有機會接觸女性的性器，因此關於女性性器的形狀云云便交由辰見大師來爲各位講解。

盛開的花蕊（小陰唇）

本人——辰見拓郎接觸過不計其數的女性性器，在此為各位解說女性性器的形狀。女性只要受到性刺激，性器也會跟著興奮。女性的性器在興奮時會分泌愛液，這點我們前面已經講解過了，而外觀上的變化主要有陰蒂勃起、閉塞的花蕊慢慢膨脹開花、大陰唇也隨之膨脹，整個下體會微微脹大。

正如男性的陰莖尺寸各有不同一般，女性性器的形狀更是千奇百怪、各有特色。男性基本上只有外陰部（陰莖），女性則有俗稱「鮑魚」的外陰部，以及男女做愛時最重要的內陰部（主要指陰道）。男性的快感大多集中在龜頭，女性卻能享受性器所帶來的多變快感。除此之外，上半身還有兩顆陰蒂（乳頭）。

獨具特色的盛開花蕊和陰蒂

女性性器最具有特色的便是陰部的花蕊。有的花蕊盛開、有的含羞待放、有的則捲曲成團，甚至還有閉成一線的花蕊，也就是俗稱的「一字鮑」。現在就來介紹女性受到性刺激後，花蕊膨脹盛開的外陰部。

綻放對稱花蕊的女性性器。

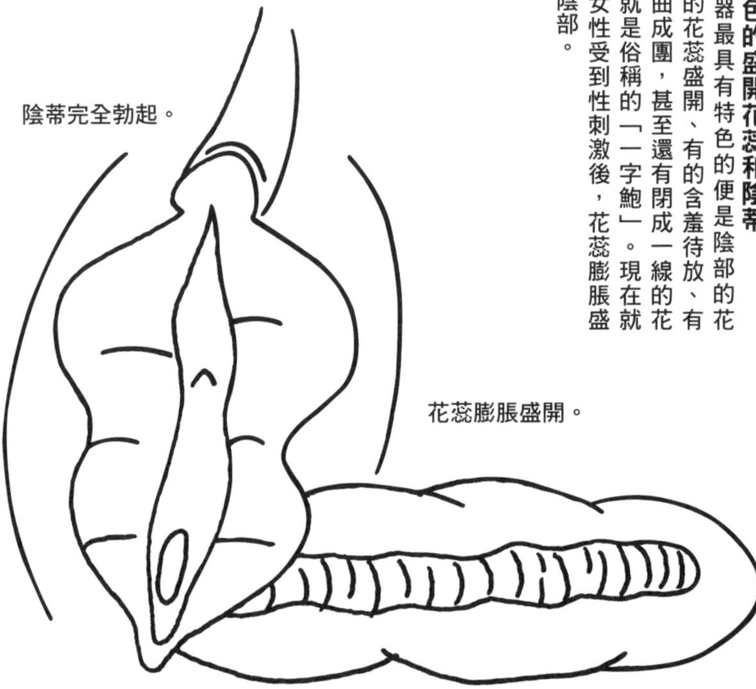
陰蒂完全勃起。
大陰唇跟著膨脹。
花蕊膨脹盛開。
內陰部（陰道）充滿皺褶的性器。

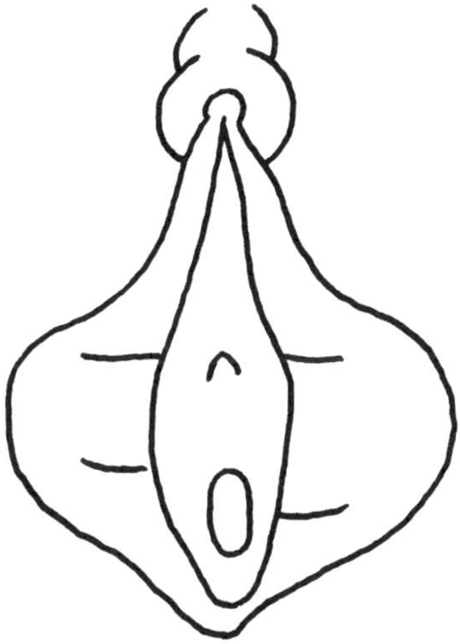

下半部發達型的花蕊；普通的花蕊愈到下面形狀愈纖細，但也有少數相反的女性性器

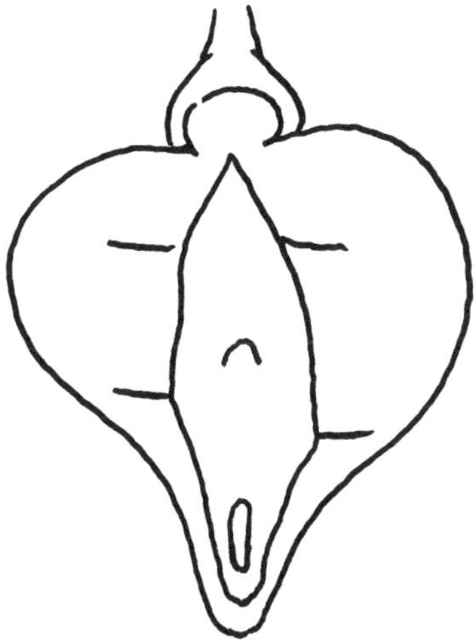

上半部發達型的花蕊；此種陰部給人飽滿圓潤的印象，陰蒂也很大顆，讓人想一舔為快。

皺褶繁多、凹凸有致的花蕊；舔起來觸感很好，陰蒂完全勃起時會外露。

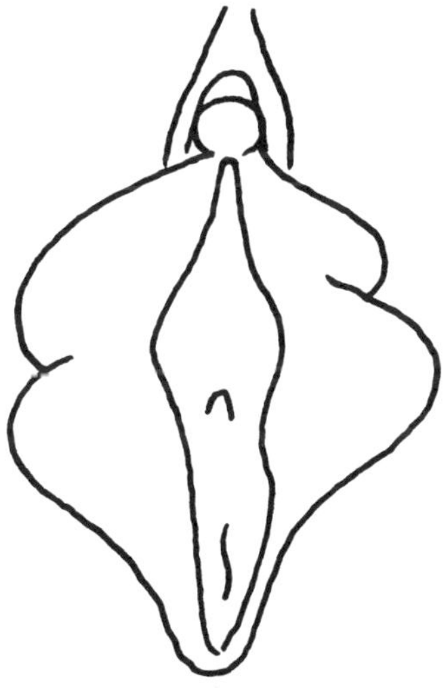

蝶形花蕊；飽滿的美麗花蕊，入口緊密，實物為粉紅色。

左右過於發達的花蕊；看似閉塞，實則嬌艷盛開。

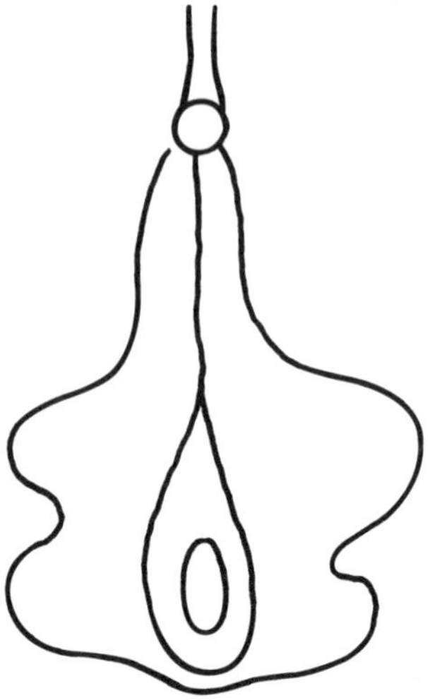

下半部呈蝶形的花蕊；實物的陰蒂細小，整體看起來相當可愛的性器。

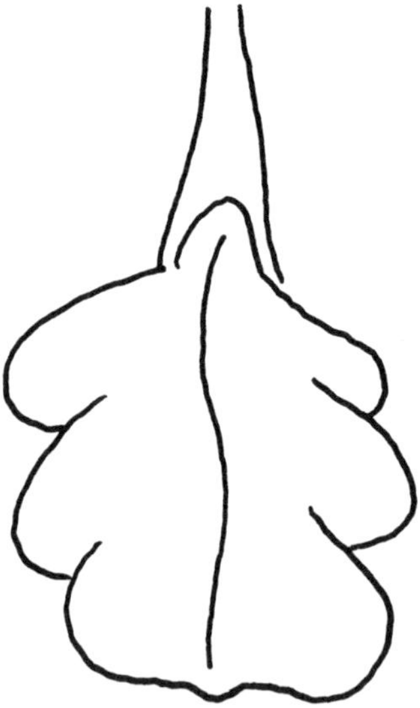

盛開的花蕊過於發達飽滿；形狀看似下垂，觸感非常良好。

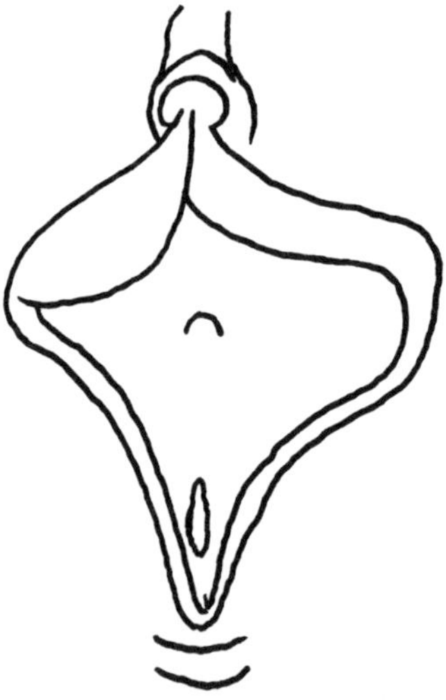

上半部外翻綻放的花蕊；陰道前庭外露，閃耀愛液的光澤。

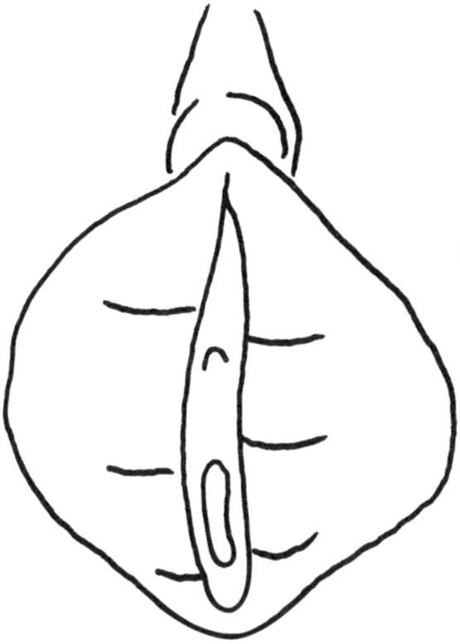

如同豐唇般左右對稱的花蕊；飽滿圓潤，讓人想用臉頰磨蹭一番的性器。

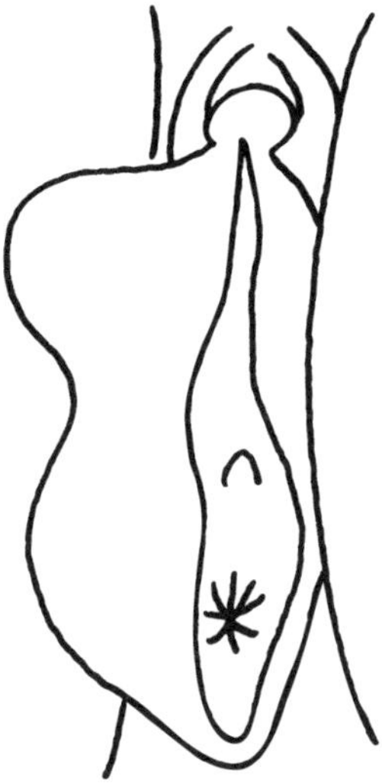

一半的花蕊美麗綻放，另一半尚未發達而被大陰唇遮蔽，十分少見。

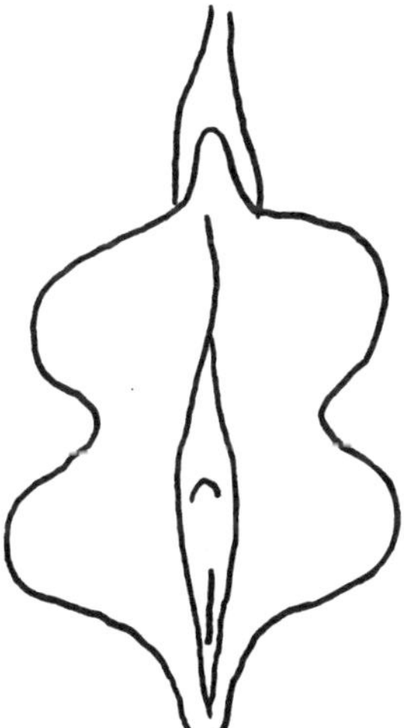

狀似小提琴，讓人想演奏一番（舔弄）的性器。

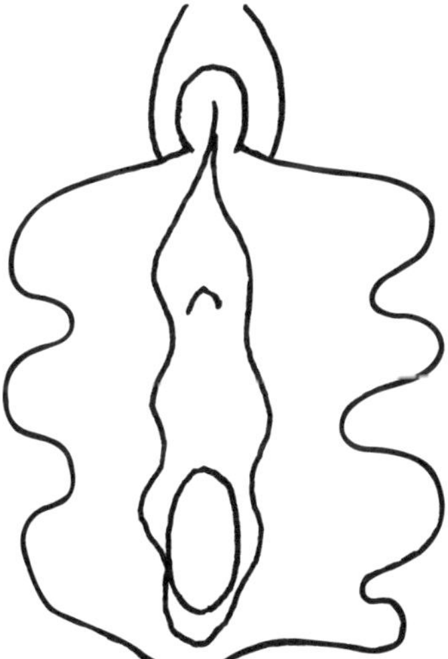

此種花蕊形似海中的海草，純粹觀賞也能讓人興奮。

百分之七十的花蕊都是捲曲成團的

前面已經介紹過盛開的花蕊，但大多數的女性性器都是捲曲成團、含苞待放的花蕊。你的老婆或女友也有百分之七十的機率屬於捲曲型的花蕊，這種花蕊的陰蒂會在花蕊前端形成尖細的形狀。包含陰蒂在內，女性的性器擁有各式各樣不同的面貌。

男性龜頭的快感幾乎大同小異，和陰莖及龜頭整體的大小無關。陰蒂的大小也同樣不會影響女性的快感。然而，大顆的陰蒂能被舔弄的面積比較大，快感也較為強烈。碰到特大型的陰蒂甚至還可以用類似口交的方法吸吮、舔弄一番。

陰蒂是人體中唯一為了獲得快感而存在的特殊器官，熟知各式各樣的女性性器，有助於我們了解愛撫女性性器的方法。

名器與否不能單靠外觀來判斷

名器無法經由性器的外觀及美貌與否來判斷。有些花蕊盛開的漂亮性器的確是名器，有些花蕊捲曲成團的性器也同樣是名器；這種名器的陰道口極為狹窄，被陰道口纏緊的龜頭一旦深入其中，裡面的陰道壁同樣會纏住陰莖不放。

女性性器中最常見的是捲曲成團的花蕊。

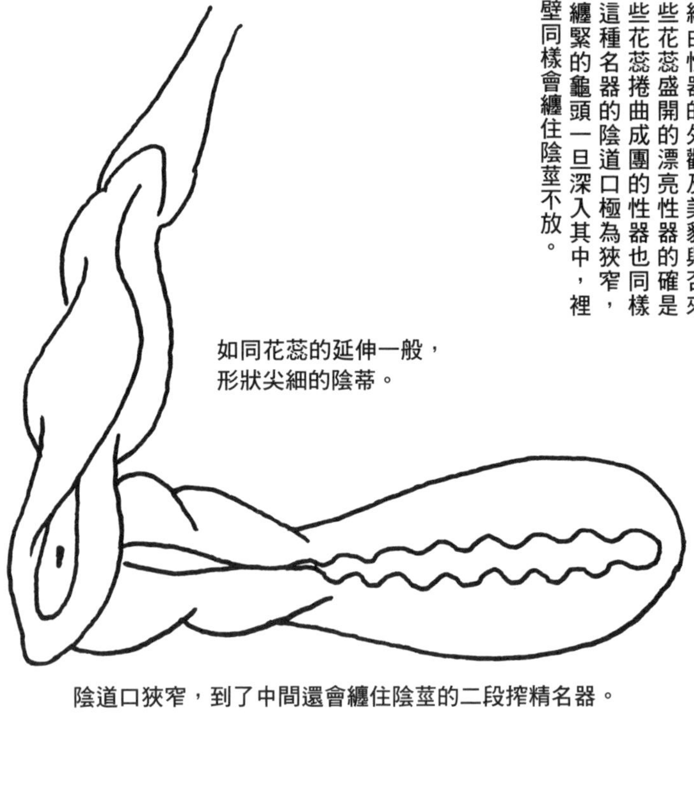

陰道口狹窄，到了中間還會纏住陰莖的二段搾精名器。

陰蒂完全外露，包皮也極為特殊，整體形狀複雜的花蕊。

陰蒂被完全掩蔽，花蕊直接從包皮下方延展開來，花蕊的中央捲曲成團。

飽滿的花蕊圍繞著陰蒂捲曲成團，狀似豌豆。

陰蒂如同花蕊的延伸一般，和花蕊連在一起，捲曲的花蕊完全閉鎖。

花蕊的上半部和陰蒂呈一字形，下半部則呈捲曲狀。雖然沒什麼特別，但顏色是粉紅色。

形狀短小的垂直狀花蕊；用指尖沾溼特大的陰蒂後就能用手指愛撫。

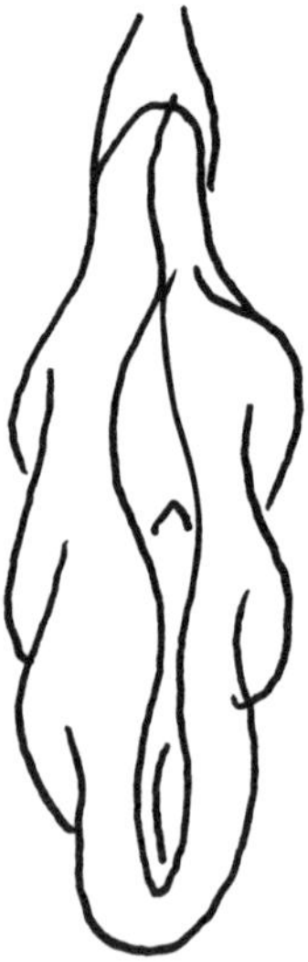

幾乎分不清陰蒂和花蕊的區別，呈左右均等的捲曲形狀。擁有這種花蕊的女性是超級美女。

這種性器的花蕊被膨脹的大陰唇包夾而捲曲，給人一種努力綻放的印象。

陰蒂外露，但花蕊緊閉。擁有這種花蕊的女性個性也很頑固。

翻開包皮會看到大顆陰蒂，一邊的花蕊飽滿，可以看清尿道口和陰道。

樣貌獨樹一幟的花蕊，拉扯左右兩邊的花蕊可以刺激陰蒂。

陰蒂的包皮過長，整個花蕊看起來也像被包皮覆蓋，就算受到性刺激也不會綻放。

尚未發達的一字鮑花蕊

線狀花蕊的女性性器也就是俗稱的「一字鮑」。不知何故，擁有這種花蕊的女性多半陰毛稀疏、容貌年幼。男性在舔弄這種一字鮑的花蕊時，也能同時舔到大陰唇；另外，這種性器的陰蒂雖然細小，但手指很容易就能找到陰蒂的正確位置，並施以準確的愛撫。用手指沿著一字形（花蕊）的中央往陰蒂的方向移動，手指移動到頂端的位置正好就是陰蒂。

由於此種花蕊並不發達，陰蒂大多被包皮掩蔽、體積也比較細小，但少數擁有大顆陰蒂的一字鮑卻令人印象深刻。除此之外，在女性張開雙腿的時候，一字鮑的花蕊大多還是處於閉合的狀態，唯獨少數形狀奇特的花蕊讓人難以忘懷。擁有一字鮑的女性大多身材苗條，不過這並沒有確切的根據，只是我閱歷數百人的經驗之談。

一字鮑的陰道口相當狹窄

大多數的一字鮑陰道口相當狹窄，陰道口以外的部位也是如此，插入感自然非常良好。這種名器的陰道就像青魚子一般，擁有許多密集的皺褶，抽插的感覺非常良好，以致陰莖難以持久，男性往往心有餘而力不足。

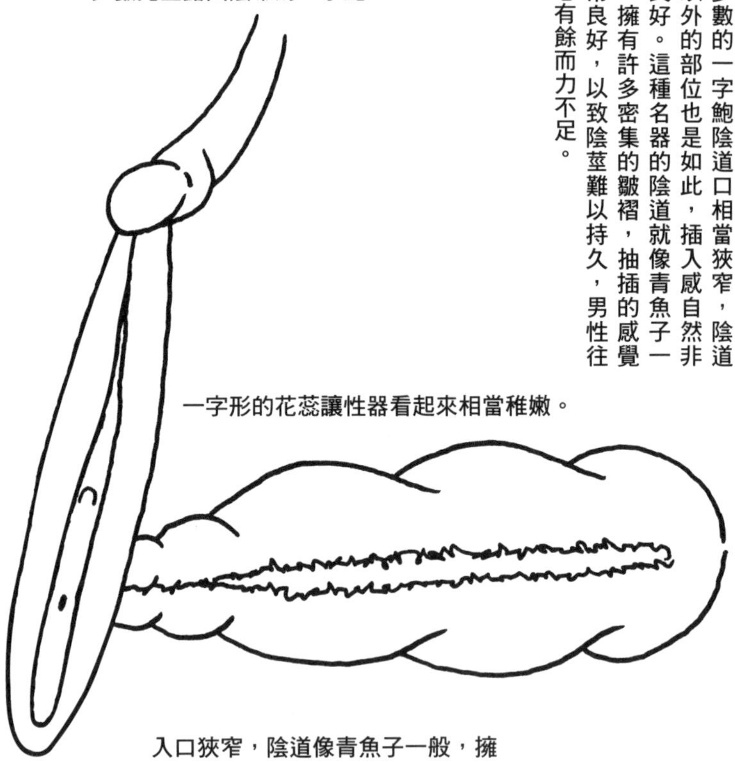
少數完全露出陰蒂的一字鮑。
入口狹窄，陰道像青魚子一般，擁有許多密集皺褶的名器。

雙腿張開時花蕊會左右敞開的一字鮑，給人楚楚可憐的印象。

平整的一字鮑；分不出陰蒂和花蕊的區別，花蕊緊閉。

捲曲成團的一字鮑，花蕊看似嬌羞。擁有這種花蕊的女性也很容易害羞。

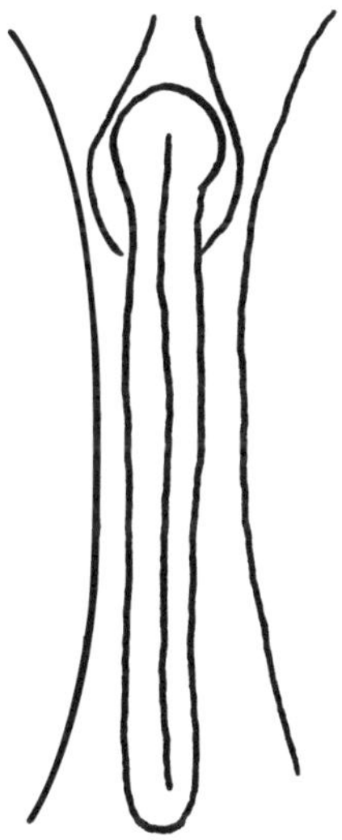

花蕊被大陰唇包夾，緊密的一字鮑彷彿拒絕陰莖的入侵。

被大陰唇擠壓的一字鮑，插入感很好；陰蒂完全外露，十分罕見的性器。

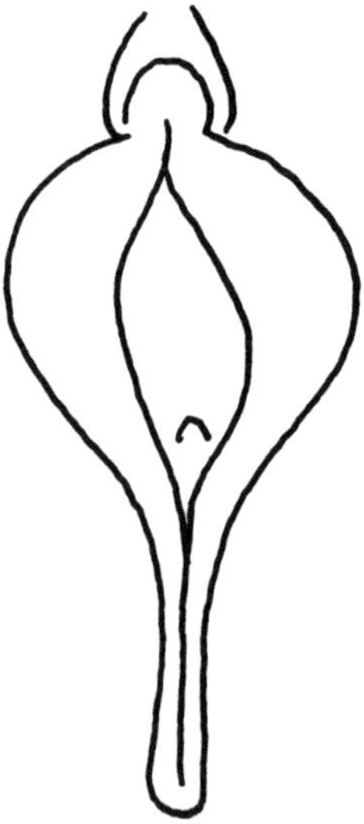

花蕊的上半部飽滿盛開，下半部纖細緊閉；只要手指插入就會溢出愛液。

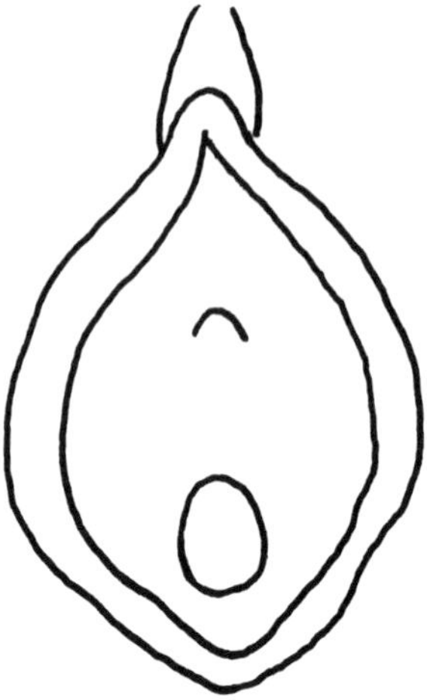

少數陰戶大開的一字鮑；陰道前庭呈紅色，花蕊則呈茶褐色。

這種一字鮑給人強烈的印象，看起來像兩隻蚯蚓並排爬行。

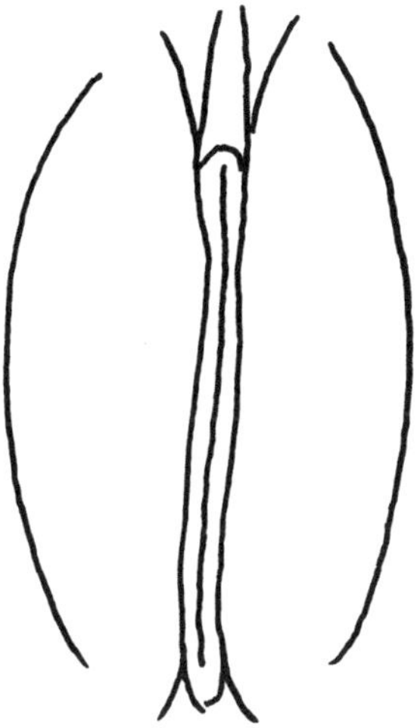

被大陰唇擠壓的最強一字鮑，花蕊緊閉的程度連用手指撥開都很費力。

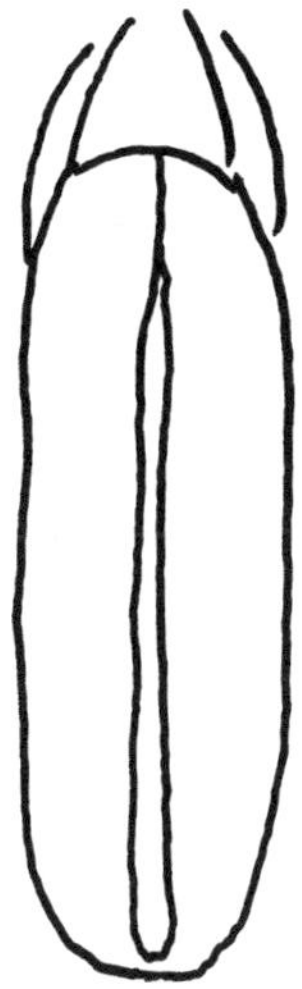

狀似兩條明太子並排在一起的豐滿一字鮑；翻開包皮能看到大顆的陰蒂。

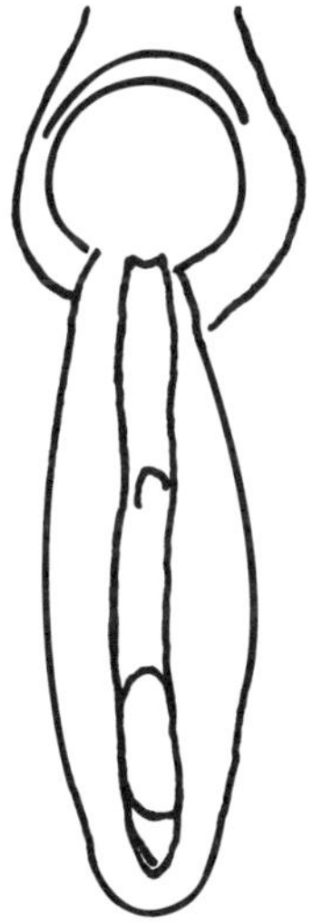

可遇不可求的大顆陰蒂——一字鮑。

如同貝殼緊閉的一字鮑，受到性刺激也不會有太大變化，但撥開花蕊能看到裡面充滿豐沛的愛液。

花蕊形狀獨樹一幟、異常發達

本人透過實際做愛進行取材的對象約有三百人左右；另外，還得到一些AV導演和AV男優的幫助進行取樣。接下來將從一千名女性中，特別挑選十三個最具風格的女性性器來介紹。常言道，女性性器的面貌取決於花蕊的形狀，這些女性性器的面貌真的非常有特色。

有鑑於將性器描繪得太過真實可能會產生一些問題，因此這些性器會以轉化的方式來描繪。花蕊愈是發達、碩大，不論視覺上的感受，還是舌頭舔弄的觸感都會令人興奮。再者，用陰莖摩擦陰部的時候，花蕊的觸感也能帶給龜頭和陰莖很大的享受。

下圖是名為吸精鮑的名器，大顆的陰蒂外露、飽滿的花蕊朝左右兩邊外翻，光看就讓人興奮。這種名器愛液豐沛，抽插感也是一流的，健康的淡褐色更是堪稱美景。

名為吸精鮑的名器

大顆陰蒂完全外露，飽滿的花蕊朝左右兩邊外翻。陰道口十分狹窄，陰莖一旦插入彷彿會被榨取一般，愛液也十分豐沛，名器之說當之無愧。健康美豔的淡褐色性器令人忍不住想吸吮其花蜜（愛液）。

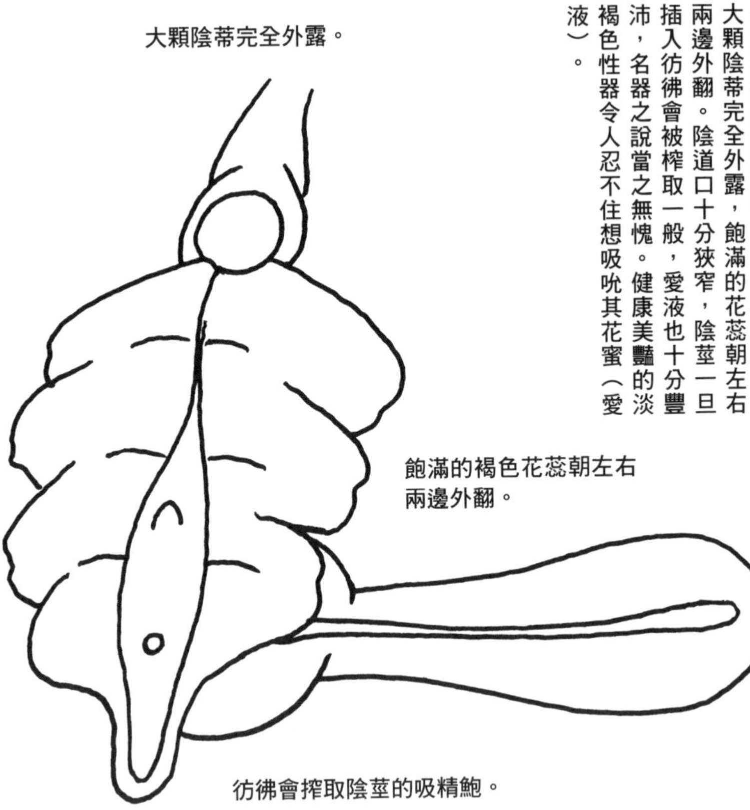
大顆陰蒂完全外露。
飽滿的褐色花蕊朝左右兩邊外翻。
彷彿會搾取陰莖的吸精鮑。

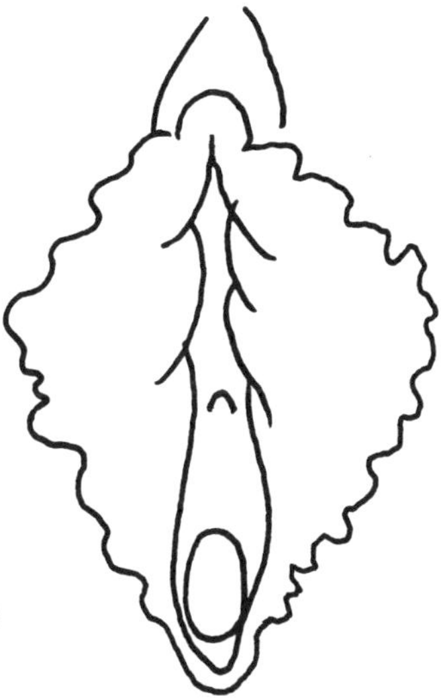

薄薄的花蕊緊連溼潤的外陰部縫隙，撥開花蕊呈菱形狀，十分柔軟。

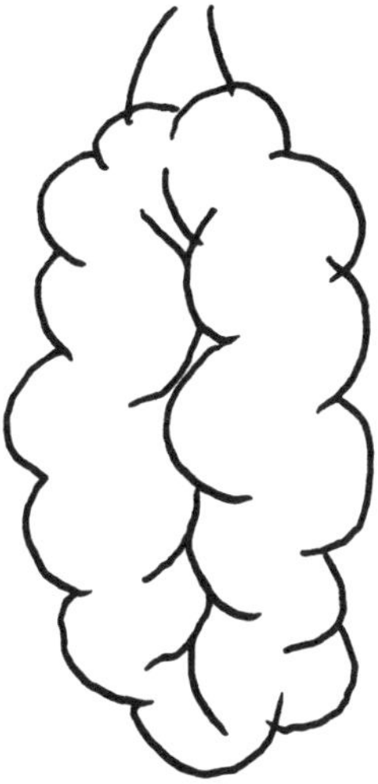

每次吃火鍋裡的鱈魚精巢，我就會聯想到這種珍珠串般的花蕊。

顏色黝黑、凹凸不平，狀似兩條海參並排的超稀有花蕊。

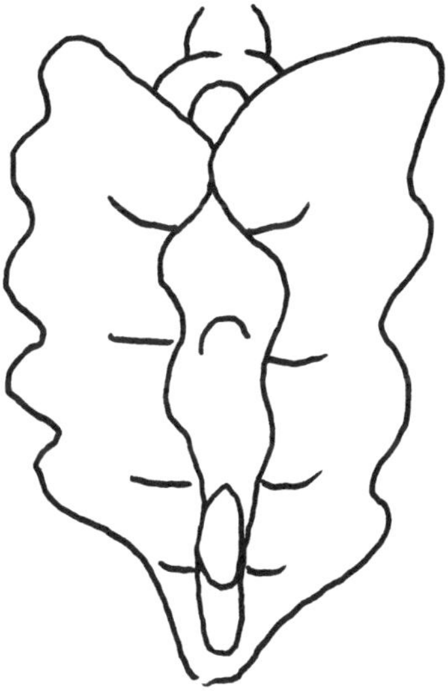

充滿藝術感的粉紅花蕊，外觀典雅，令人為之心折，不停舔弄。

盛開的花蕊彷彿朝左右兩邊飛躍一般，外觀呈淡粉紅色的美豔性器。

陰蒂碩大、花蕊下垂，愈靠近前端的花蕊愈飽滿，舔弄的觸感非常好。

陰道前庭徹底外露，花蕊向外綻放，如同向日葵般盛開。

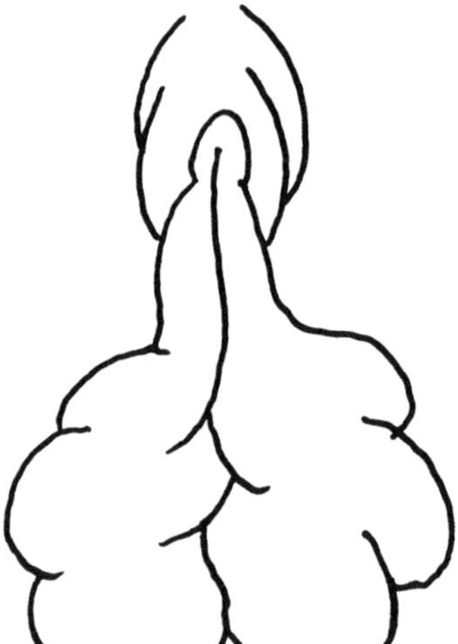

陰蒂的包皮也很飽滿，花蕊的下半部異常飽滿，摸起來很柔軟。

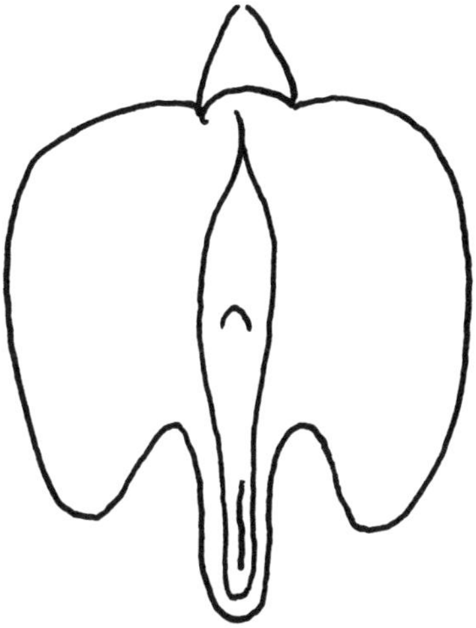

陰蒂包皮呈鳥喙狀，花蕊如同燕子展翅滑翔一般。

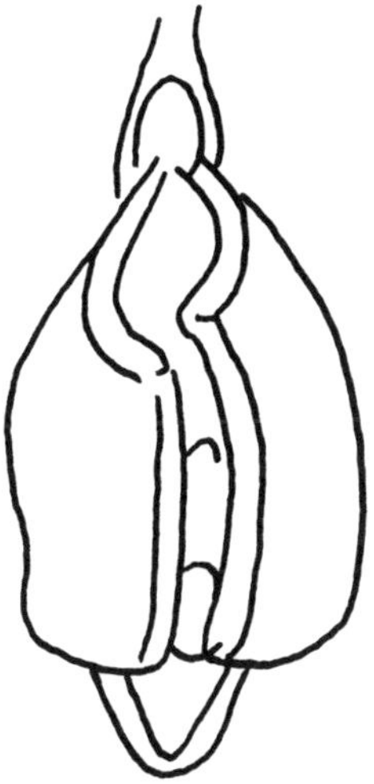

如同蒟蒻薄片的花蕊向前方突出，性器整體也是蒟蒻的顏色。

花蕊相當鮮紅，狀似雞冠或海星的罕見性器。

渾圓的陰蒂下方連接兩條如海草般的花蕊，十分罕見。

花蕊和陰蒂緊密相連

卵子在受精的時候，最初生成的性別為女性；直到陰蒂體和陰蒂龜頭共同突出形成陰莖的形狀，受精卵的性別才會轉為男性。沒有轉化而日漸發達的女性陰蒂相當於男性的龜頭，充滿皺褶的花蕊被男性的睪丸碰撞會產生快感。

只要將陰莖的包皮褪下，就可以看到龜頭底部和包皮緊密連繫在一起。同樣地，將陰蒂的包皮褪下，也能夠看到包皮和陰蒂底部連繫在一起，而花蕊則是順著陰蒂向下伸展。

陰莖和陰蒂同樣依靠海綿體勃起，而花蕊擁有陰莖所沒有的快感，陰道口內兩到三公分的部位快感最為強烈。女性也能藉由「會陰」獲得快感，可以說女性的下體全部都是性感帶。此外，依照不同的愛撫手法，女性能獲得無與倫比的快感。

外陰部比例良好，陰道也不同凡響

圓潤的陰蒂外露，盛開的花蕊皺褶稀少、左右對稱。陰道口外露，愛液自然溢出。陰道內飽滿的肉壁會緊緊纏住陰莖，帶來不規則的刺激，堪稱內外皆優。整個下體呈淡粉紅色。

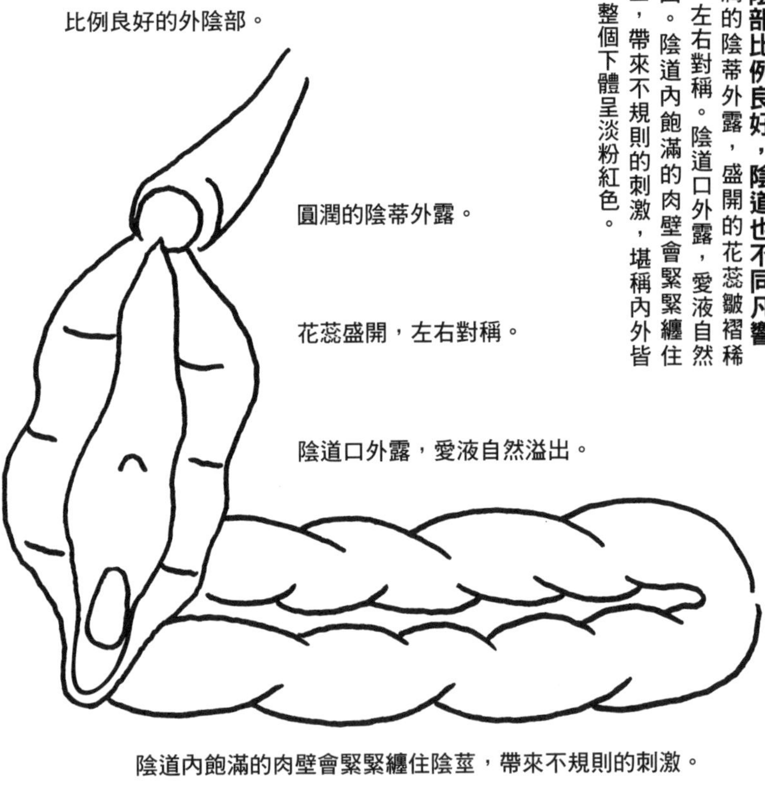

比例良好的外陰部。
圓潤的陰蒂外露。
花蕊盛開，左右對稱。
陰道口外露，愛液自然溢出。
陰道內飽滿的肉壁會緊緊纏住陰莖，帶來不規則的刺激。

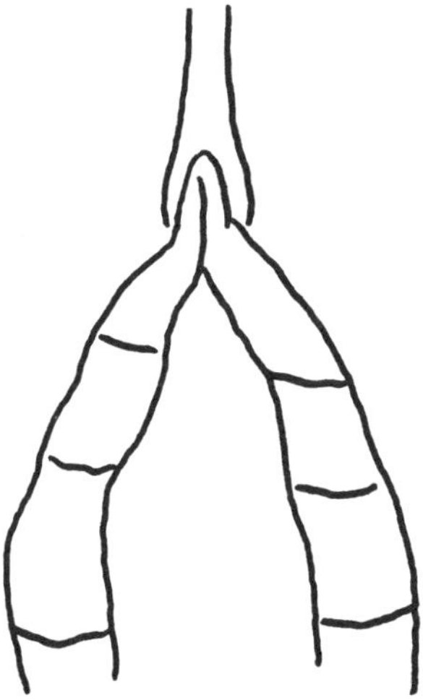

陰蒂貧瘠，陰蒂以下的花蕊也給人貧瘠的印象；敏感度倒是不錯。

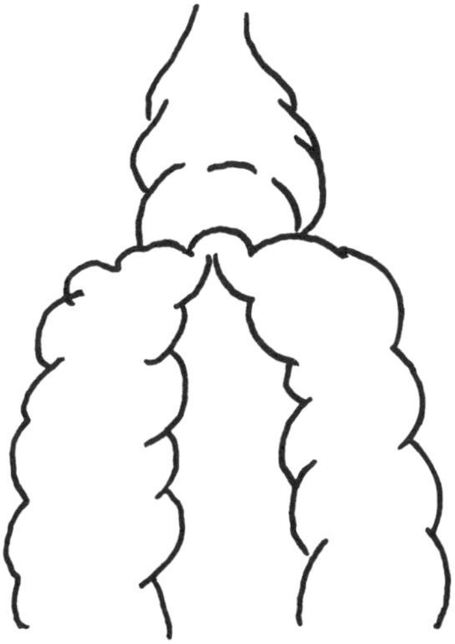

包皮看似鬆弛，陰蒂下方的花蕊質地肥滿，十分柔軟。

陰蒂細小、包皮細長，陰蒂以下的花蕊呈線狀、質地貧瘠；擁有此種性器的女性也很瘦弱。

撥開包皮能看到大顆的陰蒂；連接著陰蒂的花蕊盛開，樣貌平凡無奇。

大顆的陰蒂彷彿戴著帽子一樣被包皮覆蓋，看起來惹人憐愛。

平常陰蒂完全被包皮掩蓋，受到性刺激就會完全外露。

完全勃起的大顆陰蒂，陰蒂附近的花蕊也能感受到強烈的快感；此乃超級敏感的性器。

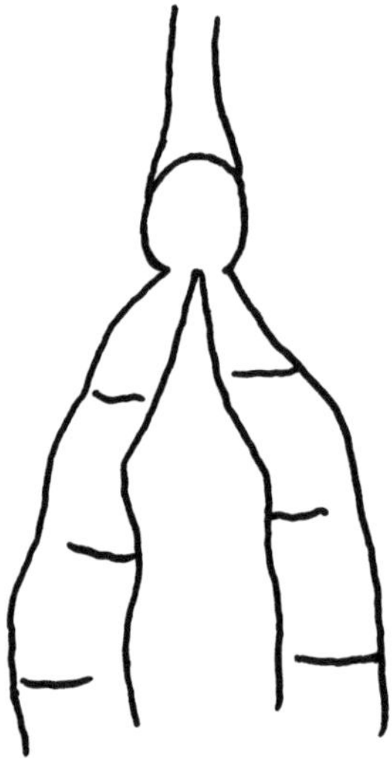

沒有勃起也同樣外露的陰蒂；此種陰蒂對刺激十分敏感，摩擦到內褲也會興奮。

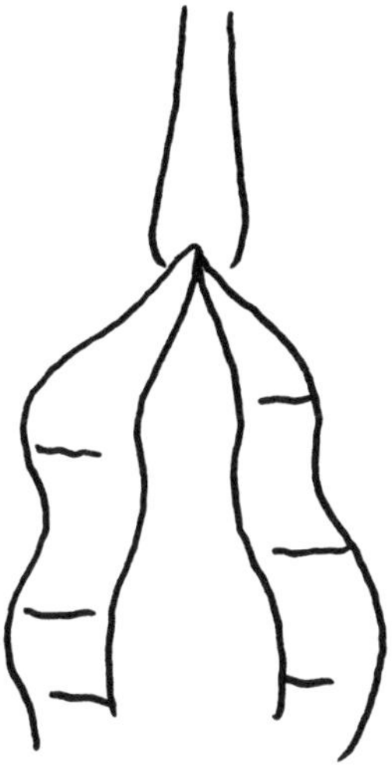

陰蒂超級小顆，而且還被包皮覆蓋，用手指愛撫常會失去準頭。

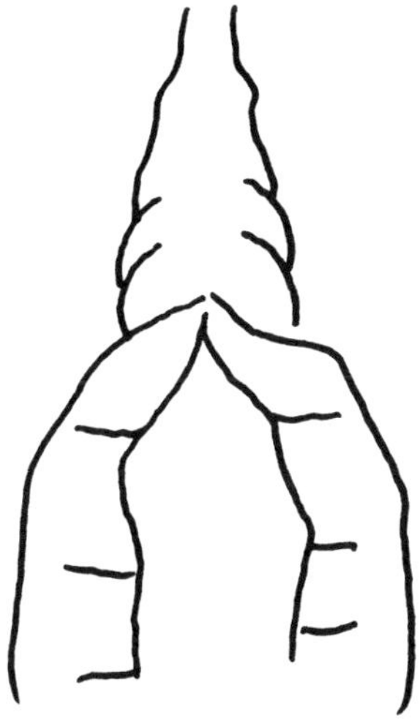

受到性刺激也同樣被包皮掩蓋的陰蒂，用手指難以準確愛撫。

●準確愛撫三大陰蒂，將女性帶往天堂

我想大概只有辰見大師能夠如此詳盡地解說女性的性器吧！不愧是和三百多個女性實際做愛取材才能擁有的豐富閱歷。以我個人的經驗，我看過的陰莖遠比女性的性器多，要說仔細觀察女性性器的經驗卻是付之闕如。至於我自己的性器嘛，我有用鏡子自己觀察過，相對來說，屬於左右對稱型的花蕊，男友也說過我的陰蒂完全勃起後很容易愛撫，他常讓我欲仙欲死呢（微笑）！

本書是前作《極致愛撫①——胸部特集》的姐妹作。書中也提到過，男方可以用手繞過女方的頸子後面，然後以手指愛撫其中一邊的乳房，同時用嘴吸吮、舔弄另一邊的乳房，再用空下來的手去愛撫女性的性器。這時候，女性的上半身已經得到了至高無上的快感，萬一手指沒辦法準確愛撫下體的陰蒂，那也未免太讓人失望了。

第一章介紹了許多女性的性器，從第二章四十五頁開始會爲你講解如何準確愛撫陰蒂的方法。請你同時準確地愛撫女性身上的三大陰蒂，將女友或老婆帶往高潮的天堂吧！

準確愛撫三大陰蒂

請各位參照本書的姐妹作《極致愛撫①——胸部特集》一書中記載的方法，徹底愛撫上半身的兩顆乳頭，先以嘴吸吮、舔弄其中一邊乳頭，同時用手指愛撫另一邊乳頭，再將空下來的手伸到女方下體準確愛撫其陰蒂。

誠如三井京子在前面所言，男性在準確愛撫女性上半身的陰蒂時，若沒辦法對下半身的陰蒂施以準確的愛撫，你的女友或老婆想必會覺得很失望吧！在了解各式各樣的女性性器後，第二章將詳細解說愛撫陰蒂的方法。希望各位讀者能同時準確地愛撫三大陰蒂，將另一半帶往高潮的天堂。

先愛撫乳房讓陰道徹底溼潤，再將愛液塗滿女性的性器，這是愛撫下體陰蒂最重要的步驟。特別是陰蒂，一定要讓陰蒂如同被愛液淹沒般徹底溼潤。

●兩本姐妹作是同系列的上下冊

已經購入本書的姐妹作《極致愛撫①——胸部特集》一書並付諸行動的讀者，想必已讓你的另一半愛液滿盈了。因此還沒購入前作的讀者，請務必要先買來實踐一下，之後再體驗《極致愛撫②——女性器篇》中記載的方法。這兩本相當於上下冊的讀物，合璧運用堪稱無懈可擊。

同時準確地愛撫三大陰蒂，保證女方會如狼似虎地貪求你堅挺的陰莖。

只要讓女方情欲高漲難耐、主動懇求男方插入，這時候便可輕易讓女方高潮，男性也不必擔心陰莖會有持久力不足的問題。我是一邊書寫原稿、私處也跟著氾濫成災的三井京子。

第2章

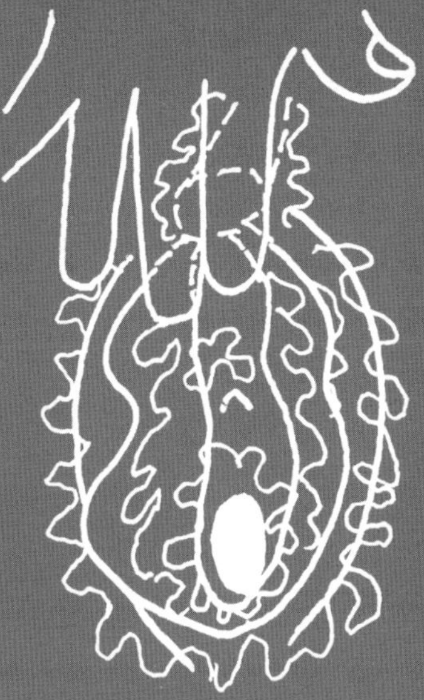

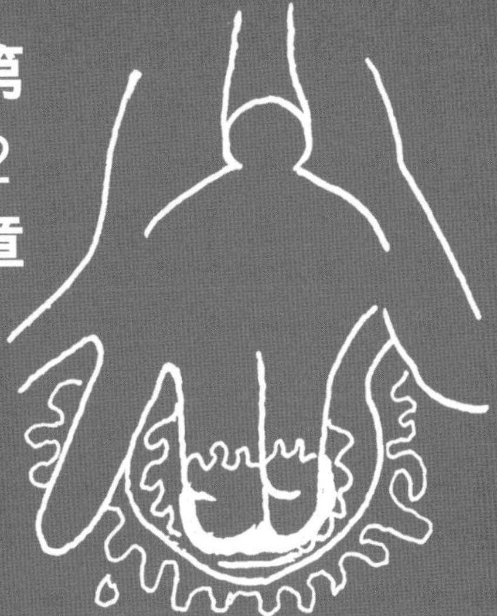

準確愛撫陰蒂

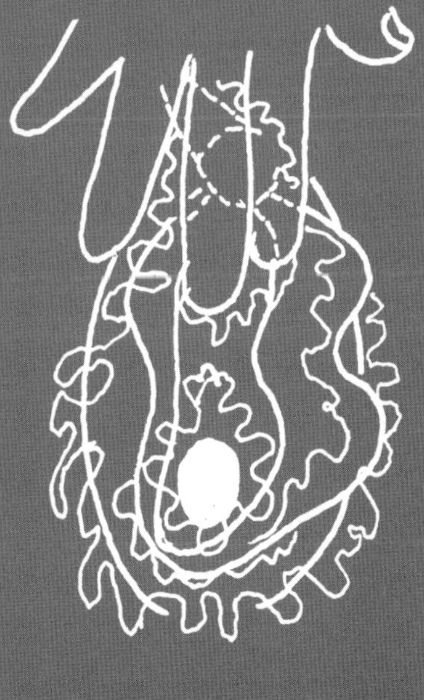

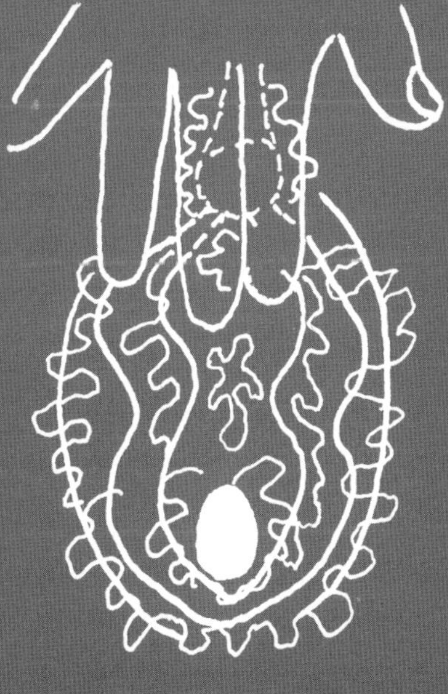

愛液是天然的潤滑液

將愛液塗滿女性的性器

照著本書的姐妹作《極致愛撫①——胸部特集》中記載的方法，徹底愛撫女性上半身的兩顆乳頭，這時女性的性器應該已經相當溼潤了。一開始用手指沾染從陰道口滲出的愛液，將愛液塗滿女性的性器。

把手指插入陰道裡沾染更多愛液，再集中塗抹於陰蒂進行愛撫。在溼潤的情況下愛撫陰蒂，可使陰蒂獲得無與倫比的快感，分泌出更多的愛液。接著再次用手指沾染溢出的愛液，讓陰蒂如同被愛液淹沒般徹底溼潤，同時準確的愛撫兩顆乳頭，以及下體的陰蒂。

在此我們推薦讀者可以合併使用《極致愛撫①——胸部特集》與本書《極致愛撫②——女性器篇》中記載的方法，如此一來，在愛撫上半身的兩顆乳頭時，也能同時疼愛女性的性器。

用天然的潤滑液塗滿女性的性器

愛液是天然的潤滑液，只要徹底愛撫上半身的兩顆乳頭，陰部就會分泌出滋潤的愛液。一手愛撫乳房，另一手伸至陰部用手指沾染從陰部分泌出的天然潤滑液，將愛液塗滿女性的性器。只要實踐《極致愛撫①——胸部特集》中記載的方法，愛液的分泌量將極為驚人。用三根手指以畫圓的方式將愛液塗滿女性的性器，尤其陰蒂要特別仔細地塗抹、愛撫。

實踐《極致愛撫①——胸部特集》的方法，陰部將會分泌愛液。

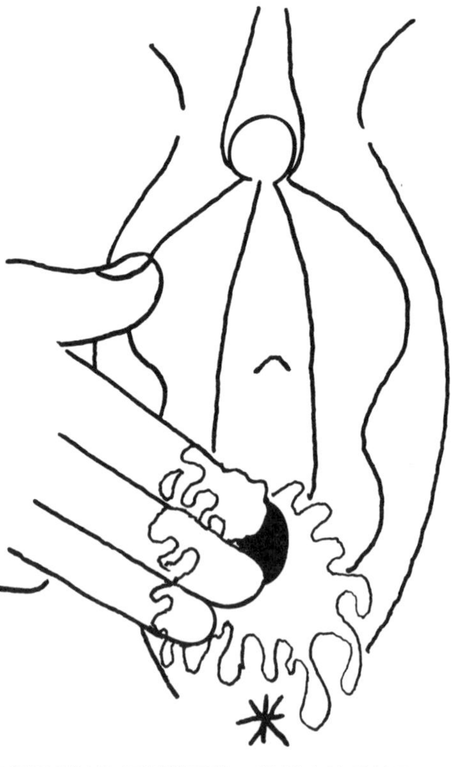

用三根手指沾染天然潤滑液，塗滿女性的性器。

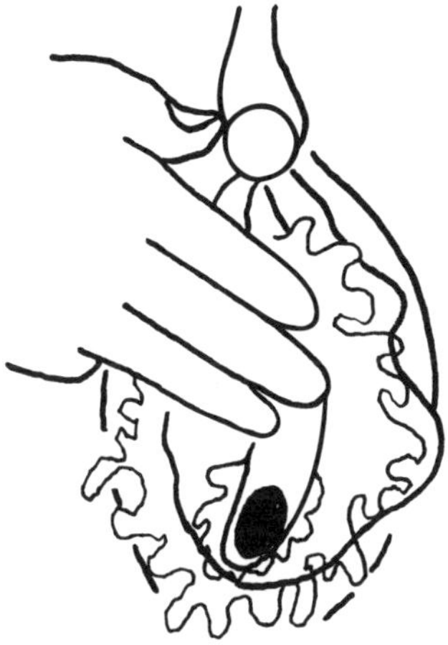

用三根手指以畫圓的方式將愛液塗滿女性的性器。手指要不斷沾染分泌的愛液，隨時補充指尖上的愛液，並以按摩的方式塗抹於性器。

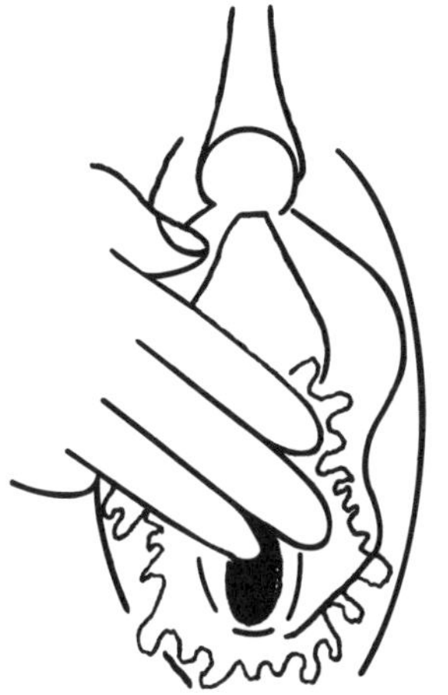

用三根手指沾染陰道口的愛液，之後將愛液塗滿性器和花蕊進行按摩。中途再沾抹更多愛液，盡可能將愛液塗滿性器。

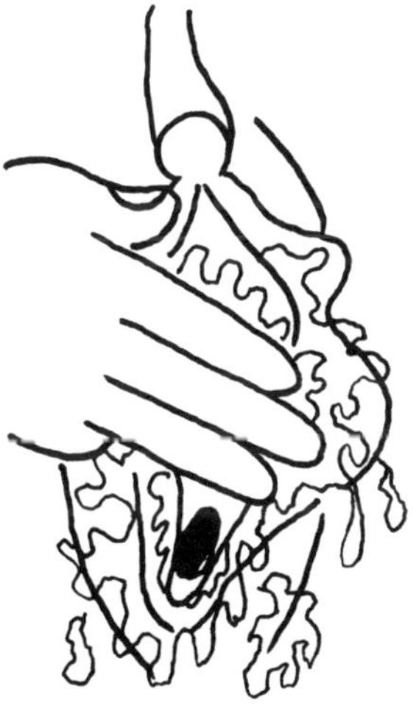

先不愛撫情慾高漲難耐的陰蒂來挑逗女方。將愛液徹底沾溼左右的花蕊、大陰唇、外陰部的縫隙，等女性性器都沾滿愛液再開始愛撫陰蒂。

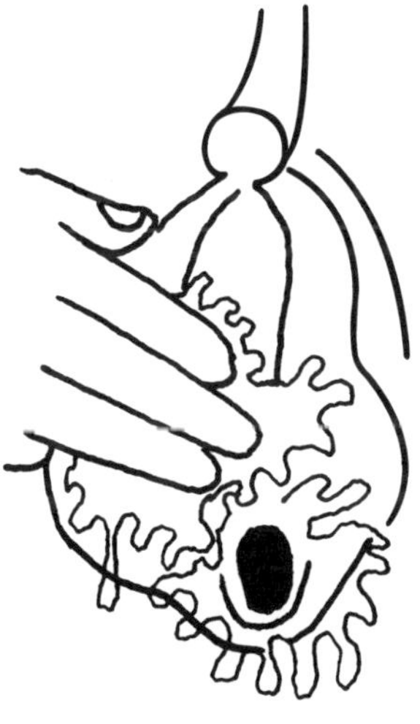

用三根手指以畫圓的方式，將陰道前庭、花蕊、大陰唇塗滿愛液，同時以口吸吮其中一邊的乳頭，再以手指愛撫另一邊乳頭，並且徹底沾溼女性的性器。

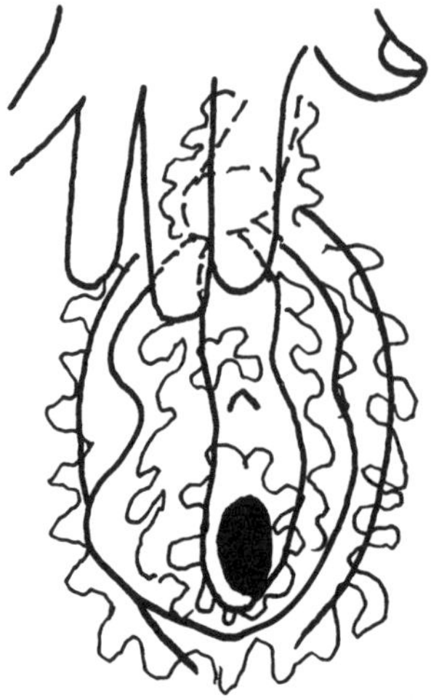

過大的畫圓動作會使手指不容易對準陰蒂，因此要用畫小圓的方式摩擦。陰蒂雖然隱藏在包皮之下，但摩擦包皮也能產生極大的效果。

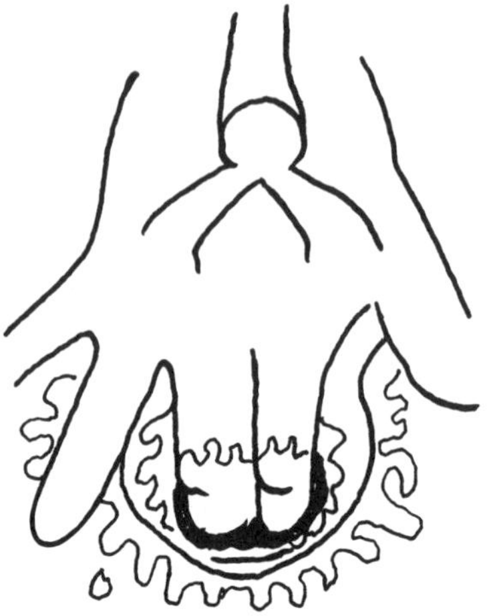

用食指和中指插入陰道，只要持續抽送，手指就會沾染更多愛液；同時以手掌按壓陰蒂，讓女方獲得被挑逗的快感。

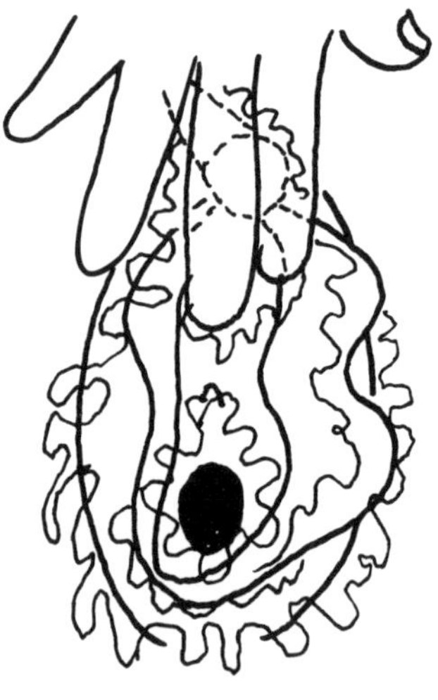

以畫小圓的方式搓揉摩擦陰蒂，讓陰蒂和包皮沾滿天然的潤滑液，進而使動作更加流暢，敏感度急速上升，同時別忘了愛撫上半身的兩顆乳頭。

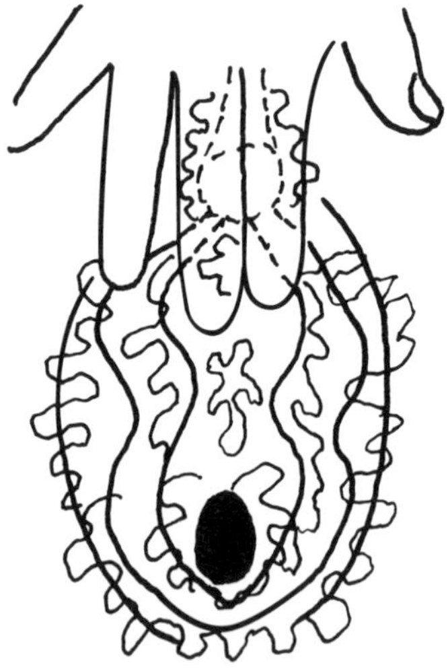

手指拔出陰道後沿著外陰部的縫隙向上移動，以揉搓陰蒂的方式將陰蒂塗滿愛液，將陰蒂置於食指和中指的中心，用畫圓的方式摩擦陰蒂。

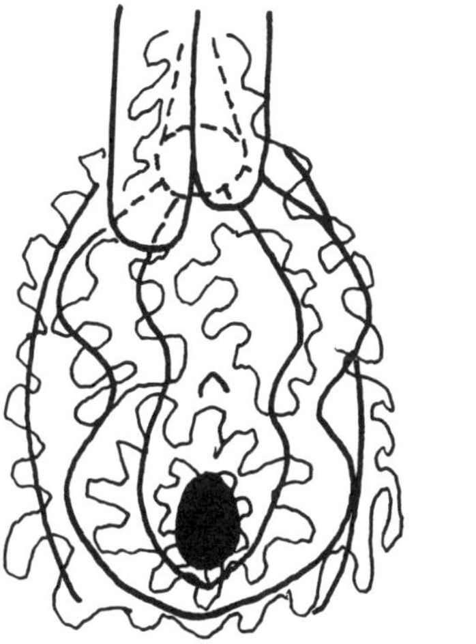

以指尖畫圓，上下左右搓揉摩擦陰蒂，使陰蒂徹底染滿愛液，女性性器將呈現油亮的淫潤程度，女方的嬌喘聲也會愈趨激烈。

手指沿著外陰部的縫隙向下移動再次插入陰道，之後沿原來軌跡向上移動。先搓揉摩擦陰蒂，再以淫潤的手指反覆愛撫陰道和陰蒂。

●請執拗的塗抹愛液

每次和辰見大師共同著書時，京子我一邊寫著原稿，私處也會漸漸變得興奮難耐。我常會不自覺地將書裡的內容想像成自己的性器，以致常有興奮難耐的情況發生呢（笑）！

當女性性器沾滿潤滑液，陰蒂也被搓揉摩擦，徹底沾染愛液，同時上半身的兩顆乳頭也受到愛撫，我想正在閱讀本書的女性讀者，私處應該也是搔癢難耐、一發不可收拾的狀態，只能靠做愛來消除慾火了吧（微笑）！

陰道中分泌的愛液會囤積在陰道口，只要手指插入，愛液就會溢出來，因此請不斷地插入手指，將潤滑液沾滿女性的性器。女性的私處愈淫潤，快感就會愈強烈，進而分泌更多的愛液。一想到「私處氾濫成災，眞是羞死人了」女性還會更加興奮。

請執拗的在陰蒂上塗抹愛液，愛液是天然的潤滑液。陰蒂愈是潮淫滋潤，被手指搓揉摩擦就會得到無與倫比的快感。啊……眞是令人欲罷不能！

給予陰蒂緩急有別的刺激

用手愛撫陰莖的方法，是以上下套弄的單調動作使陰莖獲得強烈的快感，但陰蒂比龜頭來得小巧，因此能用手指進行多樣化的愛撫，使陰蒂獲得緩急有別的刺激。愛撫陰蒂不能只用手指摩擦，這就好比女性對愛撫乳房的方法有各自的偏好一樣，愛撫陰蒂也必須幾經嘗試才能找出女方的偏好，進而給予女方無與倫比的快感。

以我過去觀察女性自慰的經驗，女性自慰大體分為兩種。一種是只用中指摩擦陰蒂，由於愛撫的是自己的陰蒂，所以就算陰蒂再小也能準確地愛撫。男性只要能用手指找出女性陰蒂的正確位置，再用中指摩擦陰蒂就能帶給女性強烈的快感。

另一種自慰的方法，是用三根指頭以畫圓的方式揉搓陰蒂、包皮及一部分的花蕊。

●我的自慰方法是？

據說辰見大師的實際取材都是一邊拍攝女性自慰、一邊進行觀察的樣子。至於我的自慰方法嘛，因爲我有性伴侶的緣故，所以幾乎不需要自慰，但是以前沒有男友的時候偶爾會靠自己解決需求。

當我性慾高漲的時候，一開始會隔著內褲以手掌揉搓下體；之後身體向前俯臥，下體主動磨蹭手掌，等到亢奮難耐時再將中指舔溼後伸進內褲裡摩擦私處。手指只需輕柔地摩擦，私處就會涔涔地滲出愛液，接下來以中指沾滿潤滑液，激烈地摩擦陰蒂。這時候再一口氣揉搓陰蒂、包皮及花蕊，身體馬上就會高潮。不過還是眞正的男人比較好喔（笑）。

將陰蒂徹底塗滿潤滑液，並以中指持續上下摩擦，陰蒂將會無法自拔地貪求更強烈的快感。之後可以用三根手指強烈地揉搓陰蒂。

輕輕敲打、或者壓迫完全勃起外露的陰蒂，這種刺激手法也能帶來強烈的快感。由於女方距離高潮還需要一段時間，男方可以給予女方變化多端的快感，共同享受這段時光。

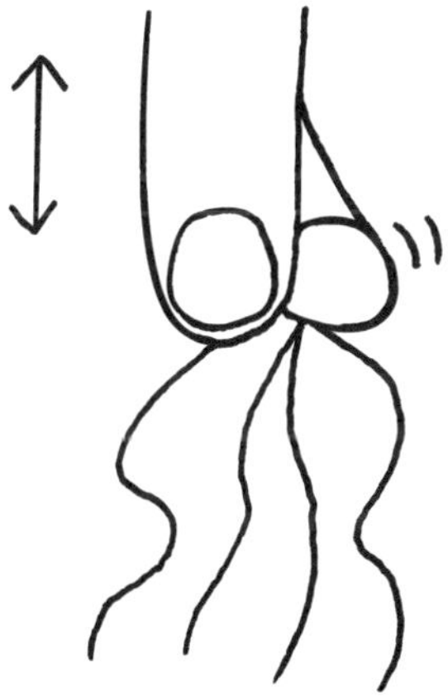

這種指法難以準確地愛撫陰蒂

中指過於用力會使陰蒂左右移動，難以準確愛撫。萬一女方的陰蒂很小，這種動作會使女方幾乎感受不到指尖的愛撫，男方的指法也會失去準頭，讓女方大失所望。

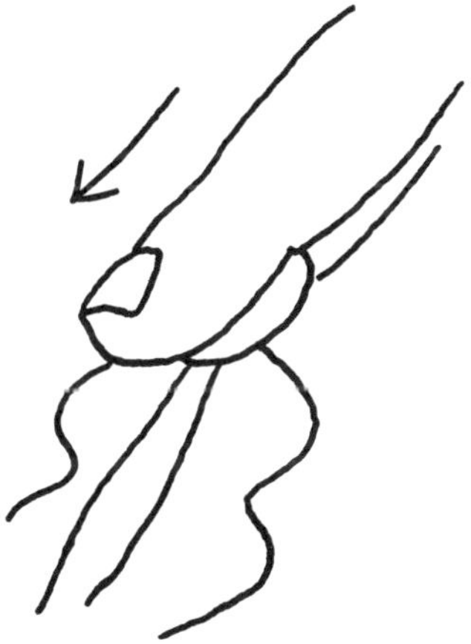

三井京子自慰時最先使用的指法。當手指準確抵達陰蒂的位置，這種用中指上下摩擦陰蒂的指法最能帶給女性快感。

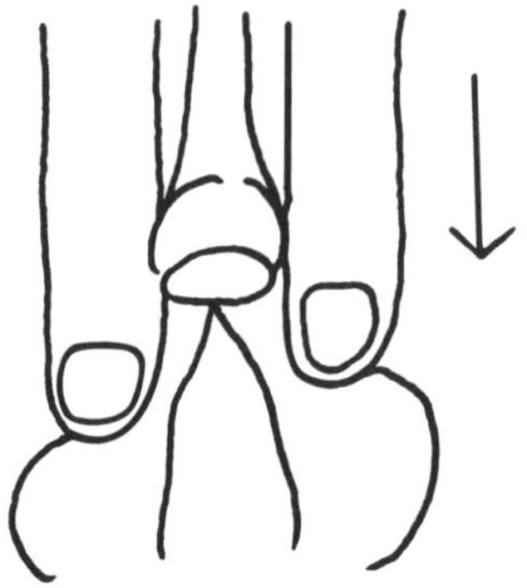

將被固定住的陰蒂連同包皮向下擠壓。若要使用三根手指，可先用食指和無名指夾住陰蒂，再以中指抵住陰蒂，便可激烈地搓揉愛撫。

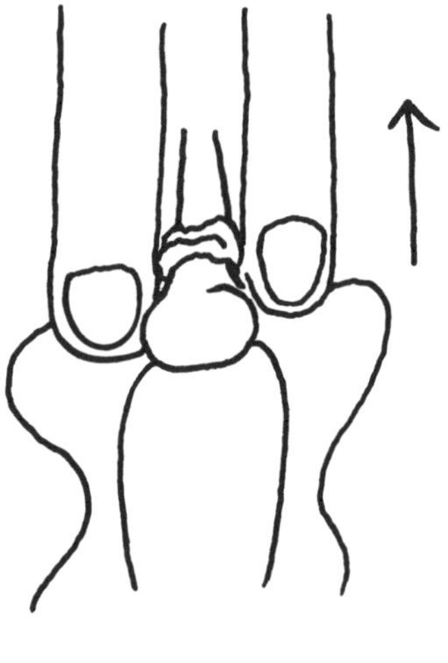

若陰蒂被包皮輕輕覆蓋，可以用兩根手指將包皮向上拉，用類似撥開包皮的方式來摩擦陰蒂。這種利用包皮的搓揉手法和套弄陰莖的方法相似，女方將會是頭一次體驗這種快感。

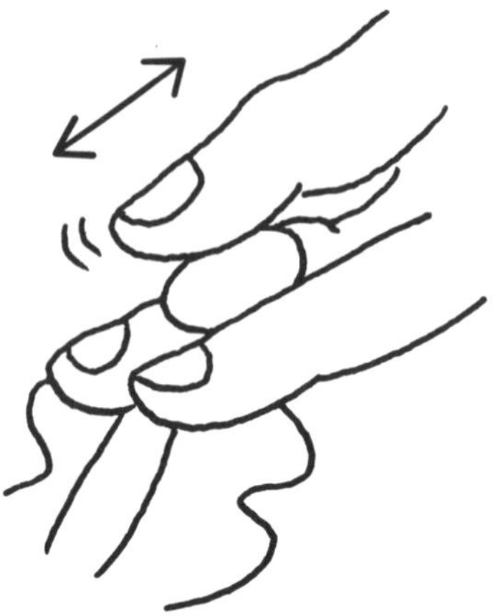

不管是大陰蒂還是小陰蒂，只要用食指和無名指將陰蒂固定，再用中指摩擦，就可以準確地愛撫，不必擔心陰蒂會左右移動。重點是要固定陰蒂。

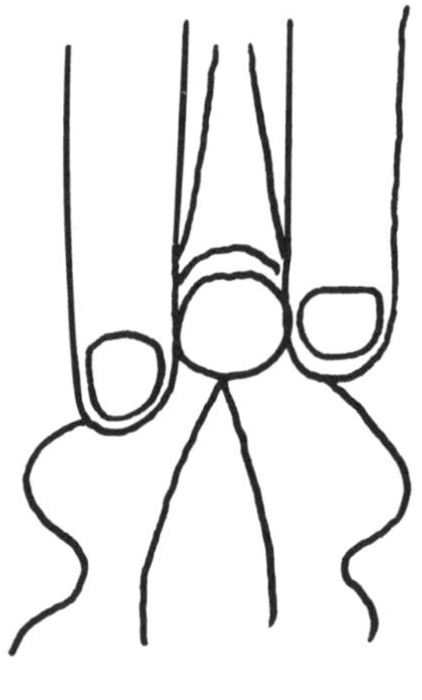

利用包皮來摩擦陰蒂的手法，和套弄陰莖的方法有幾分相似。先用食指和無名指固定陰蒂及包皮，再以類似套弄陰莖的方法用包皮摩擦陰蒂。

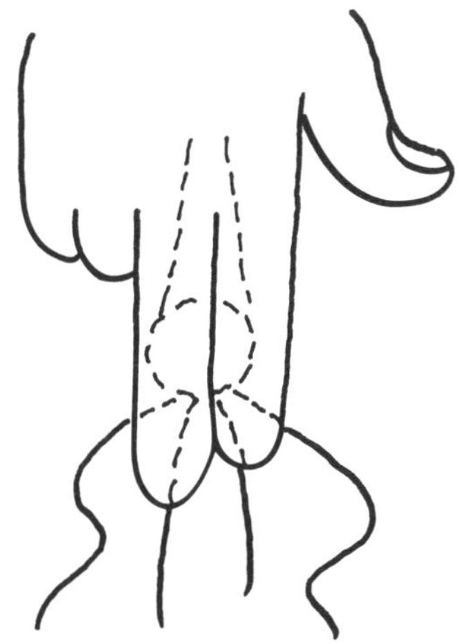

碰到大顆的陰蒂就用兩根手指以畫圓的方式揉搓陰蒂，如果是小顆的陰蒂就改用三根手指。這種摩擦方法對任何陰蒂都有效，不知該如何下手時請試試這個方法。

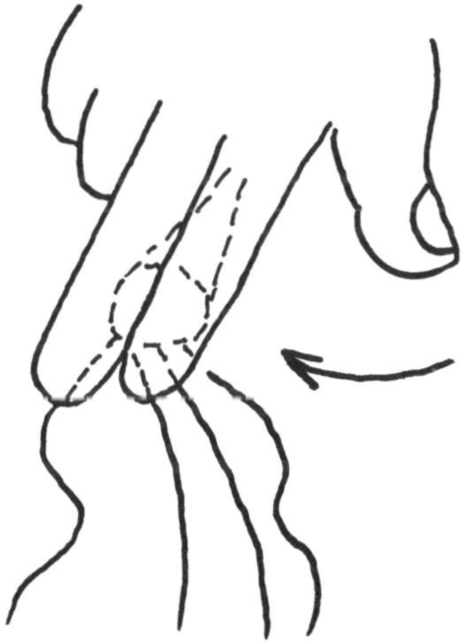

以畫圓的方式同時揉搓陰蒂、包皮及一部分的花蕊。以小動作快速地揉搓會有很大的效果，若想大動作地揉搓，用三根手指會比較好。

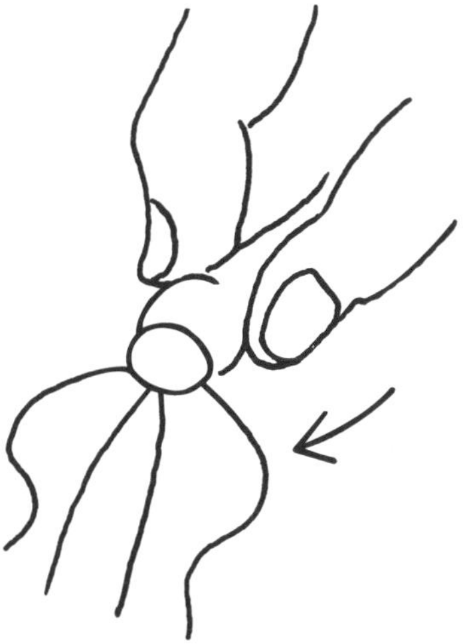

這次同樣解說類似套弄陰莖的摩擦方法。這種方法只適合用在陰蒂較為大顆且明顯的情況下，將陰蒂和包皮捏住，並以手指向下擠壓，使包皮蓋住陰蒂。

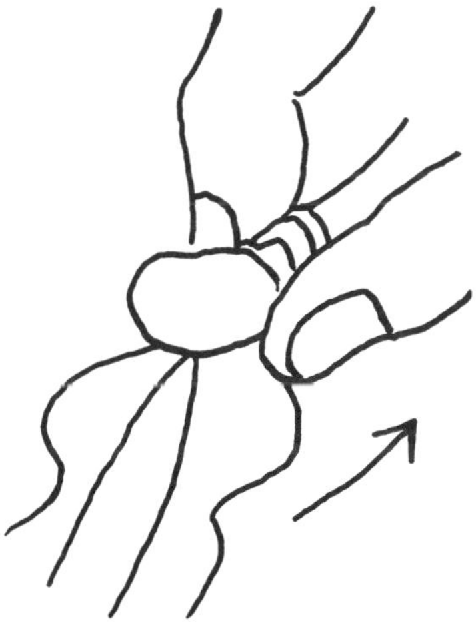

包皮被陰蒂蓋住以後，再用手指將包皮拉開。這種利用包皮的手法和套弄陰莖的方法相似，女方也將會是頭一次體驗這種愛撫方法。

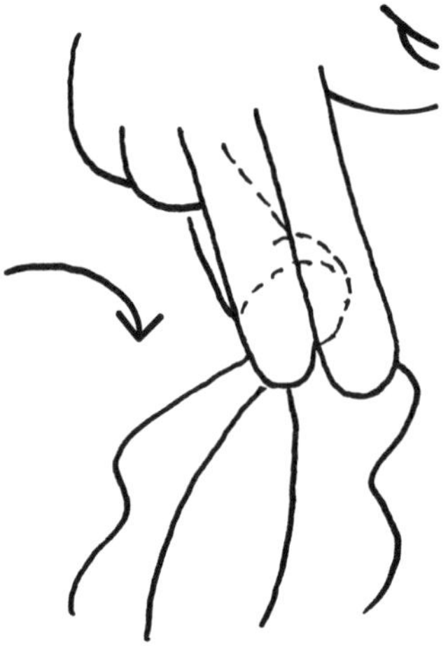

以旋轉的方式同時摩擦包皮、陰蒂及花蕊，女方的下體將會受到全方位的刺激。這時上半身的兩顆乳頭也要愛撫，愛液將會源源不絕地滲出。

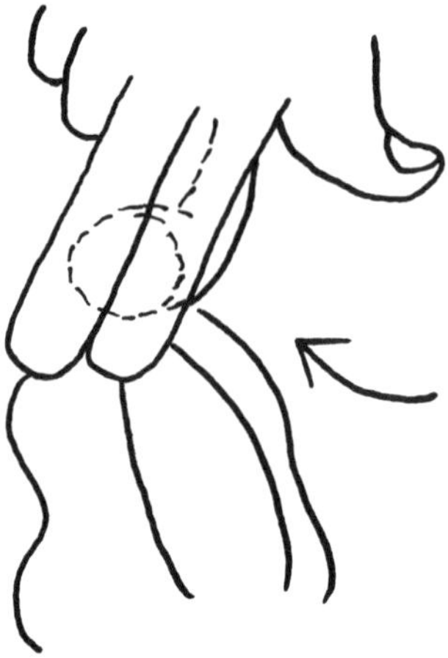

如插圖所示，用手指畫圓揉搓性器。陰蒂、包皮及一部分的花蕊會因揉搓的動作而跟著旋轉，敏感度也會隨之升高。揉搓時可以加重一些力道。

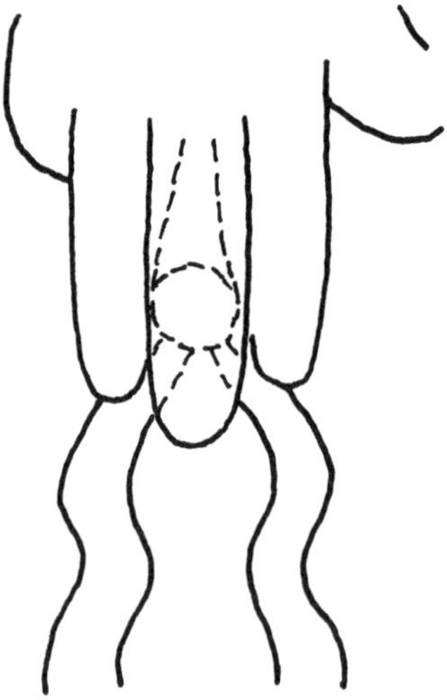

用三根手指揉搓，之後再大動作畫圓，如此可以帶來更強烈的刺激。這個方法要以食指和無名指固定陰蒂，然後中指用力抵住陰蒂，並以大動作持續揉搓。

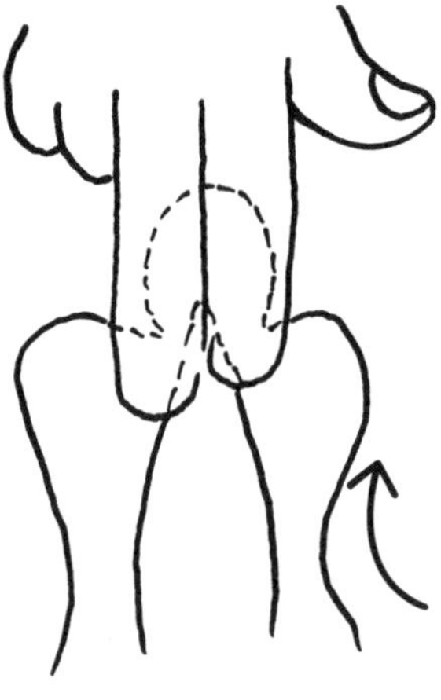

以手指旋轉畫圓，當畫圓的動作到達最高點，那種感覺就像男性龜頭內側的敏感部位被摩擦一樣，以擠壓的方式揉搓陰蒂會有很大的效果。陰蒂細小的情況下可用三根手指。

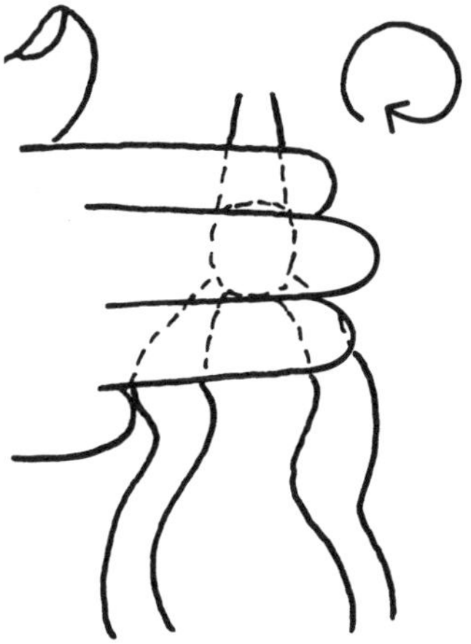

這種將手指橫放、再以畫圓的方式揉搓的方法，最好用三根手指才能準確地愛撫陰蒂。這種方法能同時揉搓陰蒂、包皮及花蕊。中途記得指尖要補充愛液。

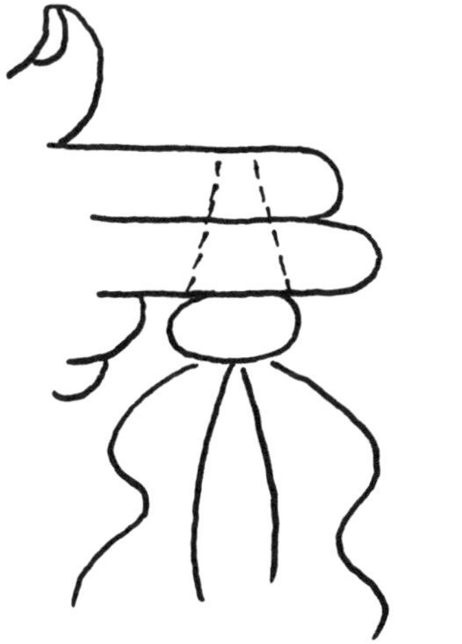

先讓女方張開雙腿，再將手指橫放於陰蒂快速地上下摩擦。就算指尖沒能準確愛撫到陰蒂，也能以高速連續摩擦陰蒂。這招對小顆的陰蒂也有很大的效果。

●對女性溫柔的男性大多都是性愛高手

依據我個人的戀愛經驗，對女性溫柔的男性大多都是性愛高手。比起陰莖的大小，愛撫的技巧要來得更爲重要。只要各位按照《極致愛撫①——胸部特集》一書中的方法愛撫上半身的兩顆乳頭，同時準確地愛撫下體的陰蒂，女性會更確信高潮即將來臨，因此便安心沉醉在快感當中。

當三大陰蒂同時獲得快感，女性會感受到強烈的幸福感。本書《極致愛撫②——女性器篇》記載的愛撫方法皆以女性性器的感受爲第一考量。想要讓自己的女友或老婆更加舒服的溫柔讀者，建議你可以和女友或老婆共同研讀、體驗本書介紹的方法。一邊使用本書介紹的指法，一邊聆聽女性的心聲，這將會讓你的指技有飛躍性的進展。

揉搓陰蒂算是愛撫的基本功，爲了增進一些情趣，你也可以嘗試用舌技舔弄或口交吸吮陰蒂。只要能用基本功讓女性獲得快感，彼此就能行有餘力地享受性愛的樂趣，因此請你精進基本指法吧！性愛高手是很有女人緣的，這點身爲女人的我可以向你保證（微笑）。

陰蒂的正確位置

萬一碰到陰蒂過小、手指無法找到陰蒂正確位置的情況下，依據花蕊的形狀不同，愛撫陰蒂的手法也會不一樣。希望各位讀者在舔弄女性的性器時，能夠仔細觀察並牢記性器的形狀，再對照本書的方法進行愛撫。

當女性站立的時候，性器的位置處於胯下的正下方。如果是在女性平躺的情況下伸手去愛撫女性的性器，通常都是靠直覺來尋找陰蒂大致的位置，但這樣做難以準確找出陰蒂。因此要先找到陰道口，將手指插入陰道汲取愛液，手指再沿著外陰部的縫隙向上移動，來到左右兩片花蕊的頂端，指尖自然會碰到陰蒂。

假使手指在揉搓陰蒂的時候不小心失去了準頭，只要再從陰道汲取愛液，沿著外陰部的縫隙向上探索，即能找出正確的位置。

陰蒂體積過小，就算完全露出、勃起，用手指也找不到正確位置。

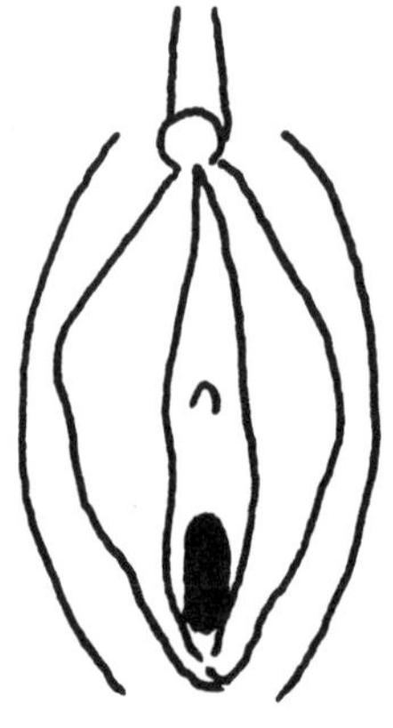

陰蒂體積過小，幾乎難以和花蕊做出區別，這種情況下要用手指找出正確位置更是難上加難。

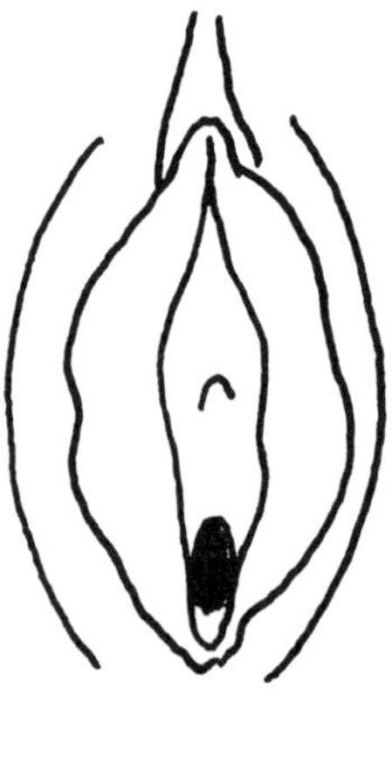

陰蒂不僅細小且被包皮覆蓋，搜索的難度更上一層。花蕊和陰蒂也無法區別。

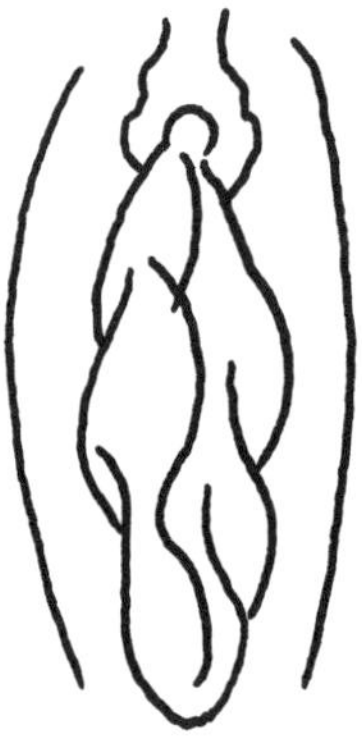

如果碰到一字鮑，就算陰蒂細小也比較容易找出正確位置。

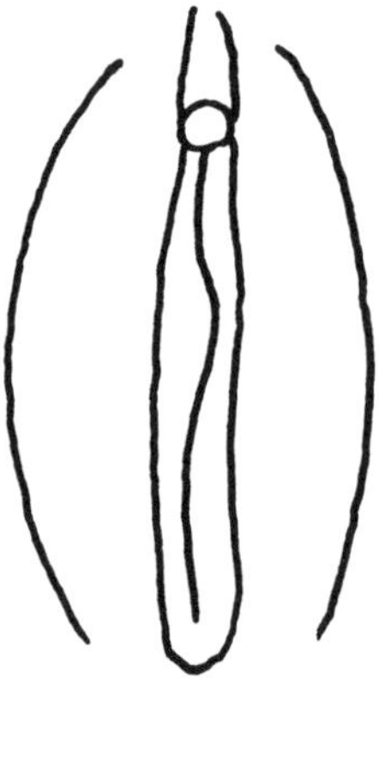

毫不猶豫地朝陰蒂邁進

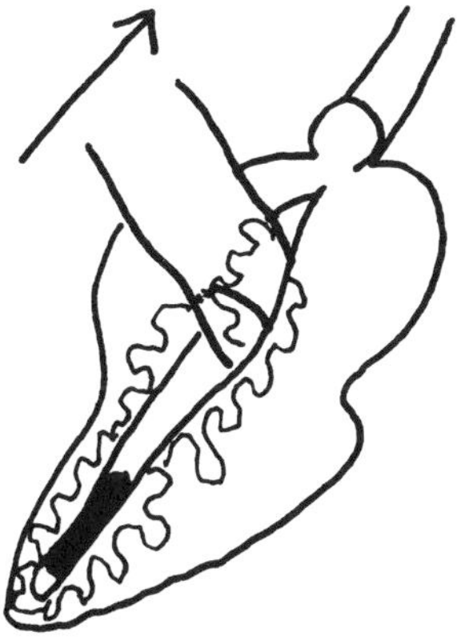

將外陰部的縫隙塗滿愛液，然後慢慢往上移動。由於通往陰蒂的路徑（外陰部的縫隙）有左右兩瓣花蕊夾道相迎，因此路徑非常明確。將手指慢慢地沿著外陰部的縫隙移動。

找出陰道位置，並沾染愛液

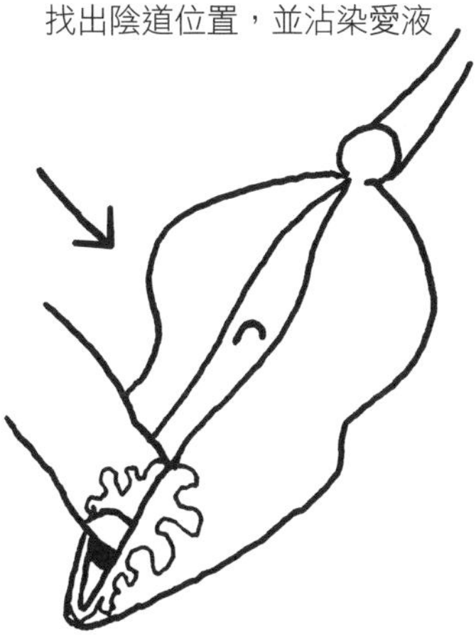

以中指找出陰道口，手指輕輕插入其中沾染愛液。由於愛液會囤積於陰道口，因此只要將手指插入攪動一番，愛液就會一口氣滲出來。

手指停下的地方就是陰蒂的位置

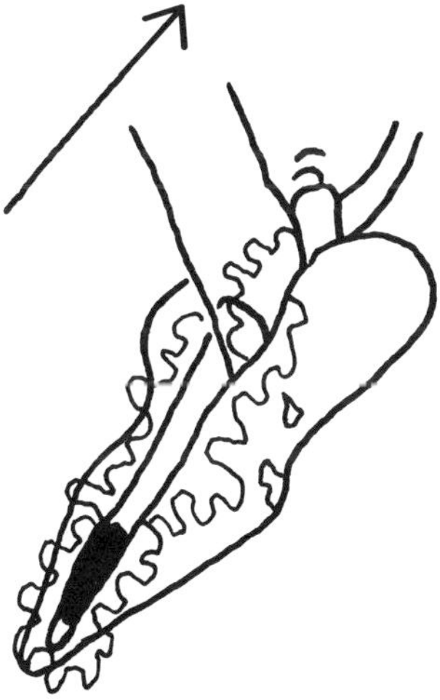

兩瓣花蕊的分水嶺，同時也是阻擋手指前進的部位，這裡就是陰蒂的正確位置。手指停在這個位置輕輕地上下抖動，就能給予陰蒂準確的愛撫。

手指沿著外陰部的縫隙移動

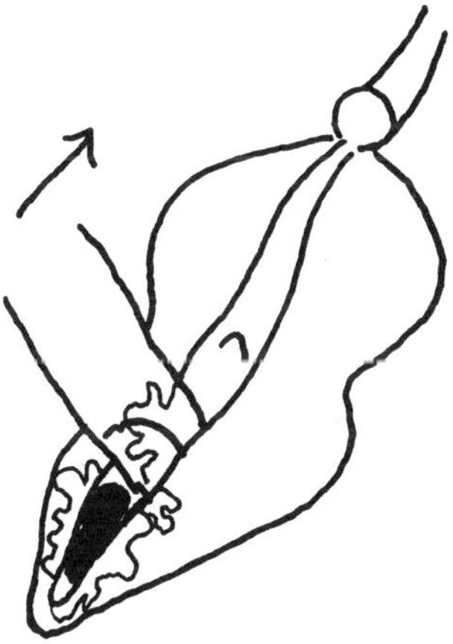

將沾染愛液的手指沿著外陰部的縫隙向上移動。這時候將指尖來回移動，可使外陰部的縫隙沾染更多愛液，而且還能藉此挑逗陰蒂。

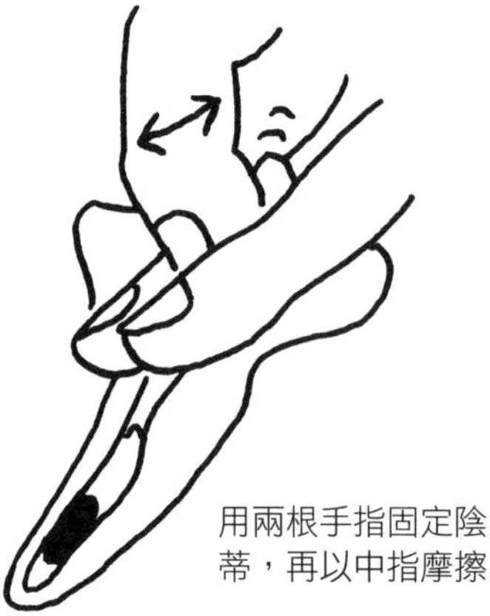
用兩根手指固定陰
蒂，再以中指摩擦

移動手指找到陰蒂的位置後，先以食指和無名指緊密固定，讓陰蒂無處可躲，再用中指摩擦陰蒂進行準確的愛撫。中途記得手指要持續補充愛液。

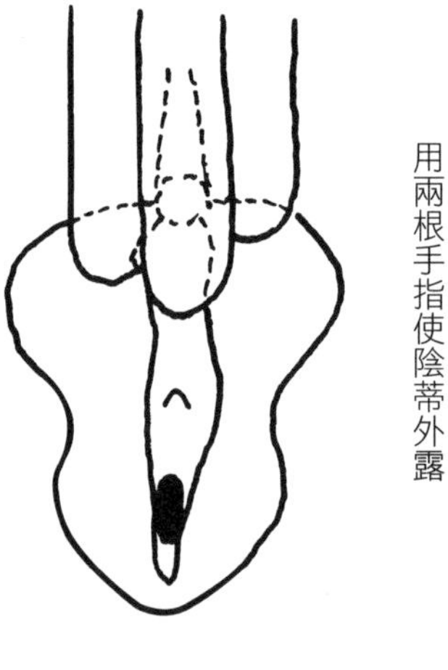
用兩根手指使陰蒂外露

食指與無名指用力抵住陰蒂兩側，將陰蒂緊密固定。為了讓陰蒂外露，中指要準確地抵住陰蒂，之後三根手指一起上下搓弄。

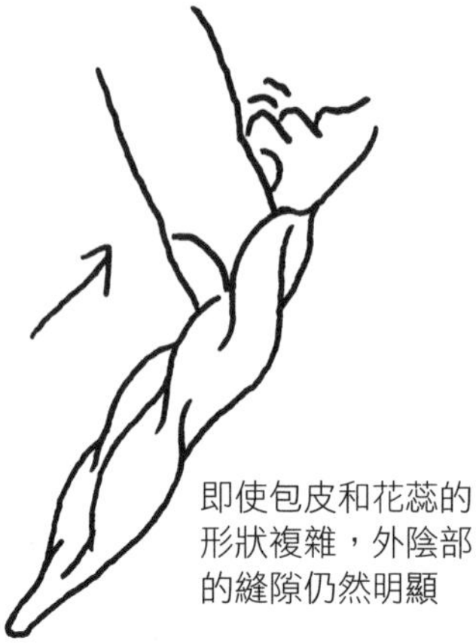
即使包皮和花蕊的
形狀複雜，外陰部
的縫隙仍然明顯

就算陰蒂細小又被包皮覆蓋，花蕊也捲曲成團，藉由上述的動作仍然可以順利找出陰蒂。即使花蕊的形狀複雜，外陰部的縫隙仍然明顯。

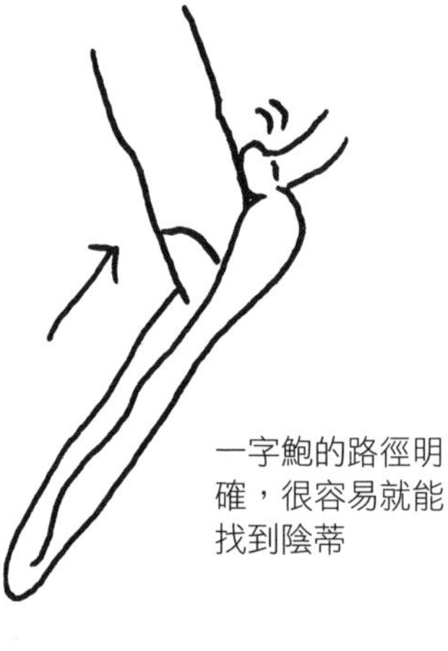
一字鮑的路徑明
確，很容易就能
找到陰蒂

最容易找出陰蒂的性器便是一字鮑。一字鮑即使花蕊緊閉，路徑也很明確。只要手指沿著路徑移動，將兩旁的線狀花蕊撥開，自然能找到陰蒂的正確位置。

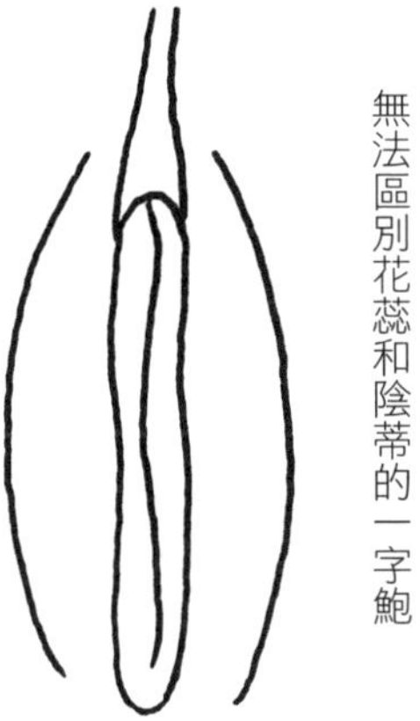
無法區別花蕊和陰蒂的一字鮑

陰蒂被包皮完全覆蓋的一字鮑，有時還會碰上花蕊和陰蒂完全無法區別的情況。雖然這種性器的花蕊和陰蒂尚未發達，但敏感度並沒有太大的差異。

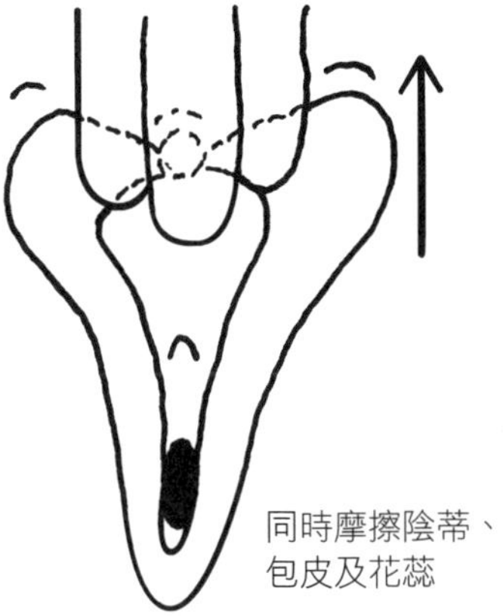
同時摩擦陰蒂、
包皮及花蕊

用畫圓的方式揉搓細小的陰蒂雖然也有不錯的效果，但要想給予陰蒂強烈的快感，將陰蒂固定並使其外露，之後再上下摩擦的方法才是上選。

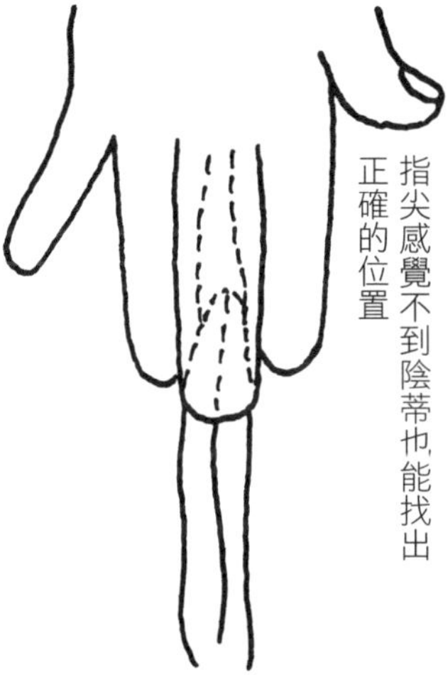
指尖感覺不到陰蒂也能找出正確的位置

照前述的方法，將手指插入陰道汲取愛液，沿著外陰部的縫隙移動至頂端，食指和無名指用力固定該部位，中指按壓其上。照此方法就算指尖感覺不到陰蒂也能找出正確的位置。

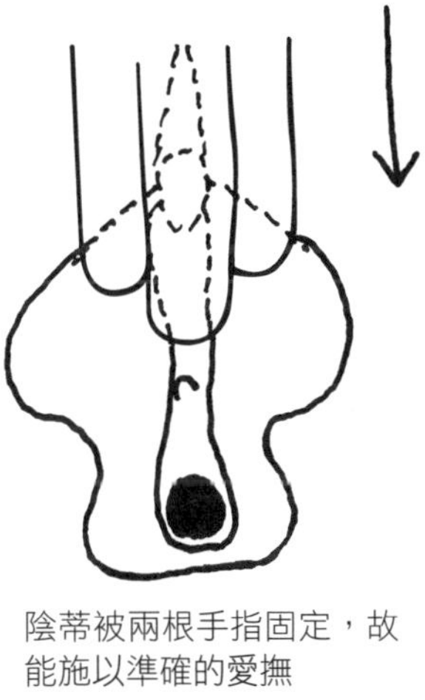
陰蒂被兩根手指固定，故
能施以準確的愛撫

由於陰蒂已被食指和無名指固定，就算用力摩擦也不必擔心陰蒂會隨意移動。這時可以交替使用緩慢的大動作或快速的小動作來摩擦陰蒂。

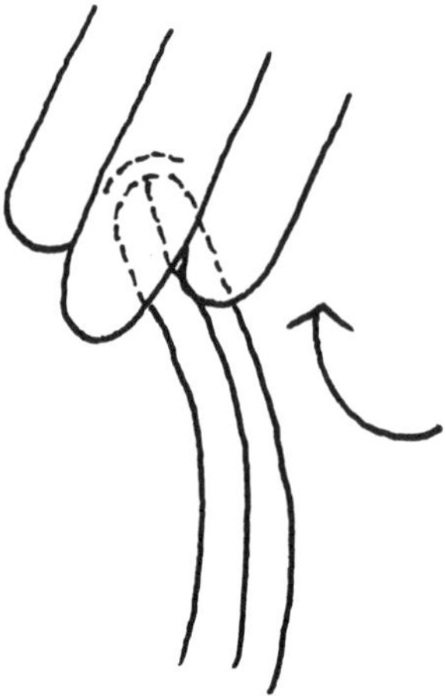

無處可躲的陰蒂

即使陰蒂偏離中指的強力壓迫，但也會被食指和無名指固定，並且受到其中一指揉搓。這種指法讓陰蒂無處可躲，請用力揉搓來提升陰蒂的快感。

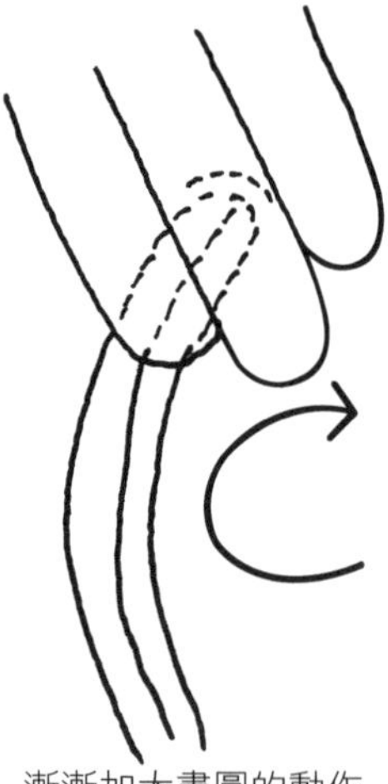

漸漸加大畫圓的動作

當手指的畫圓動作到達最高點，線狀花蕊因被拉長而受到刺激，整個下體都會獲得快感。漸漸加大畫圓的動作也能提升興奮度。

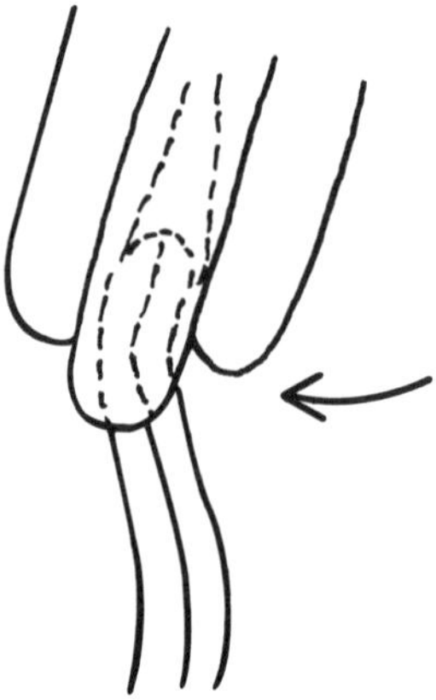

用兩根手指固定，再以中指壓迫、旋轉陰蒂

食指與無名指用力固定，致使陰蒂無法移動，同時用中指壓迫陰蒂，並以畫圓的方式揉搓。即使是陰蒂細小的線狀花蕊也能準確愛撫。

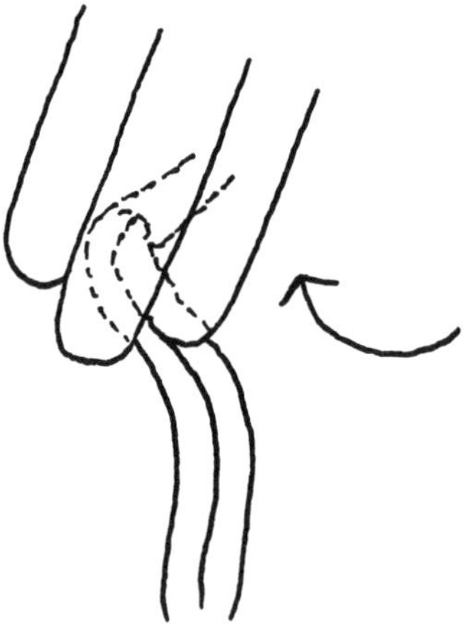

伴隨中指移動的包皮和花蕊

這種方法能讓被包皮覆蓋的陰蒂及兩瓣線狀花蕊受中指牽引。手指可以交替使用快速的小動作或誇張的大動作來畫圓，持續給予陰蒂緩急有別的快感刺激。

用三根手指的指腹摩擦

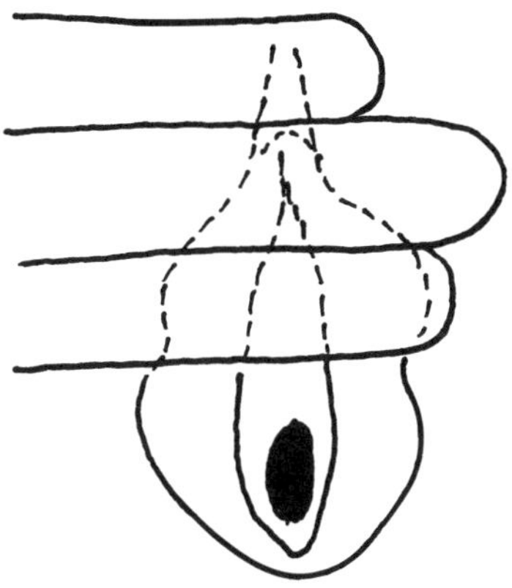

讓女方雙腿張開，三根手指橫放於性器上下摩擦，摩擦時記得要用三根手指的指腹來做。這種方法對所有的陰蒂都有效，可以準確地愛撫陰蒂。

橫放三根手指，以指腹揉搓

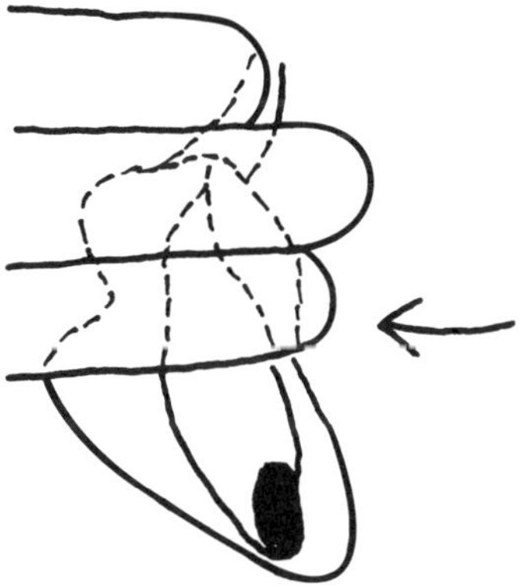

將中指置於陰蒂之上，三根手指以旋轉的方式揉搓陰部。三指並用的面積幾乎讓陰蒂無處可躲，這一招對所有陰蒂也同樣具有神效。

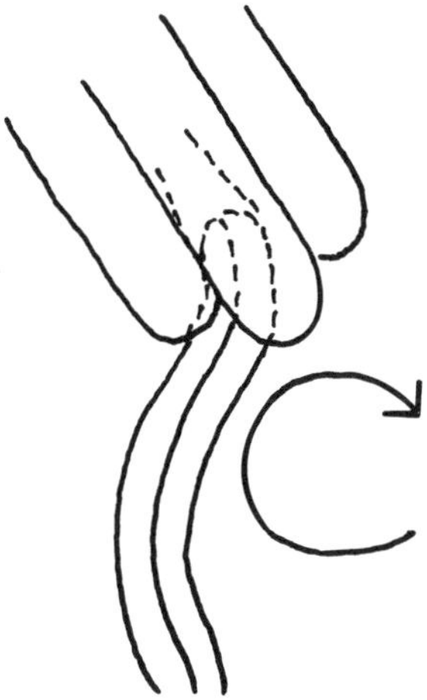

陰蒂連同包皮一起大動作旋轉，線狀花蕊也扭曲變形。這時可以刺激被花蕊緊閉的陰道口，由於花蕊緊閉的緣故，陰道口積存了大量的愛液。

陰道洞開，愛液涔涔流出

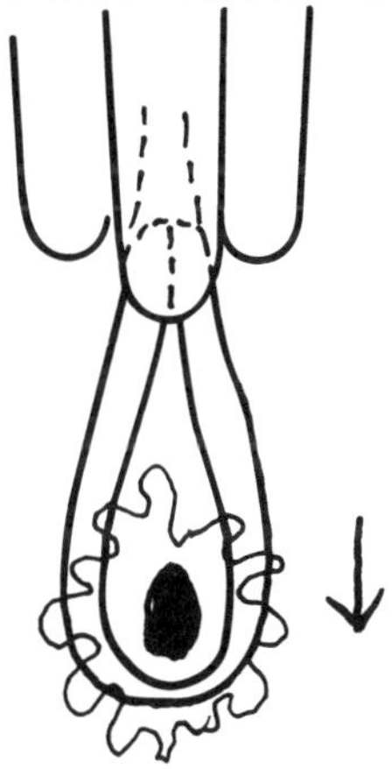

大動作的旋轉會使花蕊扭曲變形。這時陰道口洞開，原先被閉鎖無法外流的愛液將會大量流出，這是一字鮑獨有的特徵。記得手指要補充愛液並且大動作畫圓。

花蕊朝橫向扭曲，整個陰部同受刺激

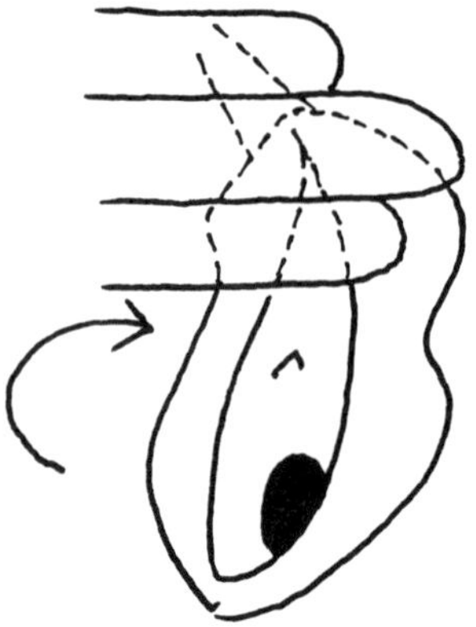

當陰蒂和花蕊朝橫向扭曲，女性性器也會跟著變形，整個下體同受刺激。畫圓動作的優點是：扭曲的花蕊將帶給陰道全體刺激，不只是陰蒂而已。

因為手指的動作而扭曲變形的花蕊

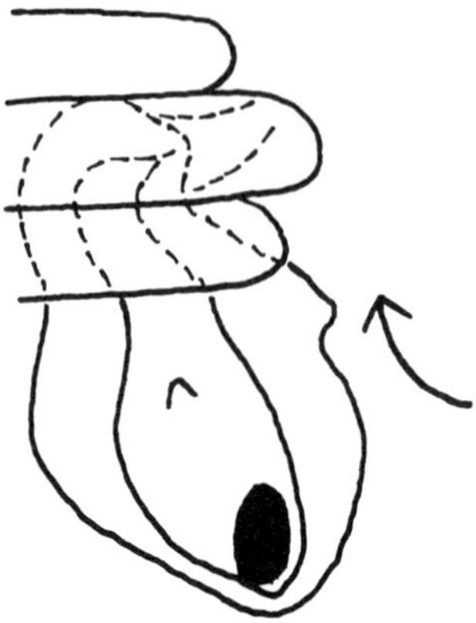

旋轉橫放的三根手指，陰蒂、包皮及花蕊將被手指的動作牽引而變形。手指按壓得愈用力，揉搓的力道就愈強，花蕊也扭曲得愈明顯。

陰蒂和整個女性性器扭曲變形，同受刺激

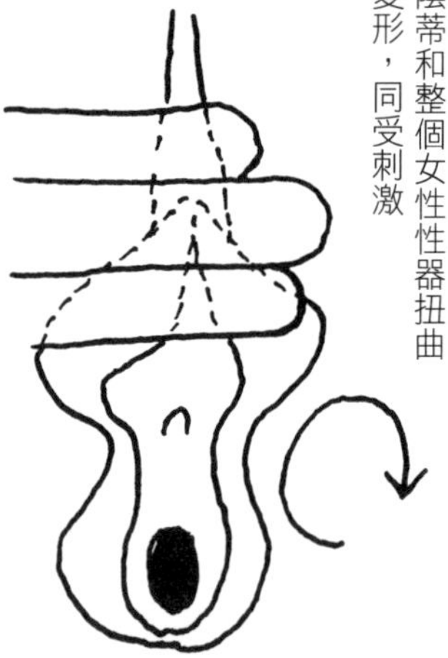

手指往下揉搓，整個女性性器會朝下方壓縮變形。這時將陰蒂連同包皮向下拉長，之後加重旋轉力道，使陰蒂和包皮朝橫向和上方拉長，給予陰部連綿不絕的強烈刺激。

陰蒂和花蕊都會明顯扭曲變形

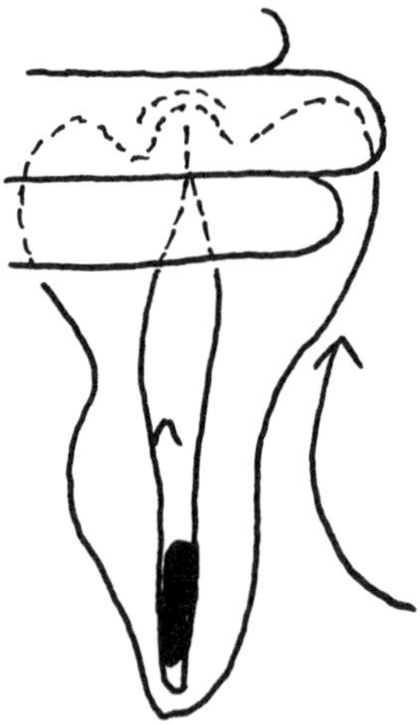

當畫圓的旋轉動作到達最高點，陰蒂和包皮會明顯扭曲，花蕊的上半部受到牽引而變得細長。花蕊變形的同時，陰道口也會受到刺激。

撥開包皮，效果驚人

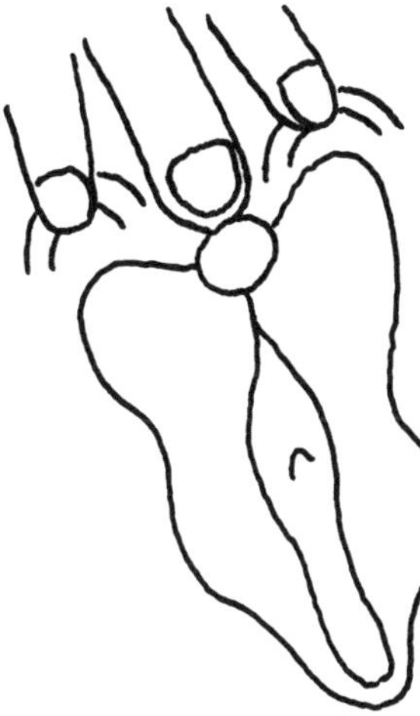

先用食指和無名指使陰蒂外露，再以中指刺激陰蒂。那種受到性刺激也不會外露的陰蒂，肯定不習慣外露的感覺。愈不習慣，效果就愈驚人。

被緊密掩蓋的陰蒂

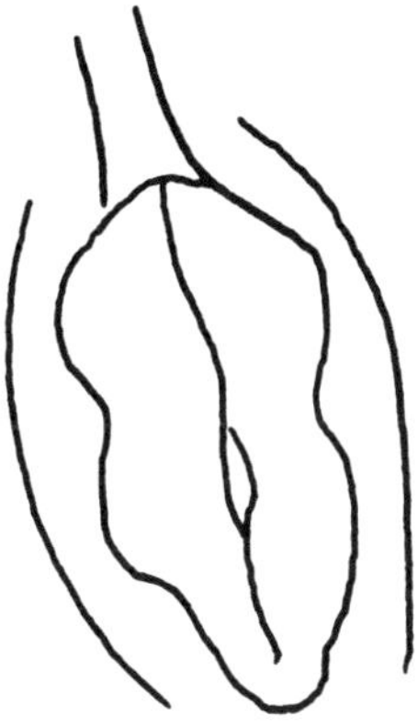

畫圓動作雖然對被包皮緊密掩蓋且體積細小的陰蒂也有效，但先使陰蒂外露再愛撫，可以獲得驚人的效果。被緊密掩蓋的陰蒂一旦被撥開愛撫，那種快感會令女方刻骨銘心。

●女人的下體全是性感帶，請盡情地揉搓吧

男性陰莖的快感幾乎只集中於龜頭，然而女性性器的快感卻遍及整個下體。陰蒂的快感自然不必贅言，陰道和陰道口被摩擦時也能獲得無與倫比的快感；花蕊被揉搓或受指尖挑逗也會有搔癢難耐的快感；膨脹的大陰唇被磨蹭或舔弄也非常舒服。女性在性慾高漲的時候，之所以會用手掌摀住下體，正是由於整個下體饑渴難耐的緣故。

以口交集中吸吮、舔弄陰蒂雖然很舒服，但整個下體如果被誇張地舔弄，興奮度和敏感度都會一口氣提升許多。女性也喜歡男性用手掌包覆女性的性器，再以擠壓的方式揉搓整個性器。

用手指集中揉搓陰蒂固然很舒服，但也有不少女性喜歡陰蒂、包皮和花蕊一同被揉搓的感覺；我也很喜歡被大動作地揉搓。這時如果上半身的兩顆乳頭也同受愛撫，那種快感簡直就像升天一樣呢！

花蕊異常肥大的愛撫方法

肥大的花蕊其實並不常見，一千人中約莫只有三十人屬於這種花蕊，其中還有異常肥大的花蕊存在。如果用雙手從正面愛撫這種花蕊，可以先用一隻手將肥大的花蕊撥開，等確認陰蒂的位置後再以另一手進行愛撫。但這時候如果同時愛撫上半身的兩顆乳頭，那麼就只剩下一隻手能用了。

假如陰蒂的大小一般，就算花蕊肥大也能輕易找出陰蒂的正確位置。就怕遇上花蕊肥大、陰蒂又小的情況，陰蒂會被異常肥大的花蕊和包皮覆蓋，找起來非常困難。

不過異常肥大的花蕊含在口中舔弄的觸感十分良好，做愛的時候還能抵住恥骨，發揮緩衝的功能，花蕊還會纏繞陰莖的莖部，男性可以享受獨特的插入感。肥大的花蕊雖不常見，但姑且先為你講解愛撫的方法。

同屬肥大花蕊，陰蒂卻大小有別

異常肥大的花蕊通常左右兩邊會糾結緊閉，陰蒂即使受到性刺激而勃起，也會完全被肥大的花蕊覆蓋。假如陰蒂的大小一般，要找到正確位置還算容易。萬一陰蒂細小又被覆蓋，要找到正確位置可就難上加難。如果男女雙方已經數度共享魚水之歡、關係親密，男方可以用目視找出陰蒂的正確位置再進行愛撫。但如果剛交往的女友屬於肥大花蕊，女方可能會羞於讓男方觀看陰部，因此只能用手指慢慢摸索。

花蕊雖然異常肥大，但陰蒂的大小一般。

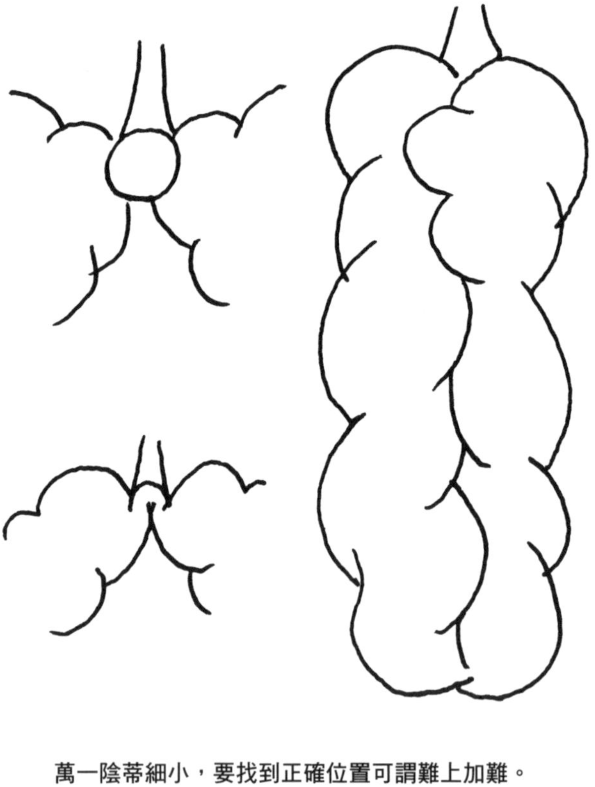

萬一陰蒂細小，要找到正確位置可謂難上加難。

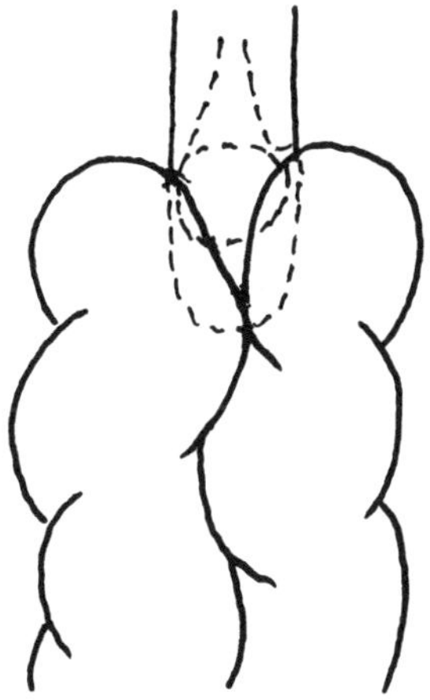

①先以無名指插入陰道（其他手指也無妨），用手指汲取愛液後，沿著外陰部的縫隙向上移動尋找陰蒂。如果陰蒂的大小一般，要找到並不困難。

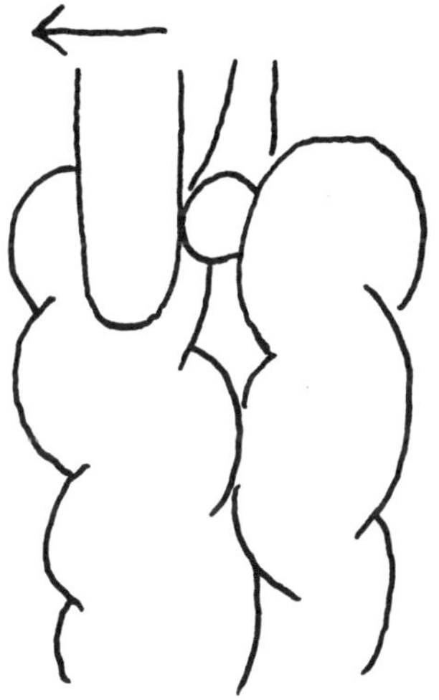

②將無名指置於陰蒂之上，指尖向右滑動，使陰蒂的右半部外露。手指用力擠壓異常肥大的花蕊，接著再將食指置於陰蒂上面。

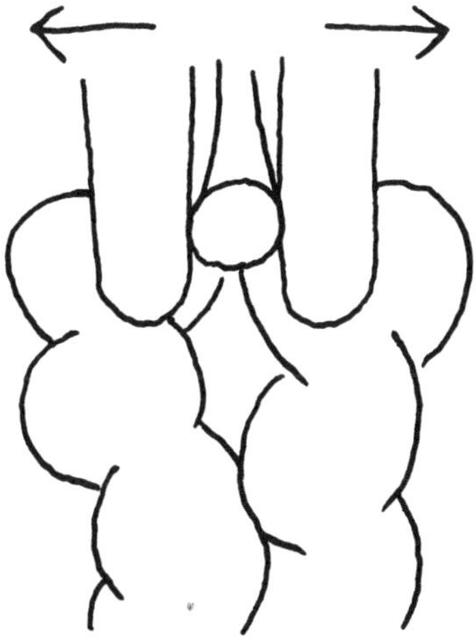

③食指向左滑動，使陰蒂完全外露，就算陰蒂被包皮覆蓋也沒關係。兩根手指持續按壓異常肥大的花蕊，並以中指揉搓陰蒂。

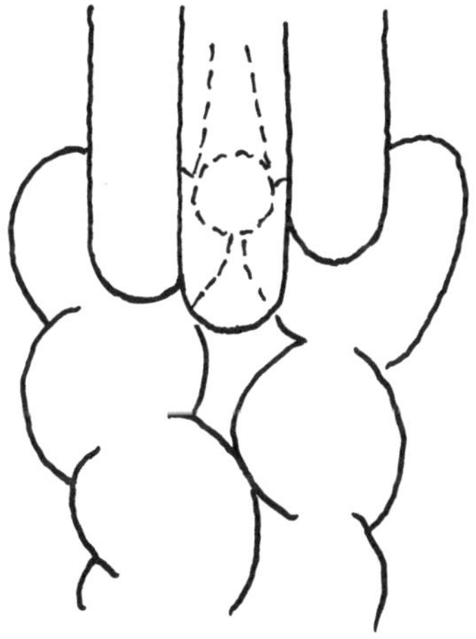

④至此再說明一遍。切記要用兩根手指按壓異常肥大的花蕊才能將陰蒂固定，接著再以中指抵住陰蒂上下摩擦。依照女方的反應，可以再配合畫圓動作來揉搓。

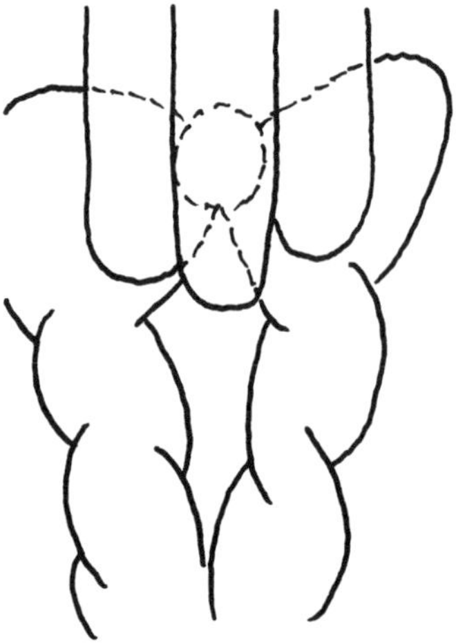

畫圓的動作到達頂點時，陰蒂和異常肥大的花蕊會被一同向上拉扯，陰道口和會陰同受刺激，整個下體會非常舒服。肥大花蕊的敏感度也很不錯。

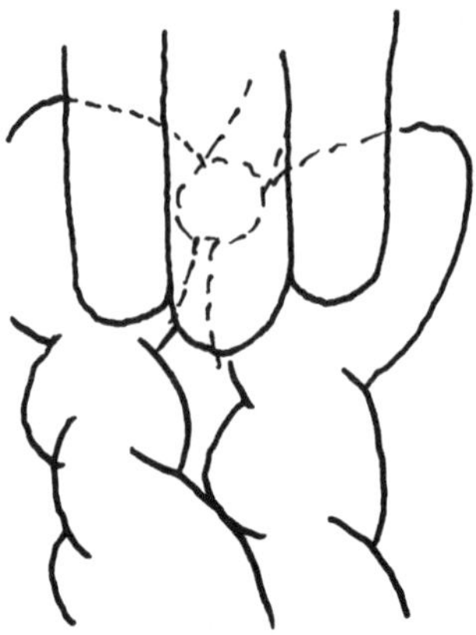

用手指按壓異常肥大的花蕊，同時揉搓陰蒂，指尖的觸感會讓花蕊感到興奮，肥大的花蕊連同陰蒂一起被揉搓，可使女方獲得無比的快感。

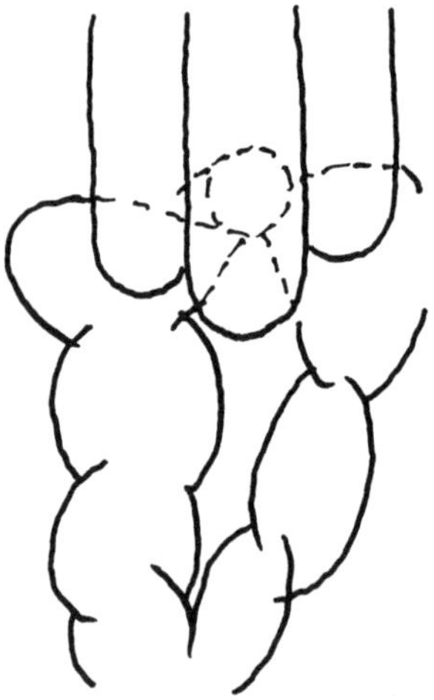

以畫圓的方式移動手指，陰蒂和異常肥大的花蕊也會受手指牽引，往同一個方向移動。這時由於陰部已經相當溼潤，如果太用力揉搓，手指會因陰部溼滑而失去準頭，因此力道要掌控好，以防止手指偏移。

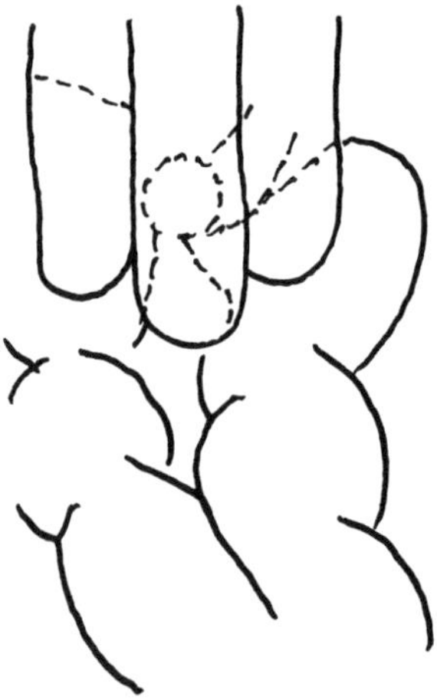

用三根手指以畫圓的方式揉搓，異常肥大的花蕊會扭曲變形，使整個下體化為快感的熔爐，溫熱的愛液將源源不絕地流出。偶爾可以用手指插入陰道讓愛液滲出。

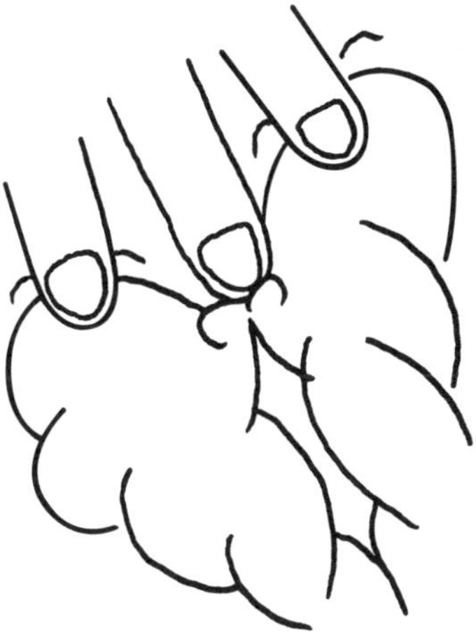

將花蕊向上拉扯並緊緊壓住，包皮也會跟著被撥開，陰蒂將完全外露。接下來以中指的指尖輕輕撫弄陰蒂，可以持續給予穩定而強烈的快感。

用力擠壓異常肥大的花蕊可使陰蒂突起，有利於中指摩擦愛撫。再以類似敲擊鋼琴琴鍵的輕靈指法快速敲擊陰蒂，也能有絕佳的效果。

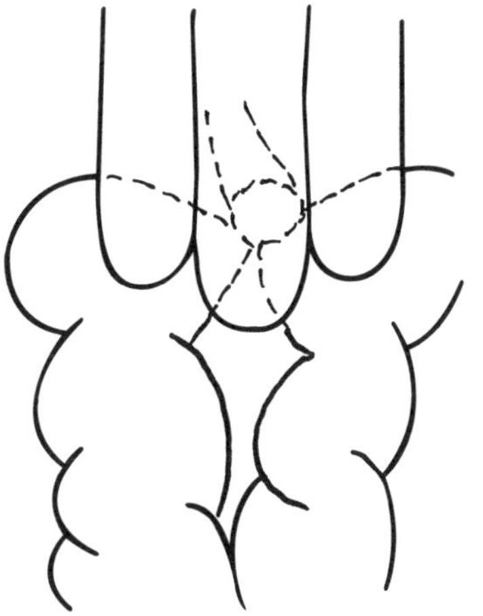

從正面注視異常肥大的花蕊同時進行愛撫，可獲得強烈的視覺刺激。用手撫摸或者用臉頰磨蹭會有一種十分舒服的獨特觸感。這種花蕊算是相當稀有貴重的女性性器。

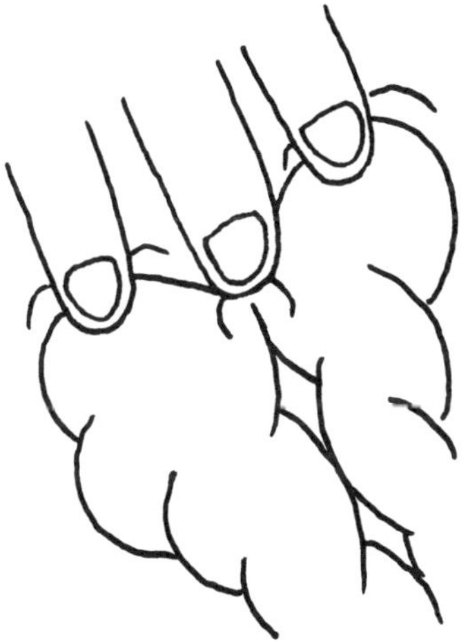

花蕊異常肥大而陰蒂異常細小的情況下，先用食指和無名指將花蕊向上拉扯，使陰蒂露出，再用中指輕輕摩擦也能得到強烈的快感。

第三章教導舔弄的技巧

前面融會了《極致愛撫①──胸部特集》及《極致愛撫②──女性性器篇》的內容來為你解說愛撫女性性器的方法。誠如下面的插圖所示，只要一邊愛撫上半身的兩顆乳頭，同時愛撫下體的陰蒂，女性的性器就會變得興奮難耐。第三章將為你解說舔弄的方法。

在《極致愛撫①──胸部特集》一書中介紹了兩百多種愛撫的方法，內容開宗明義表示乳頭是上半身的兩大陰蒂，並解說如何愛撫乳頭使女性高潮。希望各位讀者務必能夠融會運用這兩本姐妹作。

在舔弄之前，先把手指插入興奮難耐的陰道裡汲取愛液，將陰部塗滿愛液。這時眼前的女性性器已經被天然的潤滑液弄得溼淋淋，外觀閃耀著淫蕩的光澤，這種景象可以帶給男性強烈的視覺刺激。突然誇張地舔弄陰部會讓女性非常興奮。

同時愛撫三大陰蒂，效果驚人

一邊愛撫上半身的兩顆乳頭，同時愛撫下體的陰蒂，不管任何女性都受不了三大陰蒂同受愛撫的驚人威力。記得先不要插入陰莖，才能挑逗女方饑渴難耐的陰道。之後再以舌技令女方的情慾更加高漲，最後主動懇求男方插入。這時女方沉醉在快感當中，早已形同高潮，可以隨意施予快感追擊。

愛撫兩顆乳頭和陰蒂的三點攻勢。

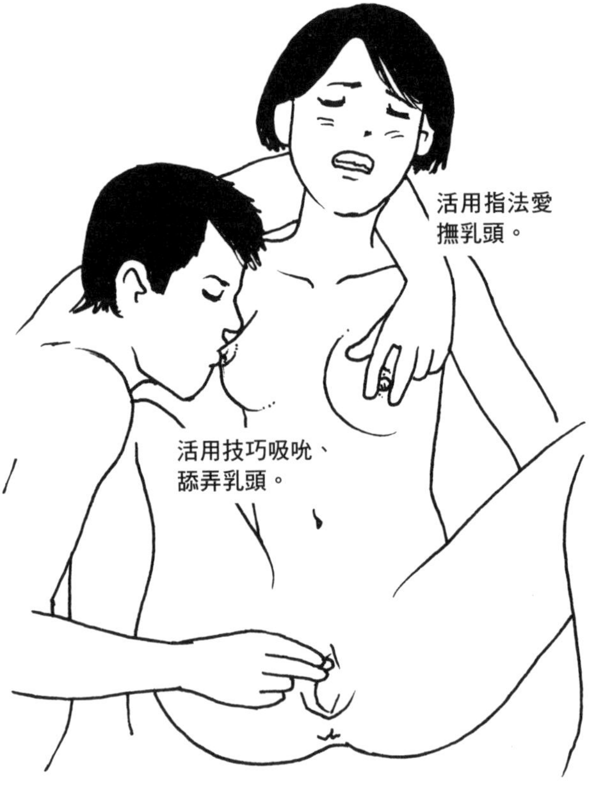

徹底熟練摩擦陰蒂的指法，施行準確的愛撫。

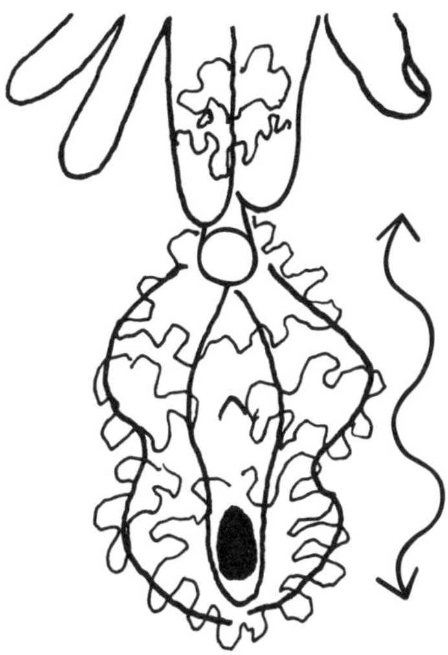

將手指抽離陰道，以蛇行的方式沿途塗抹愛液直到陰蒂，接著再蛇行向下將手指插入陰道翻攪使愛液滲出，並重複蛇行動作。

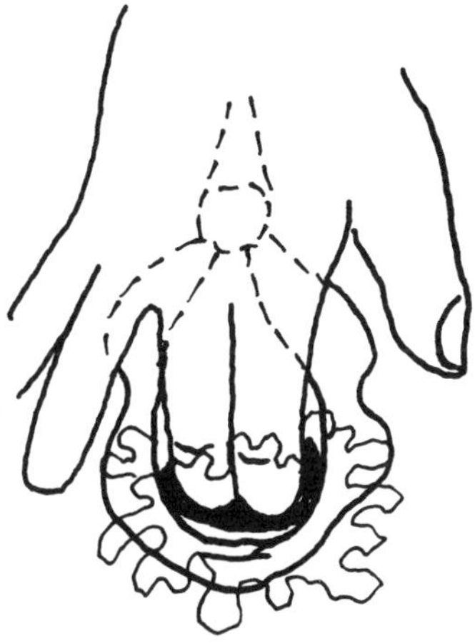

舔弄之前要先將女性性器塗滿愛液。以中指和食指插入陰道中翻攪使愛液滲出，讓手指徹底沾染愛液。

●介紹舔弄技巧前先來場女性的真心話座談會

這本書是我和性伴侶透過實際體驗撰寫而成的，過程中舒服的程度自然不在話下，有時候光是回想起來私處就會氾濫成災。據說辰見大師有時候在撰寫原稿還會勃起，而我如果不做愛的話根本連原稿都寫不出來。

寫到這裡，我已經處於情慾高漲、極度饑渴的狀態了，照這樣直接介紹舔弄方法的話，我肯定會高潮。之前也說過很多次了，本書《極致愛撫②——女性器篇》是前作《極致愛撫①——胸部特集》的姐妹作。換言之，各位讀者若擁有完整的上下冊，就可以讓女性獲得無與倫比的高潮快感。

在進入介紹舔弄技巧的章節之前，讓我先來介紹女性的真心話座談會。接下來將闡述女性赤裸裸的心聲，諸如女性對性愛的心聲、對男性的心聲，以及女性的各種需求等等。這場女性的對談由我（本書共同作者：三井京子）擔任司儀，希望各位讀者能了解女性的心聲，以便日後做愛時能拿來當作參考，派上用場。

●慾女們的淫穢心聲座談會

在東京某家居酒屋的包廂裡，包含我（三井京子）在內，共有五位女性聚集在一起。由於大家都喝了一點酒，彼此又是同性，比較沒有拘束感，故這次的聚會儼然成了慾女們的淫穢心聲座談會。與會成員一致強烈要求禁止攝影，所以很遺憾地沒辦法拍出與會成員的面容。會有這樣的要求其實也不意外，畢竟這次會談的內容實在太超出尺度了。

首先來介紹她們的個人簡歷，與會的人名雖然使用假名，但內容絕無作假。第一位是較為年長的單身上班族直美小姐（三十二歲），她有一位交往六年的男友。直美小姐性格高傲、為人不拘小節，她和男友間的性愛始終一成不變，因此希望能有一場新的邂逅。

再來是身材好到讓人羨慕的美女眞奈美小姐（二十五歲），令人吃驚的是，這樣一位美女竟然是家庭主婦。眞奈美小姐已結婚六年，眼下還沒有生小孩的打算，她的丈夫是十分普通的上班族，據說夫妻倆每個禮拜只會交歡一次，內容也極其普通。

還在就讀大學的涼子小姐（二十一歲）目前正在物色男友，性格溫柔、擅長做愛是她的基本要求。當她說完自己的擇偶條件之後，原本紅潤的雙頰變得更加通紅，三杯黃湯下肚，整個人也變得更為嫵媚。其實要了解一個人是否擅長做愛必須實際試過才會知道，不過溫柔的男性大多都很擅長做愛。眞要說起來，男性在和女性上床之前都是很溫柔的。

與會成員中最年輕的是二十歲的優香小姐，現在在便利商店打工。她的前男友做愛時都只顧自己爽，因此優香剛和他分手，情緒異常高亢，喝醉以後還笑得花枝亂顫。優香小姐似乎很容易就能交到男友，而她的對象也大多是同一家便利商店的店員。對她來說，在便利商店交男朋友就像在便利商店買便當一樣簡單，優香小姐不能忍受沒有男人的生活。

我的個人簡歷在作者簡介裡有記載，但在此還是先簡單介紹一下。我是一九七一年出生於千葉縣。曾任職一般的公司行號和出版社，現在是自由的性學作家，曾經離過一次婚，有一個年輕的男友。男友總會滿足我的要求，要說他是我的性伴侶也並不為過，同時他也是我進行實際體驗的取材對象。與會成員當中我最爲年長，性經驗也最爲豐富。大家對於我性學作家的工作表示了濃厚的興趣，針對我工作上的疑問也成了這場座談會的開場白。

●性學作家成為眾人提問的焦點

這次座談會召開之前，我事先對與會成員說明過座談會的主旨，並且發送前作《極致愛撫①——胸部特集》給每一個人。剛開始做完自我介紹後，在飲酒的過程中，身爲性學作家的我很自然地成了大家提問的焦點。

優香：我很喜歡那本愛撫乳房的書喔，因爲前男友做愛都只顧自己爽，我看了那本書以後心情變得很複雜呢（笑）！身爲性學作家，肯定過得性福美滿吧，好令人羨慕喔（笑）！

京子：我在著書的時候都會透過實際體驗來進行取材，爲了使讀者在實踐書裡的內容後會發自內心感到舒服，我自己也認眞嘗試過那些技巧。

直美：我啊從來就沒有被那樣愛撫過乳房，我好羨慕三井小姐妳呢。就某種意義來說，性愛也算是妳工作的一環吧，要是可以拿這個當工作，我也好想當性學作家喔！感覺這個工作很刺激，而且還可以和各種男人享樂呢！雖然我有一個交往六年的男友，但做愛眞的超級單調乏味。

眞奈美：只要是女人，任誰都會對這種事有興趣的。因爲丈夫不讓我去外面工作，所以就算家裡沒有小孩，我還是只能當家庭主婦。結婚前我和丈夫在外面約會時，只要稍微離開他身邊就會被AV星探挖角，約會過程中還會被搭訕四、五次呢，結果結婚以後就被軟禁在家裡了（笑）。丈夫是個普通的上班族，做愛也只有一種單調的模式而已（笑）。被AV星探挖角的時候我覺得挺興奮的，我對這種事很有興趣，也有想被男人支配的慾望。妳從事性學作家這種工作一定進行過各種取材對吧？那些AV女優眞的有那麼舒服嗎？

京子：主要是演技成分居多，不過也有不少女孩是自願從事AV女優工作的。眞的樂在其中、高潮連連的女孩也大有人在。有些女優被噴精（射精在顏面或乳房上）還會陷入意識渙散的狀態。陰道和肛門被兩根陰莖插入的就更厲害了，有人還因爲陰道和肛門的雙重快感而暈過去呢！

眞奈美：天啊！我光聽就快暈倒了。三井小姐，下次妳可以帶我去AV的拍攝現場嗎？臉部打馬賽克演出感覺好刺激。呀……好興奮喔（笑）！

京子：沒問題啊，可是片商眞的會要妳來演喔（笑）！

眞奈美：實際情況如何還是要等去了以後才會知道，不過請讓我以三井大師助手的名義跟妳一起去好嗎，答應我喔。哇……好期待喔（笑）！

優香：我也好羨慕。要我演出AV沒問題喔，反正薪水應該比便利商店的工資要高，而且做愛眞的很愉快。我從來沒有看過現場的活春宮，感覺應該會很興奮吧！

直美：我雖然沒有那種勇氣，但我想任何一個女人都有想成爲AV女優的慾望吧！只要是女人都會想拋下理性的枷鎖，讓身心赤裸，徹底享受性愛。

涼子：說到性愛啊，說來有些不好意思，其實我還蠻有興趣的。我目前雖然還在物色交往的對象，但性格溫柔、擅長做愛的人才是我的理想。我的第一次是接近半強暴的經驗，儘管很不情願，可是爲了捨棄處女我還是忍下來了。我當時眞的很驚訝男人在做愛時會這麼激烈，有一陣子那件事還成爲我內心的陰影。不過這種事會愈做愈舒服對吧？我還沒有嘗過高潮的滋味，很想嘗試一次。

麻煩妳告訴我，身爲一個性學作家，透過實際體驗進行取材的時候眞的會高潮嗎？我眞的很想知道。

京子：在做的時候眞的會變得很舒服，如果最後沒高潮根本沒辦法平息我的慾火。可以說幾乎百分之百都會高潮（笑）。

涼子：好好喔，好羨慕喔！我也好想當大師的助手參加實際體驗的取材工作。能讓我當性學作家的助手嗎？

●有別於日常生活的世界，想成為AV女優的願望

酒過三巡之後，大家對我從事性學作家這一份工作的好奇心有增無減。包含我在內，許多女性都有想成爲AV女優的願望。對她們來說，AV的世界是有別於日常生活的世界，她們內心厭倦了普通的性愛，希望能沉

醉在性愛的快感當中。接下來的座談會我換了一個男性讀者會比較有興趣的話題。

京子：各位至今交往過的男性究竟性愛技巧如何呢？直美小姐妳有一個交往六年的男友，可否麻煩妳談一下妳和男友之間一成不變的性愛？眞奈美小姐，妳說妳的丈夫是個普通的上班族，做愛也是普普通通，是否能請妳詳細解釋一下是怎麼個普通法呢？

直美：我和男友做愛其實還蠻舒服的，只不過隨著年月增長，興奮感也跟著每況愈下。剛開始常高潮，最近卻覺得做愛只是一種習慣而已。

這陣子兩人一起出去吃飯也沒有怦然心動的感覺，離別之前就算不做愛好像也已經習以爲常，我們大概有半年沒做愛了吧！我之所以會對AV有興趣，只是覺得AV看起來既興奮又刺激，那些AV男優勃起，感覺就是爲了用他們十足堅挺的陰莖抽插女人。我是在開始交往的時候，對彼此的肉體都很有新鮮感，幾乎每天晚上都會做愛，而且也很常看A片來助興。

每次看到AV男優不停地舔弄女優陰部，總覺得自己好像也跟著張開了雙腿一樣，私處都變得溼淋淋，我好像說了很不得了的話喔（笑）！在拜讀妳贈送的《極致愛撫①——胸部特集》一書後，我眞的有種興奮刺激的感覺，我已經很久沒有體驗過這種興奮又怦然心動的感覺了。

也許我心裡希望男友能對我做更加淫穢的事情吧，可是我實在羞於說出口，所以我希望男友能主動對我做一些淫穢的事情。例如我想多幫他口交，也希望他能多舔弄我之類的。男友開的是休旅車，我也想嘗試在車上做愛呢！

眞奈美：我和直美小姐有同樣的感受。我們家那口子，做愛就像蓋印章一樣完全沒有變化。有時我被他抽插的時候都會想，自己好像只是把私處借給他洩慾一樣。像他那種認眞又愛吃醋的男人，與其說他缺乏想像力，不如說他根本就沒有取悅女人的心思。

如果現在被AV星探挖角的話，我很有可能會答應，對於自己這種心態我還蠻興奮的。萬一演出時被強迫自慰或是小便，我大概眞的會在攝影機前做吧，被好幾個男人上好像也不錯呢（笑）！總之我需要刺激。被丈夫敷衍的舌技舔弄根本沒有感覺，在抽插時假裝有快感也讓我感到很空虛。

我想外遇的緊張感應該能成爲興奮的要素吧，而且我總覺得外遇對象和丈夫不同，一定會對我做許多淫穢的事情。如果眞的能讓我非常興奮、非常舒服的話，不管是再淫穢的要求我都願意配合。要我表演自慰也可以喔（笑）！

京子：正在物色男友的涼子小姐，妳說妳理想的對象是性格溫柔、擅長做愛的男性，那麼妳希望對方能爲妳做些什麼呢？還有，妳自己又有什麼想嘗試的事情嗎？

涼子：因爲我的第一次就像被強暴一樣，所以我想要有一個能溫柔待我、讓我獲得快感的對象。說來有點不好意思，我自己在愛撫私處的時候眞的非常舒服，因此我希望乳房和私處都能被溫柔地愛撫。

至於陰莖嘛，老實說我是有興趣的。我雖然還沒有清楚看過勃起時的陰莖，但當初下體被用力地插入眞的很恐怖。不過，這種事只要習慣了就會很舒服對吧？那一本教人如何愛撫乳房的書，我看了以後產生了一種奇妙的感覺，最後情不自禁地自慰了呢（笑）。我是不是有點喝多了呀！

我的第一次是在十九歲的時候，對方是和我在同一個地方打工的大學生，他對我非常溫柔，所以我心想把第一次獻給他也沒什麼不好。誰知一到他住的公寓以後，他立刻性情大變，我就這樣被他侵犯了。雖然我只有那一次經驗，可是那次經驗在我心裡留下了陰影，害我到現在都沒辦法交到男朋友。

還有，我想嘗試看看口交是什麼感覺，光想我就興奮得快暈過去了呢！如果被男性舔弄私處的話，我可能眞的會暈過去吧。被男人吸吮乳頭、愛撫私處想必很舒服吧，我很想嘗試一下。

京子：優香小姐，妳是不是喝多了呀？酒量還行嗎？

優香：我沒喝醉啦（笑）！優香我吹含吸舔摳的經驗都很豐富喔（笑）！涼子啊，我跟妳說，跟男人做眞的很舒服喔。玩弄雞雞不但會讓人興奮，而且雞雞舔起來味道也不錯呢（笑）！

如果妳的性經驗只有失去處女的那一次，那我猜妳的處女膜應該已經癒合了，和處女沒什麼兩樣才對。我的第一次經驗也很痛喔，不過多做幾次很快就會習慣了，等習慣以後，只要被堅硬的雞雞插入私處抽動就會感到興奮呢！不用擔心，這種事情會愈做愈舒服的，妳就別挑對象了，隨便找個人做吧！

涼子：咦……不行啦（笑）。優香小姐妳和任何人都能做嗎？妳才二十歲對吧，妳和多少男性發生過關係啦？

優香：我已經記不得了耶，但我第一次經驗是在十五歲，算一算也該有四十個人左右吧（笑）！

反正只要稍微給對方一點暗示，很容易就能釣到手，再來跟對方上床就行了。這時候對方早已經精蟲衝腦，不管妳說什麼他們都會答應妳。像這條項鍊，就是對方爲了跟我上床才買給我的。

直美：年輕就是本錢啊，可以這麼自由奔放。我也很喜歡做愛，但因爲自尊心的關係，沒辦法隨便接受那種阿貓阿狗的對象。不過對AV女優倒是蠻有興趣的（笑）。涼子小姐，妳長得這麼可愛，只有那次喪失處女的性經驗實在太可惜了，妳應該多享受男歡女愛的。

涼子：我也想啊，偏偏我就是沒有勇氣採取主動，可是我對性愛眞的很有興趣喔（笑）。對了，眞奈美小姐，像妳這麼漂亮的人被軟禁在家裡，會不會累積很多壓力啊？只和老公做愛應該滿足不了妳的需求吧？

眞奈美：如果有機會的話，我隨時都可以外遇喔（笑）。其實也沒有到軟禁這麼嚴重啦，頂多出門前事先報備一下，要去百貨公司買東西他也不會反對。若是有看對眼的男性向我搭訕，我大概會先和對方喝個午茶然後就去開房間吧。在素昧平生的男性面前，我反而能完全解放自己，稍微想像一下那種情景我就會心跳加速呢！眞是淫亂人妻（笑）。

直美：也不知道是不是因爲我身上有種幹練的女強人氣息，男性都對我敬而遠之，總之我從來沒被搭訕過。京子小姐，我有個比較失禮的問題想請教一下，妳看起來就是很喜歡做愛的樣子，是不是常有人向妳搭訕呢？

京子：很遺憾並沒有這樣的事情。我的性伴侶曾經說我看起來很像AV業界的，大概是因爲這樣人家才沒有來向我搭訕。他也沒說錯，我的確是和AV業界有關的人（笑）。

涼子：咦！妳還有性伴侶嗎？好厲害，我好羨慕喔！妳所謂的性伴侶是指那種只有性愛的男女關係是嗎？我也好想要性伴侶喔！

京子：不是只有性愛的關係喔，我們會一起去喝酒、吃好吃的東西，還會一起去旅行呢！不過爲了避免束縛對方，我們並沒有同居，彼此也交往了很長一段時間。由於從事性學作家這份工作的緣故，按摩棒之類的東西我們也試過，我們是很愉快地享受性愛的。

涼子：他會滿足妳所有的性需求嗎？好好喔。其實我對按摩棒也很有興趣，一直都很想要，可是又不好意思去買啊！

京子：妳把住址寫給我，我寄給妳，要粗一點比較好嗎？還有肛門專用的喔，我選幾支明天寄給妳。

涼子：哇！眞的嗎，好開心喔（笑）。今天的聚會眞愉快，難得大家有機會認識，有空的話就像今天這樣聚在一起辦座談會吧！順便可以互相報告彼此和男性交往的情況，各位不覺得很有趣嗎？

直美：贊成、贊成（笑）。預祝涼子小姐能夠找到一個性伴侶（笑）。

京子：涼子小姐，要不我幫妳介紹一個擅長做愛的性伴侶呢？不過妳必須先答應絕對不能束縛對方，而且只能把他當作幫助妳開發性感帶的對象喔！

涼子：妳眞的願意幫我介紹嗎？我好興奮喔。請妳務必幫我介紹一個性伴侶，我絕對不會束縛對方的。

京子：那按摩棒就當附贈的吧（笑）。至於已婚人士就恕我沒辦法爲妳介紹了，因爲很有可能會把妳的丈夫給牽扯進來造成家庭問題。

眞奈美：看樣子我只好在百貨公司物色對象了（笑）。

直美：那我也試著去百貨公司釣男人吧（笑），期待能有帥氣的中年男性來跟我搭訕。我啊，對中年男性最沒輒了。總覺得他們會用各種方法來滿足我，帶給我許多色色的遐想。

優香：我身邊從來不缺男人，不用幫我介紹性伴侶也沒關係。按摩棒我也有喔，一支粗大的按摩棒及雙跳蛋。按摩棒用起來既愉快又舒服，男人看了也會覺得興奮。比起技巧拙劣的愛撫，按摩棒要好多了呢，那種振動讓人欲罷不能啊（笑）！

●女性外遇絕不會被發現

實際上，五個女人聚在一起聊性愛話題，對話的內容就會變成這個樣子。加上大家都喝了點酒，酒後自然會吐露眞言。對女人來說，男人會讓她們感到興奮和愉悅。女人也會像男人一樣，希望能和交往的男友或是丈夫以外的對象享受自由奔放的性愛。

當女性對男友或丈夫的性愛感到不滿，她們確實會因慾求不滿而外遇。男性外遇通常很容易被發現，但女性外遇可以說絕不會被發現。聽完了諸位女性熱鬧無比的眞心話，接下來我們也來聽聽女性對陰莖的眞實感想。與會的成員大家都很喜歡陰莖。

京子：我個人很喜歡勃起的陰莖，在此我想請教各位對陰莖有什麼樣的看法。尤其是和四十多根陰莖發生過關係的優香小姐，妳好像特別喜歡陰莖呢！

優香：我從小學的時候就對雞雞有興趣了，升上中學以後，因爲我實在太想看雞雞勃起的樣子了，所以常常會興奮得自慰呢（笑）！中學三年級時，有一次我到班上的男同學家玩，正好對方的雙親都在工作，家裡沒大人，我們就產生了想偷食禁果的念頭。我看他的褲子前面鼓成一團，就問他是不是興奮了，結果他一下子抱住了我。我當時認爲這是親眼見識雞雞的大好機會，於是要他脫下褲子射精來平息慾火。

他興奮地脫下褲子，在我面前露出堅挺的雞雞。眼前突然有一根勃起的雞雞，我眞的嚇了一跳，頭一次見識雞雞看起來好雄壯威武。

我怯生生地伸手去摸，雞雞忽然抖動了一下，好厲害！那種感覺簡直就像別的生物一樣，我也幫他套弄得渾然忘我。忽然間，雞雞的前端噴射出白色的液體黏在我的臉上，才中學三年級我就體驗過顏射了（笑）。

我驚魂未定地握著雞雞，等雞雞慢慢變小後才放開。我用衛生紙把精液擦乾淨以後，他說我看過了他的下體，所以我的也要給他看。於是我也給他看了，他對陰部的位置感到很訝異，那傢伙還以爲陰部是長在下腹部，結果看到陰部長在胯下他還大吃一驚呢（笑）！之後他說他想插進來。

都到了這個地步，我也不打算守住貞操了，我要他先戴上保險套才能進來。大家猜猜看，他離開房間以後拿了什麼回來？是保鮮膜、保鮮膜喔（笑）！

京子：大家一聽到男方拿保鮮膜回來，不約而同發出了爆笑聲。特別是直美小姐和涼子小姐還笑到捧腹流淚呢！我一聽到男方離開房間的時候，就已經猜到是保鮮膜了（笑）。

優香：他說沒有保險套，所以先用保鮮膜代替一下。現在回想起來固然覺得很可笑，可是當下處於那種興奮狀態，我們可是非常認眞的。他要我繼續幫他套弄，套弄了一會之後雞雞快速膨脹變大，那是我第一次看到雞雞勃起，不禁發出了讚嘆！

包著保鮮膜的勃起雞雞慢慢地插入我體內，那時我實在太投入了，連自己的私處到底有沒有濡溼都記不得，我只記得第一次眞的很痛。而他也一下子就繳械了，我的第一次就這樣獻給包著保鮮膜的雞雞了（笑）。

後來我們常在他家做愛，習慣了以後也漸漸有快感了。他也變得比較持久、比較懂得享受做愛的樂趣。才中學三年級就體驗過高潮的快感，之後我自然就對性愛需索無度了，當然現在也是需索無度啦（笑）！如果有人問我在這世上最喜歡什麼東西，我一定會回答雞雞（笑）。

京子：感謝妳讓我們聽到這麼有趣的經驗談。雞雞對優香小姐來說似乎是生活中不可或缺的必需品，性愛也是她最大的樂趣。接下來請漂亮的眞奈美小姐來談談妳的經驗，據說妳的第一次獻給了一位風度翩翩的中年紳士，而且過程好像蠻舒服的。

眞奈美：我從中學的時候就很顯眼，可以說是大家心目中的女神，非常受歡迎。但這一點也是我交不到男友的原因。我一直到二十歲念短大時才有第一次經驗。

當時我在餐廳裡打工，有一個中年的客人每次都在下午兩點的離峰時間光顧，平常都是我負責接待他。有一天，他悄悄拿給我一封信，我興奮地在廁所裡閱讀信上的內容，裡面寫了一手流利的文章邀我一起吃飯。從那時起，我就對中年男性沒輒了（笑）。

那一年我才二十歲，高級餐廳的氣氛和紅酒令我心醉神迷，我心想就算和他發展到最後一步也沒什麼不好。而他也事先訂了房間，我就很自然地和他上床了。他對我非常溫柔，我頭一次深刻體認到，原來被男性愛撫私處是這麼舒服的事情。我的私處氾濫成災，簡直到了令人害羞的地步。他插入我體內的時候雖然有一點疼痛，不過多虧了愛液的充分滋潤，我的第一次相當順利。

我和他一直交往到我短大畢業爲止。他教了我口交的方法，以及取悅陰莖的套弄技巧，而且每次做愛他一定能讓我高潮。事情結束後還會給我一些零用錢，給我很大的幫助，我從他身上學到所有取悅男性的方法，不過我從來沒對丈夫用過。妳想嘛，萬一我把學到的技巧使出來，丈夫一定會覺得我以前是在賣的或是愛玩的女人之類的。丈夫是一流大學畢業的高材生，也算得上是優秀企業的員工。當初我就是看上他爲人正直溫柔才會嫁給他的，可惜他實在正直過了頭，一點情調也沒有，我想再和風度翩翩的中年男性做愛。

之前那位中年男性的陰莖儘管沒那麼堅硬，但尺寸還蠻大的。他的陰莖和我的私處很契合，抽插起來很舒服，而且剛插入時會一口氣頂到深處，有一種精神上的滿足感。他還會讓我看他勃起的過程，感覺很不可思議呢（笑）！丈夫的陰莖比他小了一號，可是非常堅硬，就算只是普通的性愛，插入時也很有滿足感。然而，我想嘗試各式各樣的性愛。

京子：眞奈美小姐的男性經驗只有中年男性和丈夫兩個人，實在是暴殄天物啊（笑）。前面我們已經聽過涼子小姐的第一次經驗了，現在請直美小姐讓我們聽聽妳的第一次經驗吧！

直美：我第一次經驗是在高一暑假的時候。當時我隸屬於排球社，有一位大我 屆的學長常在練習中盯著我。我也正值對性愛相當好奇的年紀，常常有一些性幻想，內容主要都是做愛居多啦（笑）！男人都會想像女人的裸體對吧，但女人似乎都是想像勃起的陰莖呢，在這方面女人算是比較實際。

即使從來沒有一起約會，我們也知道彼此互有好感，交往只是時間問題而已。那時候我還沒有行動電話，有一天剛好暑假的社團活動結束，我們偶然在回程的路上相遇，兩個人就這樣聊了起來。我的故事眞的很普通，妳們一定會覺得很無聊的。

優香：說不定之後的發展很有趣啊，繼續說下去嘛。我想聽聽直美小姐的第一次經驗，很痛嗎（笑）？

直美：很痛啊（笑）！那次我趁著父母帶妹妹出門的時候，打電話把他叫來家裡。在他來之前我先盥洗沐浴，私處還特別用心洗過，洗完再穿上我最漂亮的內衣褲（笑）。

接著我聽到腳踏車煞車的聲音，他一進家門，我們都很清楚接下來會發生的事情，彼此激烈地擁吻，他脹大的下體抵著我的下腹部，害我意亂情迷、雙腳發軟，當場跌坐在地上，心臟也因爲興奮過度而劇烈跳動。

然後他把我帶到我二樓的房間，兩個人接吻將近半小時，眞的是渾然忘我呢（笑）！他隔著T恤揉搓我的乳房，我把胸罩拉開，讓他可以直接摸得到乳房。第一次被吸吮乳頭非常舒服，我們在開著冷氣的房間裡鋪好寢具，彼此全裸鑽進被窩裡。他抓起我的手，讓我撫摸變硬的陰莖，我第一次摸到陰莖覺得很興奮，他的手不停撫摸我的乳房和私處。

我知道一些如何套弄勃起陰莖的知識，於是就試著幫他套弄了。看他很舒服的樣子，我也很高興，套弄得也愈賣力。就在他快射精的時候，我停下了套弄的動作。這時換他幫我愛撫私處，可惜他的愛撫技巧並不好，不過我非常興奮，私處還是徹底溼了。

他事前有先準備好保險套，還讓我看他戴保險套的過程。那一瞬間是我頭一次看清楚變硬的陰莖。我不敢相信那麼粗大的東西居然要插進我的身體裡，心裡交織著不安、興奮，以及期待的複雜念頭。等他插入的時候，我痛到根本沒有閒情逸致去體會做愛到底舒不舒服，只能勉強忍住痛楚。興奮過度的他用力地擺動著腰部，但我還是很高興自己的體內可以讓他這麼舒服，最後他在射精的瞬間緊緊地抱住了我。

直到高中畢業之前，我們偶爾會在一起做愛，可是高中畢業之後就各分東西了。後來我到了東京，談了一場出色的戀情，完全忘了那個學長。

和現在這個男友做愛也跟當初差不多，一開始我也很高興自己的體內可以讓他這麼舒服，看到他開心我也會感到很舒服。然而，這種喜悅變得愈來愈淡了。特別是讀了妳贈予的《極致愛撫①——胸部特集》以後，對男友的愛撫眞的完全不能滿足，很想叫他再讓老娘舒服一點（笑）。

●女人的真心話到此先告一段落，接著進入第三章

到了一二六頁我們還會再爲你介紹眞心話座談會。接下來進入「第三章・舔弄女性的性器」的章節。我在這場座談會的後半段拿出本書的原稿讓與會的成員觀看，她們看完以後的感想就請容我先賣個關子。

第3章

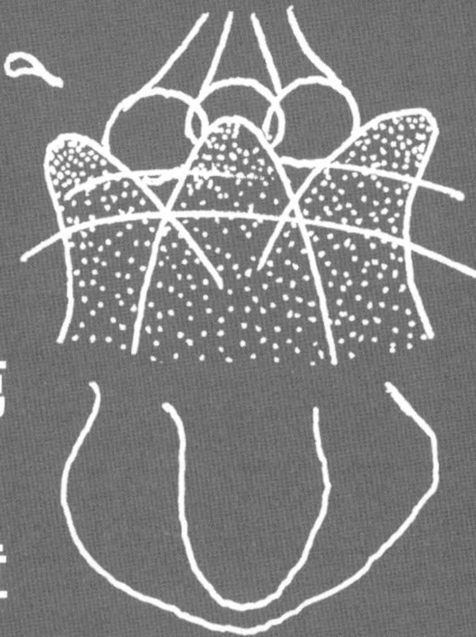

舔弄女性的性器

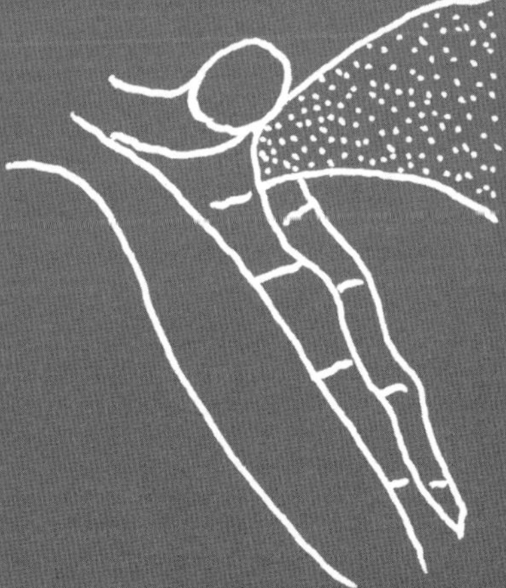

重點在於執拗而細心地舔弄

舔弄敏感的女性性器

如果害羞的心情大於快感和興奮度，女性就會羞於張開雙腿讓男性舔弄性器，這也意味著女性無法沉醉在快感當中。先用本書的姐妹作《極致愛撫①——胸部特集》中記載的技巧，徹底提高女性的興奮和快感度，再準確地愛撫女性的性器，同時若能藉由愛撫乳房使女性的性器搔癢難耐，女性自然會主動張開雙腿期待你的舔弄。

切記先吸吮其中一邊的乳頭，再以手指愛撫另一邊乳頭，同時準確地愛撫性器。在用手指愛撫乳頭時別也忘了接吻，一邊接吻，一邊愛撫性器會產生非常大的效果。只要你能事先準確地愛撫陰蒂使女性性器變得敏感，在舔弄時就能獲得意想不到的神效。

這時來到女方的下體，觀察她溼潤油亮的性器，這種強烈的視覺刺激會激起你舔弄的慾望。

左圖為六點攻勢的愛撫密技

接吻時以胸膛壓迫、翻弄女方的右邊乳頭，並以手指愛撫左邊的乳頭，同時用另一隻手的手指插入陰道和肛門。這種六點攻勢的愛撫密技能讓女性的興奮和快感達到最高潮，這時女性會期待被舔弄的快感，私處會分泌更多的愛液。建議你在舔弄女性性器時，可以冷不防地給予陰蒂強烈的快感。

一邊舌吻，同時愛撫兩顆乳頭和陰蒂，順便將手指插入陰道和肛門。

觀察女性性器，獲得強烈的視覺刺激

左圖是期待男方舔弄而主動長開雙腿的女性。先觀察被愛液沾抹得油亮光滑的女性性器，這種強烈的視覺刺激會激起你舔弄的慾望。女方的興奮和快感度也會壓過羞恥心，希望能早點獲得更強烈的快感，這種狀態下已經隨時可以做愛了。在徹底舔弄、品嘗女性的性器之前必須先記住兩點：一是準確地刺激陰蒂，再來是誇張地舔弄，如此可以為彼此助興。

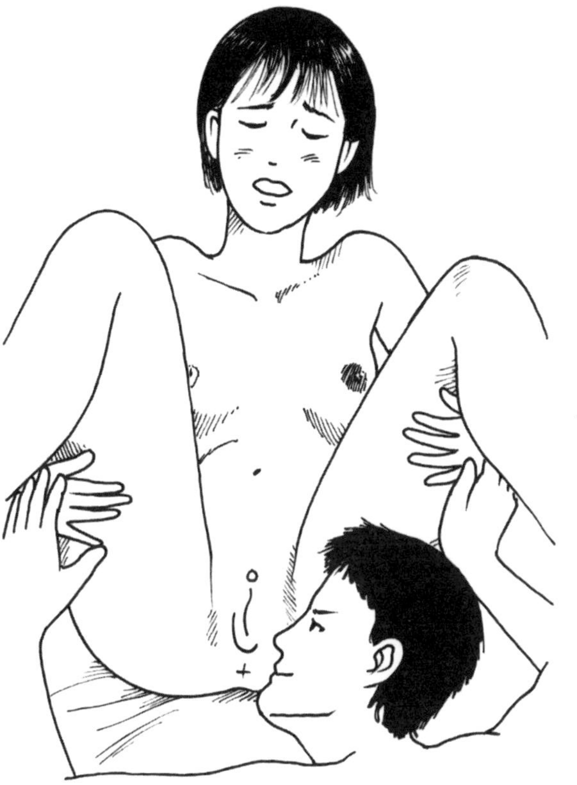

先觀察淫潤的女性性器來提高興致。

●對任何陰蒂都有絕佳的效果

接吻的同時以五點攻勢不停地愛撫女方，能使女方獲得升天般的快感，愛液的分泌量也會異常增加，對此女方也會有所自覺而顯得更加興奮，興奮度和快感度都會倍增。男方也會因手指上的愛液量異常豐厚而更加興奮，整個愛撫過程將會充滿大量淫滑的愛液。

女性在被男性觀察自己淫潤的性器時會非常害羞，不過只要興奮度和快感度壓過羞恥心，害羞的感覺也會成爲興奮的要素，使女性性器變得更爲敏感。冷不防地給予敏感的陰蒂強烈的快感會有絕佳的效果。用舌尖翻弄敲打或是左右舔弄陰蒂的方法，不管對何種陰蒂都有絕佳的效果。

重點攻擊陰蒂

以愛撫手法讓女性性器分泌大量的愛液，接著觀賞溼滑油亮的女性性器，會激起你想要誇張舔弄女性性器的慾望，然而這時候只要集中攻擊陰蒂，陰道便會如狼似虎地渴求陰莖。

先試著用舌尖輕點陰蒂，興奮難耐的陰蒂會變得過於敏感，女方將發出劇烈的嬌喘和嘆息。再來用足以讓陰蒂亂竄的力道，以舌尖猛力撞擊陰蒂。之後舌尖迅速地連擊陰蒂，然後左右舔弄。

由於陰蒂本身體積細小，因此用各式各樣的舌技來愛撫會很有效果。特別是在陰蒂完全外露的情況下，先將舌頭完全吐出，並以舌頭的中央用力抵住陰蒂，隨後以臉部畫圓，帶動舌頭來揉搓陰蒂，這種方法會有非常顯著的效果。

先觀賞性器，再重點攻擊

先觀賞沾滿愛液的油亮性器，可以激起你想要用力舔弄女性性器的慾望，但在舔弄前先重點攻擊陰蒂，等到實際舔弄的時候，彼此的興奮度都會達到最高潮。即使陰蒂露出不完全或是被包皮完全掩蓋，只要連同包皮一起舔弄，也能提升女性的敏感度。當興奮度和快感度變得更為激昂，女方將會主動翻開自己的陰蒂。

觀賞溼潤的女性性器，再集中攻擊陰蒂。

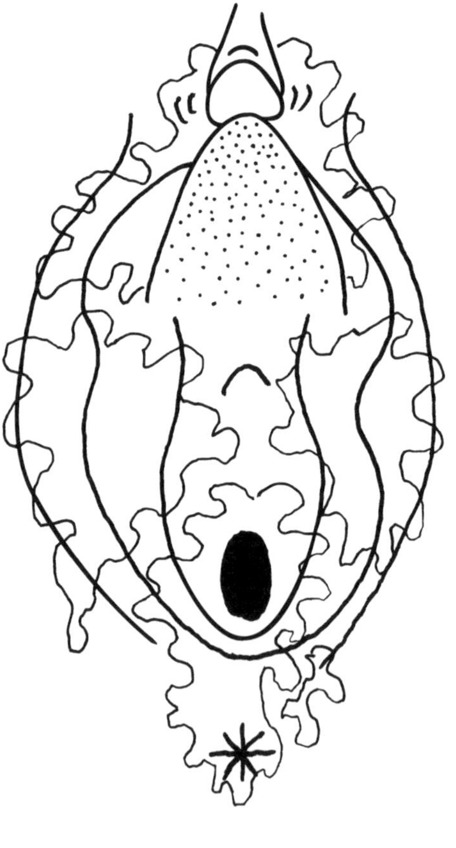

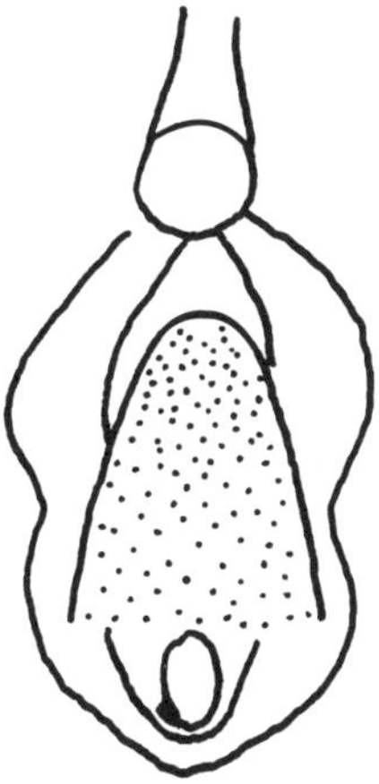

觀賞女性性器，藉此享受強烈的視覺刺激，確認陰蒂的位置後採取重點攻擊。期待舌技舔弄的性器正等著你的愛撫。

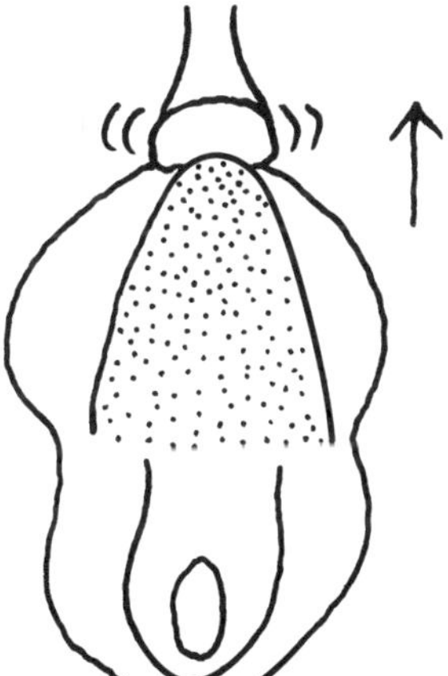

先用舌尖輕點陰蒂來觀察女方的反應。即使是輕微的動作，對於期待快感的陰蒂也是一種強烈的刺激。萬一陰蒂被包皮掩蓋，連同包皮一起舔弄也能讓女方感到舒服。

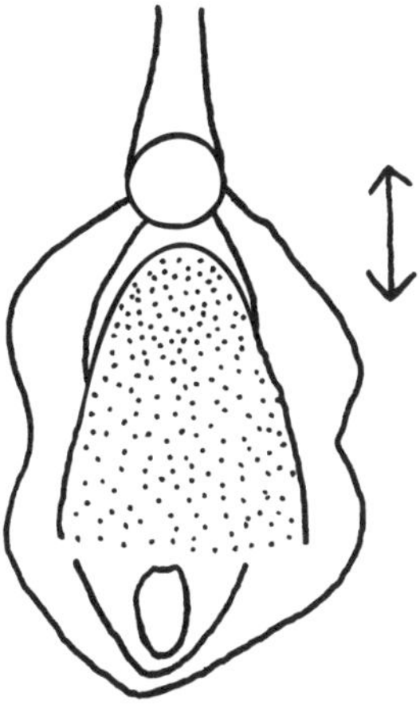

先給予一點輕微的刺激，來挑逗期盼著強烈快感的陰蒂，這就好比陰莖在尋求強烈快感時也經不起挑逗一樣。接下來試著使勁敲擊陰蒂。

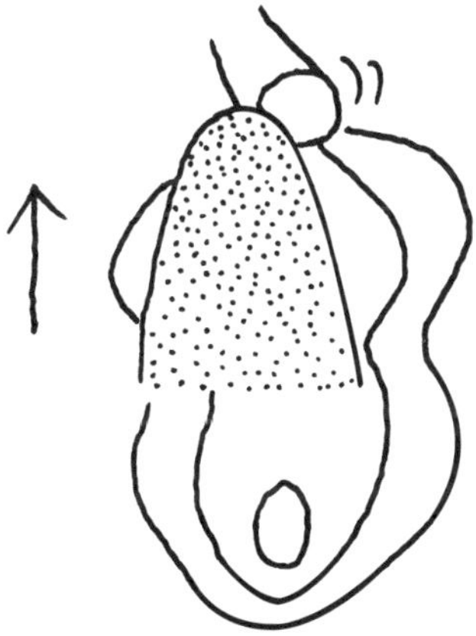

試著以舌尖用力擠壓陰蒂，陰蒂受到擠壓會偏離舌尖，然後迅速縮回舌尖再次猛力出擊。重複這個動作可給予女方強烈的快感。

以舌下部位舔弄性器，同時快速敲打陰蒂。只要對準兩瓣花蕊的分水嶺，也就是陰蒂的根部敲打，自然可以精準地愛撫陰蒂。這種連擊攻勢可以獲得最強烈的快感。

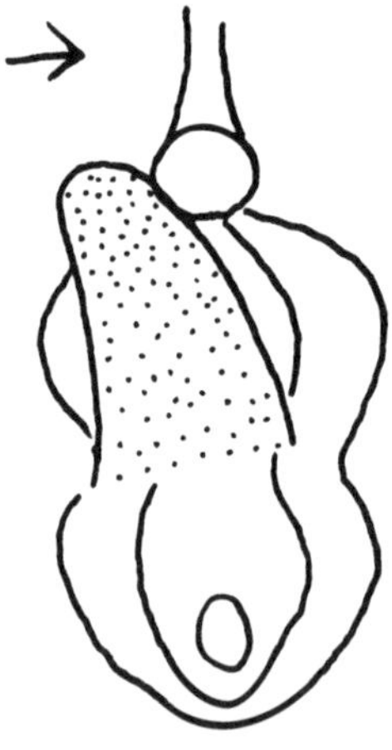

以舌尖抵住陰蒂左側，往右用力摩擦。特別是在陰蒂完全外露的情況下，這種方法足以瞬間提升敏感度。也可以等女方主動翻開陰蒂再使用此技法。

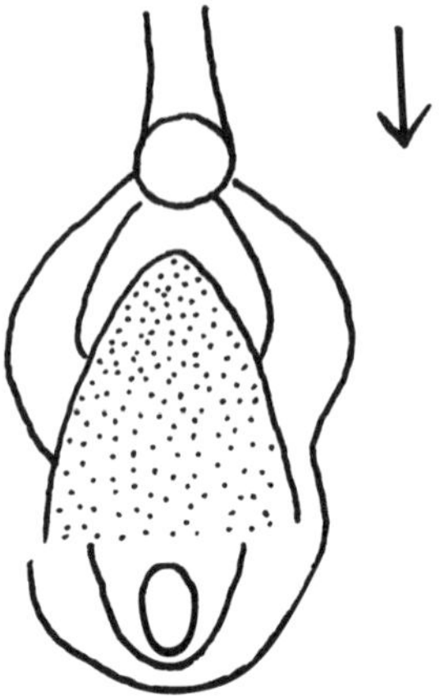

盡量伸出舌頭，以舌下部位舔弄陰道前庭直至陰蒂，然後用力撞擊陰蒂。在舌下部位摩擦女性性器的同時，還能給予陰蒂強烈的快感。

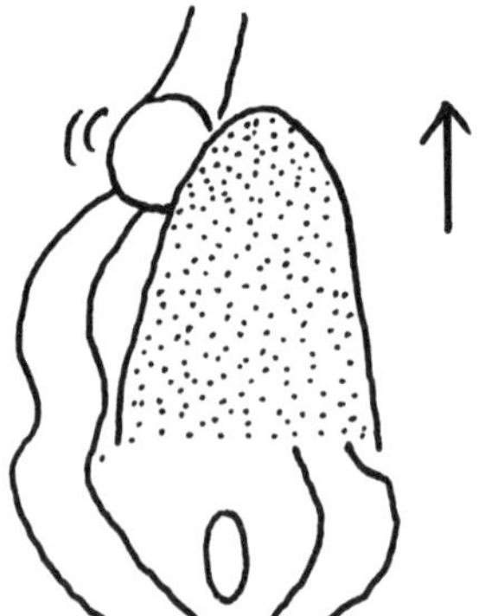

受到強力撞擊而被壓迫的陰蒂會左右移動，不過只要用連續舔弄的方式，就可持續給予高昂的快感。重點攻擊能為陰蒂帶來無與倫比的快感。

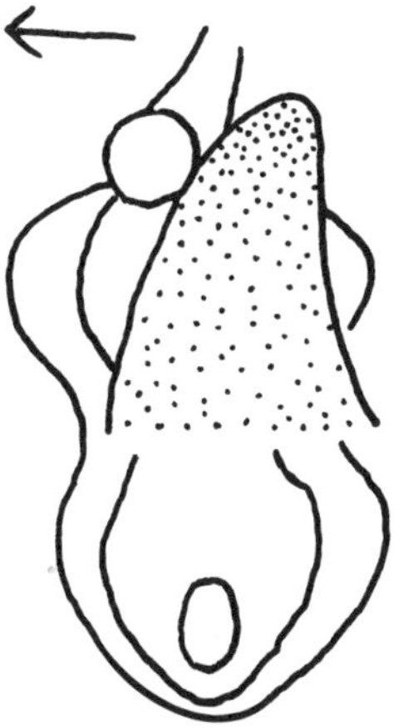

舌尖用力抵住陰蒂的右側，往左猛力摩擦。當陰蒂移動時，連接陰蒂根部的兩瓣花蕊也會跟著變形，此舉可提高快感度。

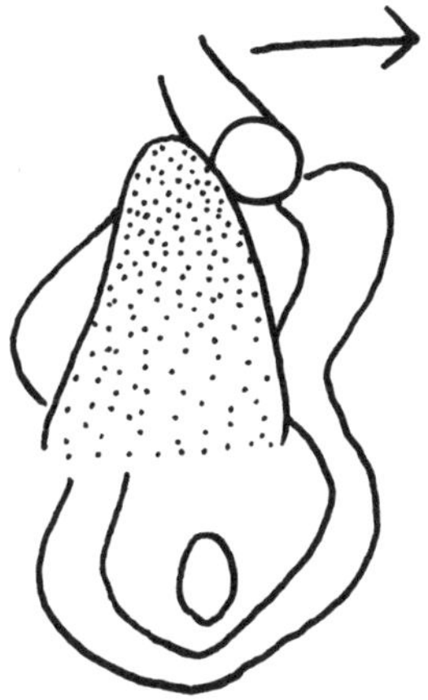

舌尖由左至右用力舔弄陰蒂。以舌尖將陰蒂和陰蒂龜頭盡量向右擠壓，花蕊也會受到牽引而變形，很有快感。

舌尖向左舔弄，陰蒂最終會回到原來的位置。繼續重複上述的動作，快速而連續地舔弄陰蒂，女性的快感會迅速提升，下腹部不停痙攣。

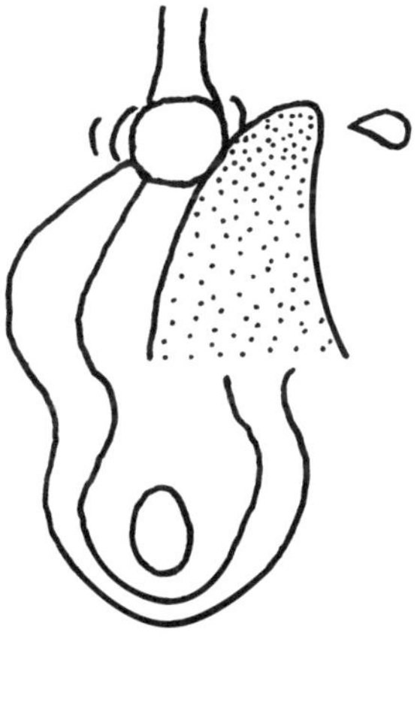

原本向右偏的陰蒂被舌尖舔弄而變得溼滑，最後偏離舌尖回到原來的位置。只要實行使勁舔弄的要領，女方就會因為強烈的快感而全身顫抖。

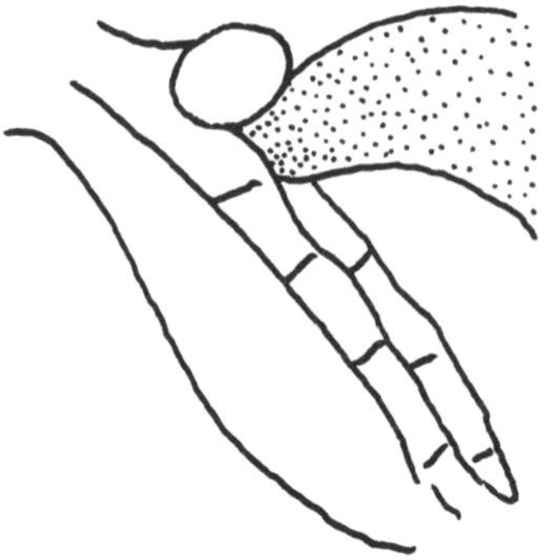

更用力托起陰蒂，兩瓣花蕊也會被一同拉起。舌尖要如同深入陰蒂根部一般用力抵住陰蒂，如此便可帶來強烈的刺激。

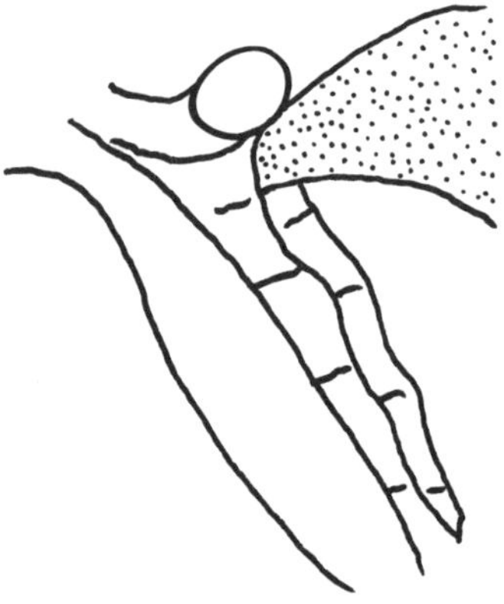

舌尖要盡可能得托起陰蒂和花蕊。只要舌尖用力抵住陰蒂的根部，也就是花蕊的交界處，自然可以將陰蒂托得更高。

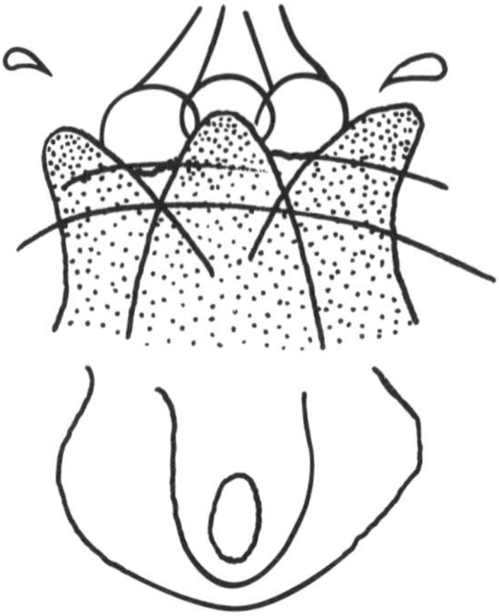

左右來回舔弄陰蒂，舌頭高速的運動可以迅速提升女方的快感度。快速敲擊、左右來回舔弄的效果非常大。

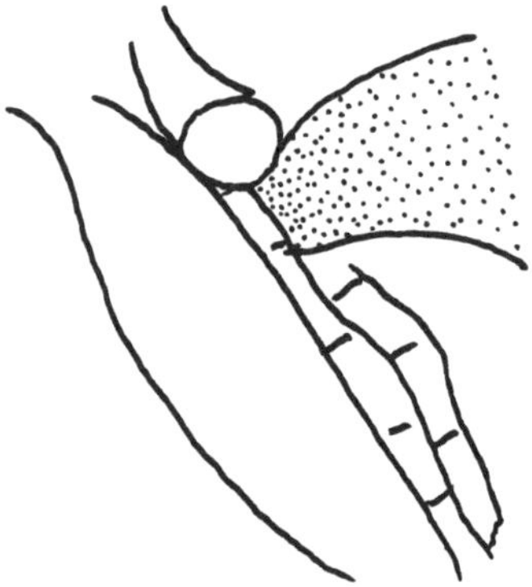

以舌尖抵住兩瓣花蕊的交界處，也就是陰蒂的根部，舌尖如同托起陰蒂般向上舔弄。陰蒂被往上抬起會帶來強烈的刺激。

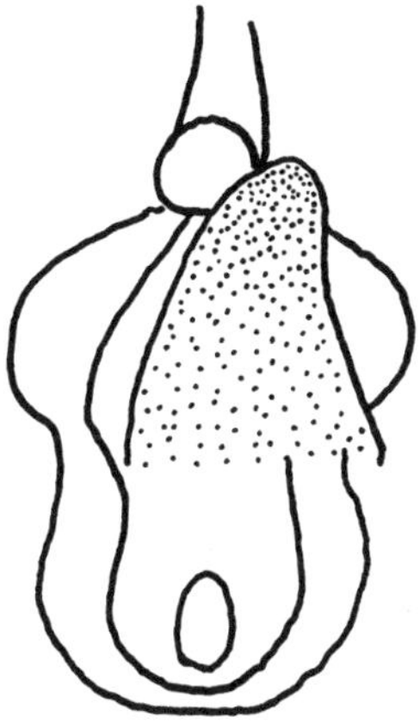

以舌尖抵住陰蒂右側，按照《極致愛撫①——胸部特集》中解說的方法，用旋轉、舔弄乳頭的要領來舔弄陰蒂也有絕佳效果。

用舌尖畫圓來舔弄陰蒂。連同包皮和陰蒂龜頭一起舔弄，獲得的快感保證不同凡響。即使因為溼滑而無法準確愛撫陰蒂，也請以舌尖畫圓舔弄。

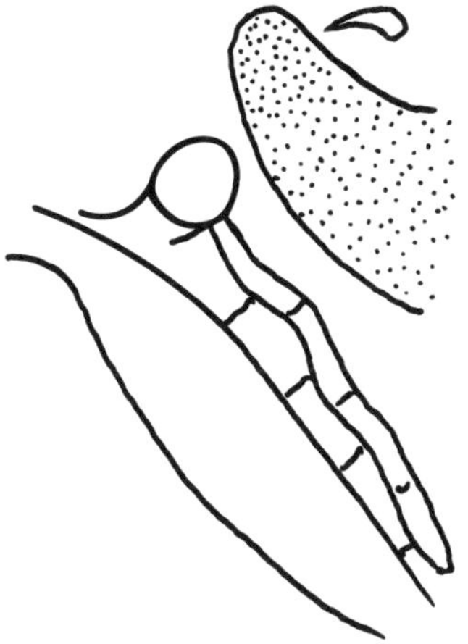

將陰蒂抬高到極限，陰蒂被舌尖舔弄得又溼又滑，最後彈回原來的位置。這種向上舔弄的方法所使用的力道愈強，女性愈是欲罷不能。

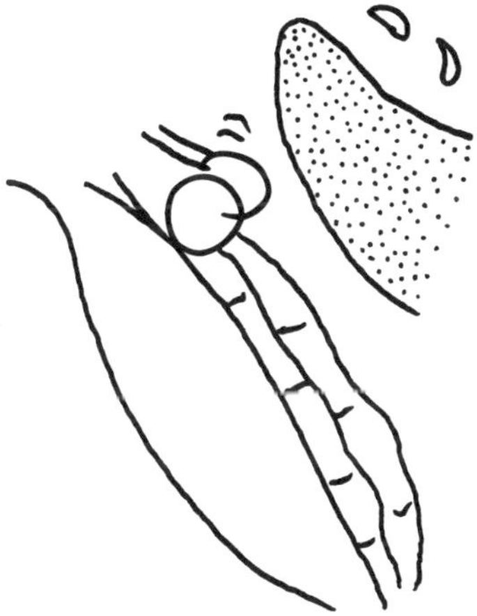

再以舌尖用力抵住陰蒂的根部與兩瓣花蕊的交界處。反覆向上摩擦陰蒂後，轉動舌頭來揉搓舔弄陰蒂。

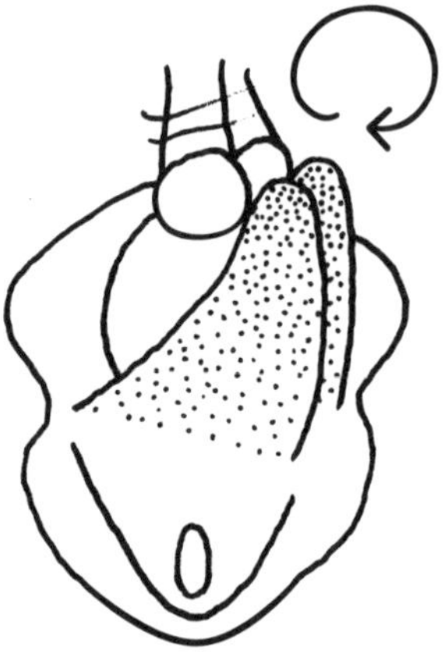

就算陰蒂溼滑不易舔弄，舌尖也要持續大動作地畫圓舔弄，如此一來強烈的刺激會讓女方的下腹部不停扭動，重點攻擊陰蒂的效果非常顯著。

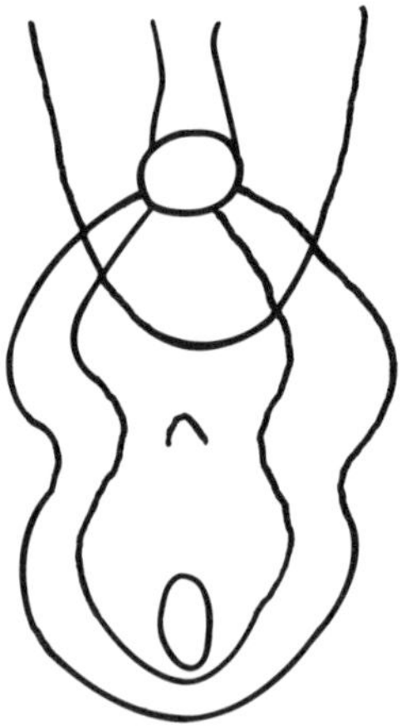

接下來給予溫柔的快感，先以舌頭的中央部位蓋住陰蒂，臉部朝左右移動，使舌頭輕輕摩擦陰蒂。這種緩急有別的刺激，可以讓女方從容地享受快感。

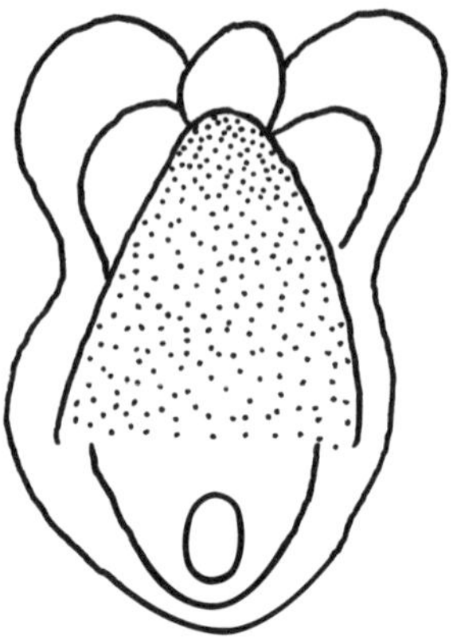

當畫圓舔弄陰蒂的動作到達頂點時，從陰蒂的根部用盡全力將陰蒂托起，兩瓣花蕊也會隨之變成狹長形，整個女性性器都會受到刺激。

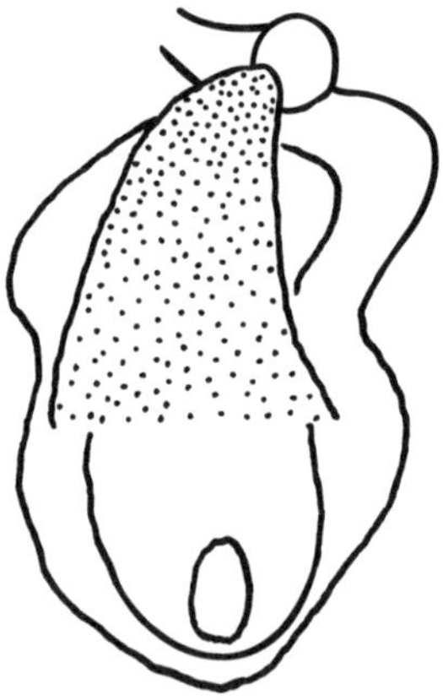

先以舌尖緩緩畫圓舔弄陰蒂，之後慢慢加速，改以大動作舔弄，這種方法可以提升淫蕩的氣氛和敏感度。這時冷不防地突襲陰蒂，愛液會源源不絕地流出。

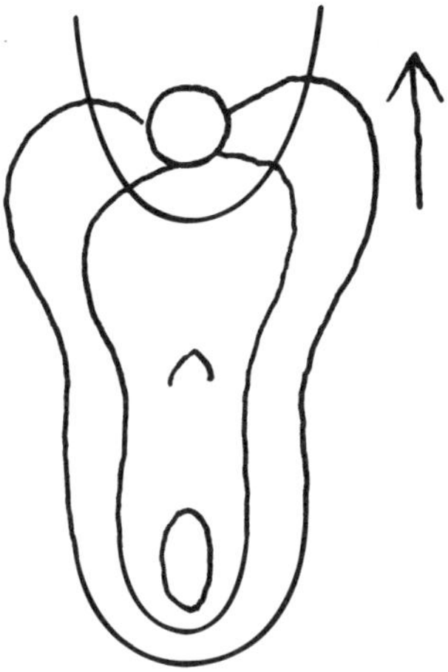

將臉部上下移動，舌頭會上下摩擦陰蒂，這種摩擦方法會讓大顆陰蒂感受到絕佳的快感。若是遇到包莖陰蒂，可等女方的陰蒂外露再使用這個方法。

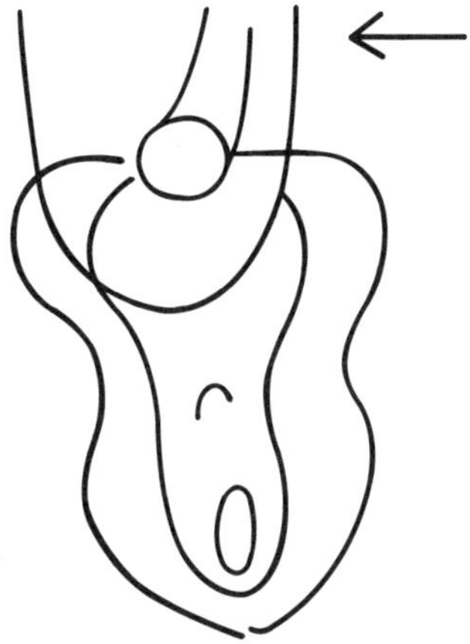

將臉部往左邊移動，舌頭會向左摩擦陰蒂和陰蒂龜頭。就好比愛撫陰莖一樣，偶爾給予一些溫柔的快感，可以讓對方獲得多變的享受。

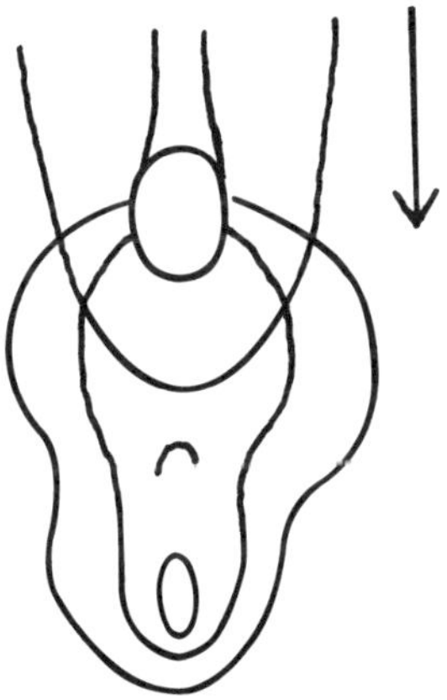

慢慢增強舌頭壓迫陰蒂的力道，並且上下摩擦，女方的快感會在瞬間飆高，再怎麼淫蕩的玩法也來者不拒。興奮度和快感度愈高昂，愈能享受愉悅的性愛。

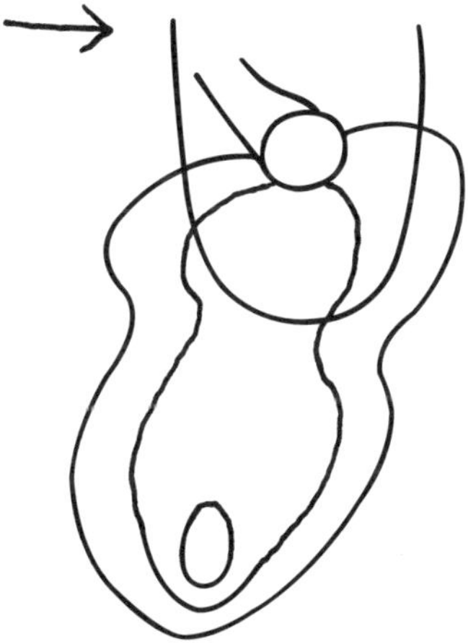

將臉部往右邊移動，舌頭會向右摩擦陰蒂和陰蒂龜頭。用舌頭輕輕抵住陰蒂，臉部朝左右快速移動，這種溫柔的快感會成為欲罷不能的快感。切記，緩急有別的快感也很重要。

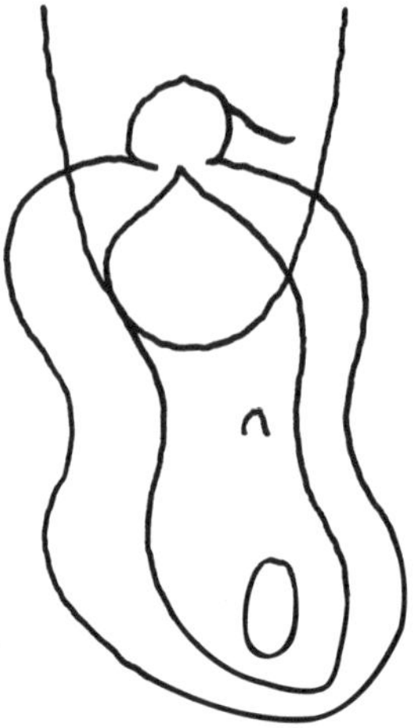

舌頭用力擠壓陰蒂並向左旋轉，讓陰蒂跟著舌頭移動。插圖雖然沒有畫出上半身的情況，但這時只要將兩手伸到上面愛撫兩顆乳頭，女方會獲得升天般的快感。

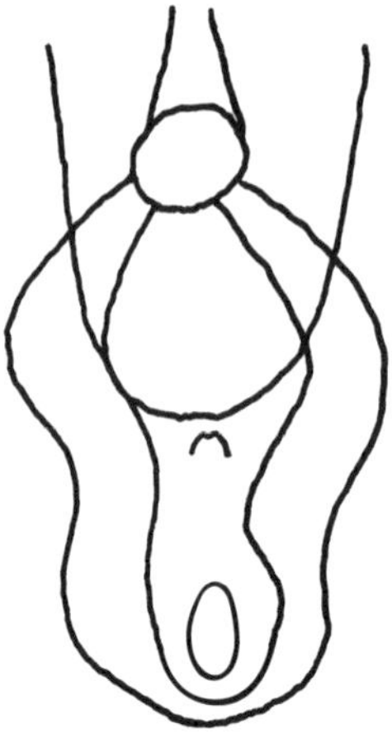

伸出舌頭，以舌頭的中央部位用力抵住陰蒂，再以臉部畫圓，帶動舌頭旋轉、摩擦陰蒂，慢慢加大摩擦的力道，對於提高快感有很大的效果。記得要誇張地畫圓舔弄。

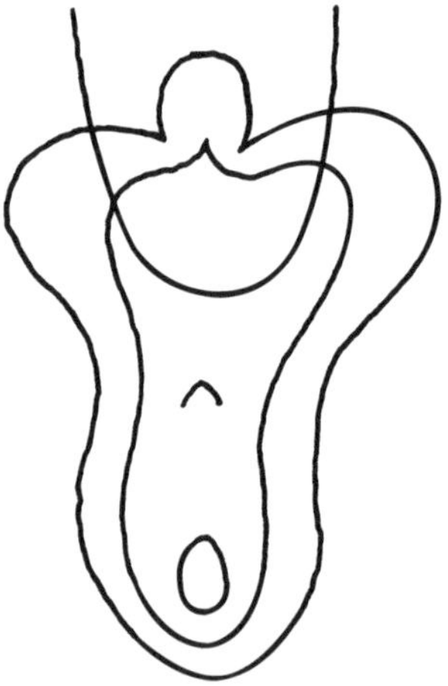

當舌頭的畫圓運動到達頂點時，陰蒂會朝上傾斜，舌頭可以壓迫到陰蒂外露的根部。男性的龜頭就屬內側最為敏感舒服，陰蒂也是同樣道理。

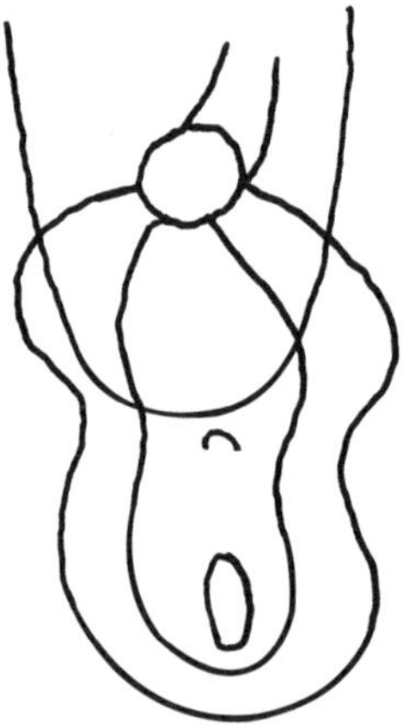

舌頭用力抵住陰蒂，然後三百六十度旋轉、舔弄。隨著陰蒂和陰蒂龜頭受到牽引旋轉，陰道和肛門會用力緊縮，整個下體都會獲得快感。

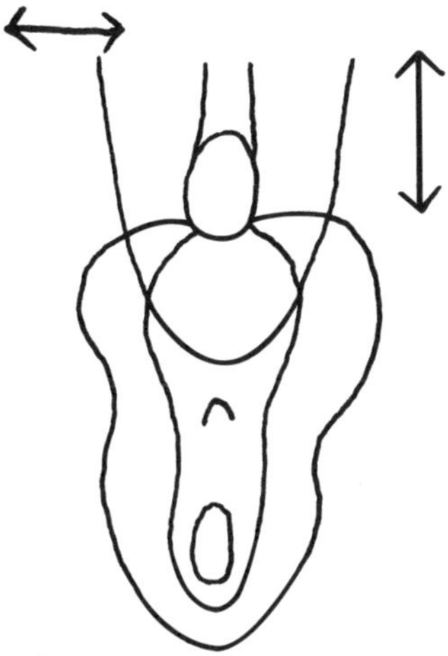

最後，舌頭用足以壓扁陰蒂的力道抵住陰蒂，然後上下左右使勁摩擦。愛撫陰蒂會讓陰道口變得超級敏感，這種快感將使女方極度渴求陰莖。

臉部大動作畫圓，帶動舌頭用力旋轉、舔弄陰蒂。這種以舌頭用力壓迫陰蒂的舔弄方法，會讓性器變得十分溼潤，陰道口也會變得非常敏感。

●如狼似虎地貪求陰莖

乳房被徹底愛撫之後，陰蒂會變得興奮難耐。如果乳房和性器同時被愛撫，陰道將會變得極度飢渴，整個下體也會充滿快感。我們介紹的舔弄技巧並不是要各位讀者一下子直接舔弄女性性器，而是要先重點舔弄陰蒂，如此一來陰道口和肛門會用力收縮，女性的性器會極度渴求堅硬炙熱的陰莖。

在舔弄過後，女性性器分泌的愛液和舔弄的唾液會流到臀部，連臀部都會溼成一片。女人的胯下愈是潮溼，興奮和快感度也會倍增，這時陰道會希望陰莖能快點插入；不過本書才剛到中間而已。爲了確實引導女性高潮，舔弄的技巧也才介紹到入門的階段，請用你的尊口讓你的女友或老婆的性器愛液滿盈、快感連連吧！

用舌尖敲打陰蒂或左右舔弄陰蒂的方法可以帶來強烈的快感，幾乎所有的女性都會支持這種愛撫的方法。請用各式各樣的舔弄方法來取悅女性吧，保證你的另一半肯定會高潮不斷。

女性主動露出陰蒂

前面我們已為你解說過女性性器的形狀，以及陰蒂和花蕊的形狀。對於某些比較不容易舔弄的陰蒂，男性朋友可以將陰蒂翻開後再進行愛撫，但只要能讓女方感到舒服，女方也會回應男方的要求，主動將陰蒂翻開。

萬一女方比較害羞，你可以執起女方的手，教導她如何把陰蒂翻開。若能一下子就讓女方感到舒服，她便會主動翻開陰蒂。一旦女方主動翻開陰蒂，整個女性性器看起來會更為淫蕩，可帶來視覺上的強烈刺激；另外舌頭也能準確舔弄外露的陰蒂。

不論是被包皮覆蓋的陰蒂，還是被花蕊掩蓋的陰蒂，亦或極端細小的陰蒂，外露以後敏感度幾乎不會有任何差別。

盡情地舔弄陰蒂

誠如陰莖也有包皮、包莖的困擾，陰蒂也同樣有包皮和包莖的問題。就女性的性器而言，有些陰蒂還會被異常發達的花蕊掩蓋。如左邊的插圖所示，當女方主動翻開陰蒂，男方不但可以擁有視覺上的享受，還能盡情地舔弄陰蒂。陰蒂的大小雖然和敏感度沒什麼關係，但大顆的陰蒂被舔弄的面積比較大，自然較為舒服。

女方主動翻開陰蒂。

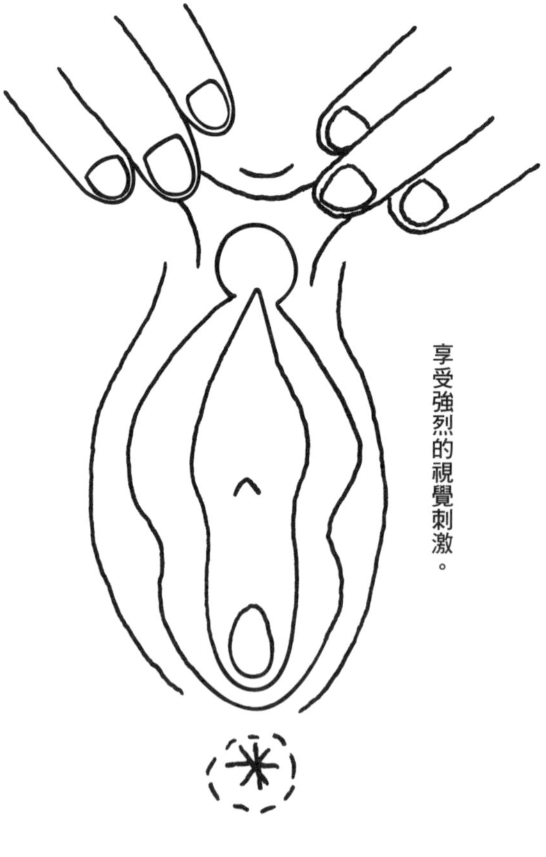

享受強烈的視覺刺激。

若花蕊異常發達，即使大顆陰蒂也會被花蕊掩蓋，不論是用手指或是舌技舔弄都不易準確愛撫陰蒂。重點是要先讓陰蒂完全外露再進行愛撫。

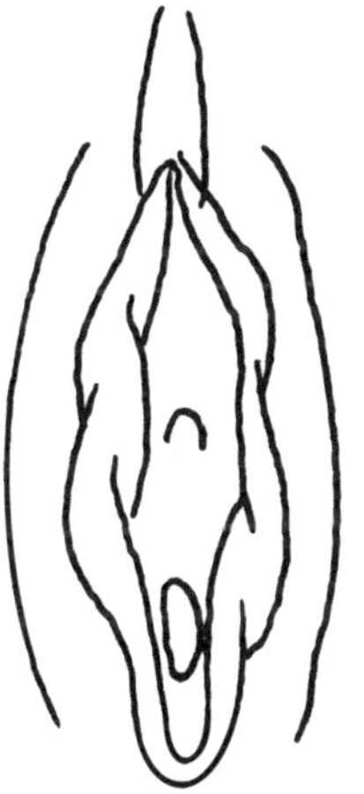

這種超級細小又包莖的陰蒂最難愛撫。雖說這種陰蒂十分細小，但要是能翻開來愛撫，依然會很有快感。女方若了解自己性器的特點，可能會主動翻開陰蒂。

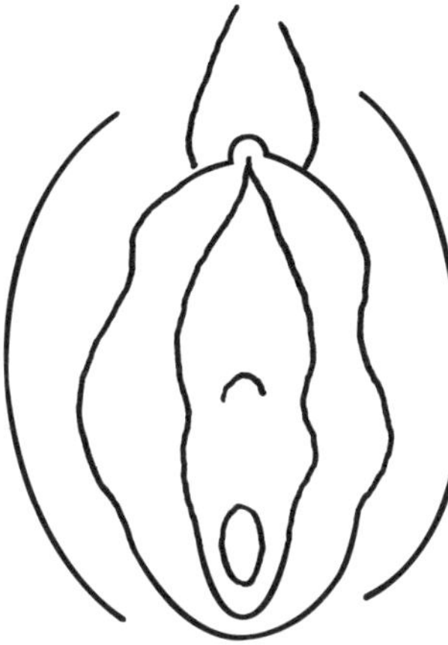

此乃包莖陰蒂，就算受到性刺激，陰蒂依然被鬆弛的包皮覆蓋。這種包莖陰蒂舔弄起來敏感度不佳，將包皮撥開來裡面大多是大顆的陰蒂。

陰蒂受到性刺激依然完全被包皮覆蓋，這種性器的包皮肥厚，如果不翻開包皮來愛撫，敏感度非常差。這種完全包莖的陰蒂很容易藏污納垢。

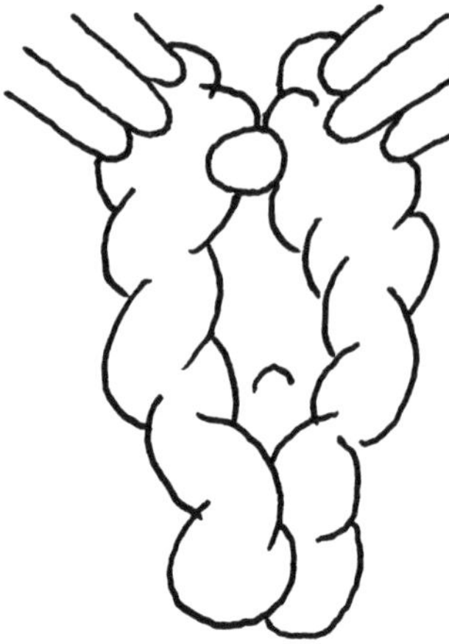

若碰上異常肥大的花蕊，只要連同花蕊的上半部一起向上拉，花蕊會變成狹長形，陰蒂也跟著外露。舔弄花蕊或將花蕊含在口中也別有一番樂趣。

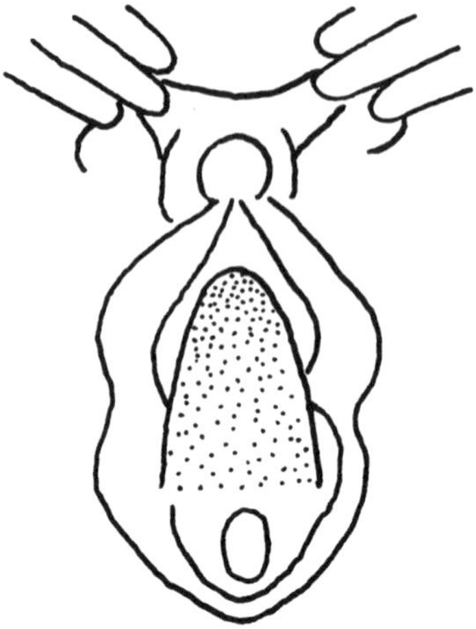

整個女性性器的表皮、包含陰蒂的包皮都是非常柔軟的，還擁有意想不到的延展性。男方可以要求女方把整個陰部和包皮拉開，讓陰蒂露出來。

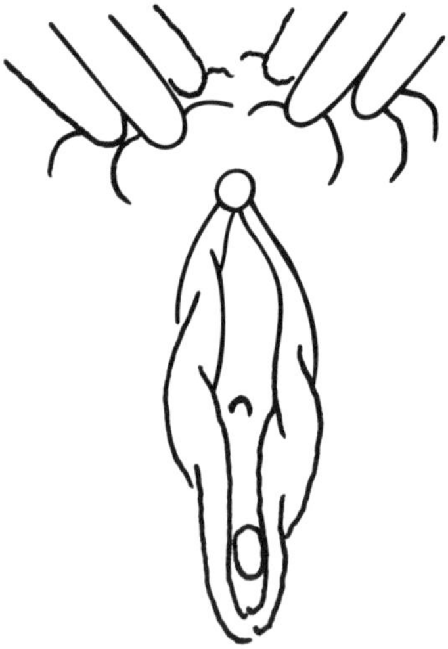

若碰上超級細小又包莖的陰蒂，可以將包皮和皮膚一起向上拉，使陰蒂外露。陰蒂的大小雖然和敏感度沒什麼關係，但能被舔弄的面積較小，快感度自然稍低一些。

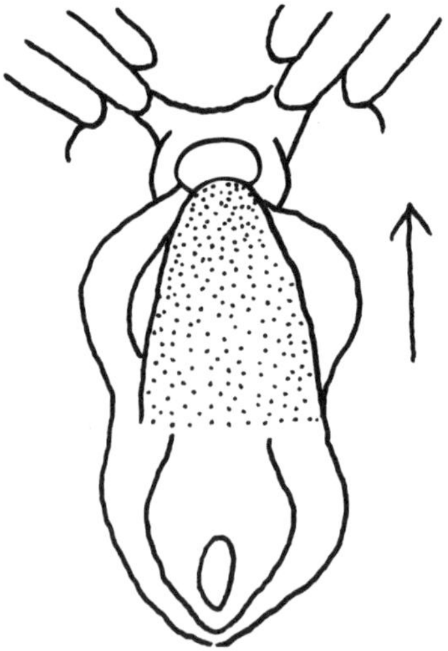

先觀賞女性性器，趁著興奮的時候，舌頭沿著外陰部的縫隙移動，然後敲擊外露的陰蒂。這種舔弄方法既穩定又確實，女方的興奮度和快感度都會倍增。

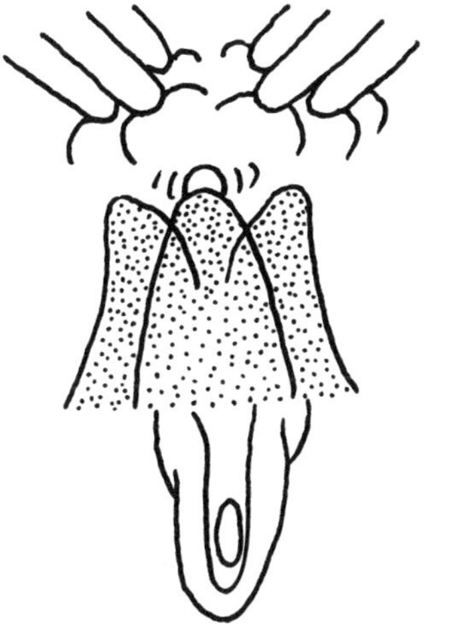

用舌尖持續左右舔弄陰蒂。細小的陰蒂能被舔弄的面積雖然比較小，但只要耐心地多加舔弄，敏感度也能媲美大顆的陰蒂。

愈是細小的陰蒂，男性朋友愈該徹底愛撫，提高其敏感度。先以舌頭強力地連擊陰蒂，偶爾用目視確認陰蒂的位置後，再徹底敲擊陰蒂。

●將舌頭插入陰道，沿外陰部的縫隙向上舔弄

前面也已說過，我因爲工作上的需要見識過許多的陰莖，唯獨沒什麼機會仔細觀察女性的性器。辰見大師觀察過不計其數的女性性器，因此能針對性器的形狀、陰蒂的大小來改變愛撫的方法。

在第一章已經介紹過許多女性性器的插圖了，我想這些插圖中應該也有符合你女友或老婆的範例才對。請你仔細地觀察女性性器，用舌技讓你的另一半享受快感吧！不知你是否有將舌頭插入陰道的經驗？愛液滿盈的陰道被舌頭插入是一件既興奮又舒服的事情。女性性器的外陰部縫隙也同樣擁有性感帶，首先請將舌頭插入陰道，讓沾滿愛液和唾液的舌頭沿著外陰部的縫隙向上舔弄，等舌頭觸碰尿道口之後，繼續沿著陰道前庭向上舔弄會碰到陰蒂；接著再次將舌頭插入陰道，重複向上舔弄的步驟。當女性品嘗到興奮和淫蕩的氣息，快感度也會倍增。當然，你也會體驗到前所未有的興奮。

用舌頭抽插陰道、舔弄肛門

陰道口內兩到三公分的部位若被陰莖摩擦會產生無與倫比的快感；另外，舌頭柔軟溼滑的觸感也會讓女性的性器十分興奮。

首先要盡量將舌頭伸長，盡量插入陰道的深處；之後舌頭在陰道內抽插、翻攪，愛液和唾液混合後，陰道就會分泌出源源不絕的潤滑液（愛液、唾液）。

舌頭先在陰道內翻攪舔弄一番，接下來沿著外陰部的縫隙向上舔弄，直達陰蒂。一旦舌頭從陰道沿著外陰部的縫隙向上舔弄，花蕊、尿道口及陰道前庭也會被舌頭舔到，興奮度和快感度會同時到達頂點。肛門算得上是女性的第二個性器，舔弄肛門可以讓女性體會肛門被開發的快感。肛門是男女共通的快感器官，了解肛門的快感能開拓更多不同的玩法，愛撫起來也會樂趣無窮。

將溼滑的舌頭插入溼潤的陰道

這時女性性器早已沾滿愛液，連肛門都溼透了，只要把舌頭插入陰道，愛液便會源源不絕地溢出來。當舌頭在陰道中抽插、翻攪，淫蕩的氣氛和快感也將升至最高點，再來沿著外陰部的縫隙向上舔弄，即可品嘗到舌技舔弄的妙趣。舌頭順勢向上舔弄花蕊、尿道口、陰道前庭，然後用力向上舔弄陰蒂，舔完後舌頭再次插入陰道，重複向上舔弄的動作。

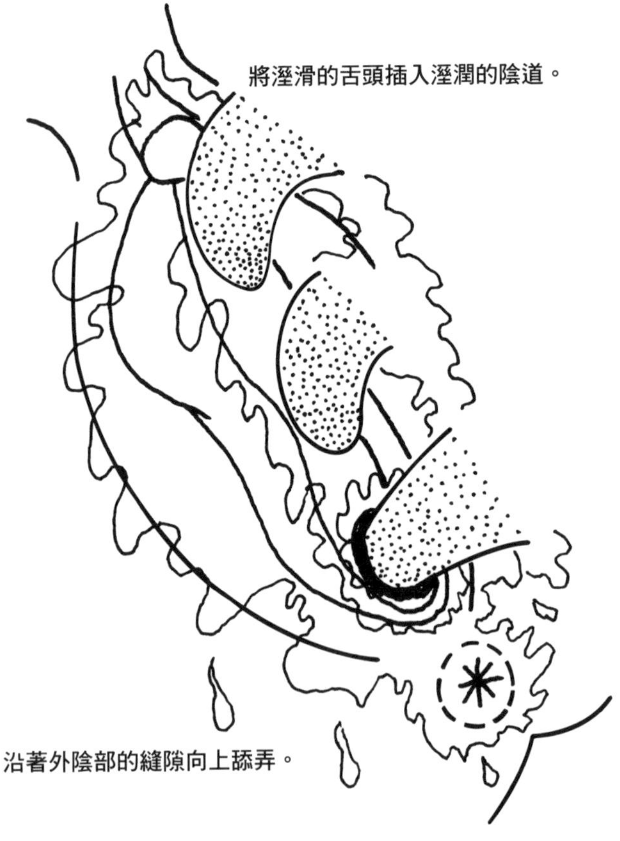
將溼滑的舌頭插入溼潤的陰道。
沿著外陰部的縫隙向上舔弄。

舌頭用力向上舔弄陰道前庭會有很大的效果，陰道前庭也是性器的一部分，用力舔弄可使陰道前庭獲得快感。舌頭要慢慢往上舔到陰蒂。

舌頭一到陰蒂，立刻用力向上舔弄，之後再將舌頭插入陰道，重複向上舔至陰蒂的動作。反覆舔弄時可慢慢加快速度。

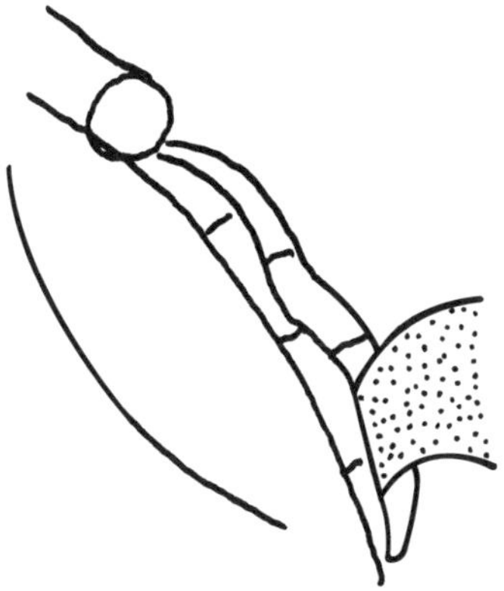

這次由側面來為你進行解說。先將舌頭插入陰道裡抽插、翻攪，舌頭插入陰道的觸感會讓整個女性性器感受到強烈的快感，下體變得異常敏感。

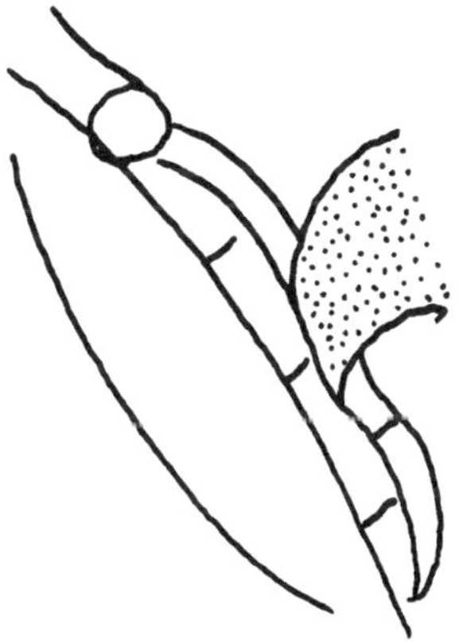

舌頭從陰道口沿著外陰部的縫隙向上舔弄，可以同時舔到花蕊、尿道口及陰道前庭，男女雙方都能享受到舌技的妙趣，愛液的分泌量會異常增加。

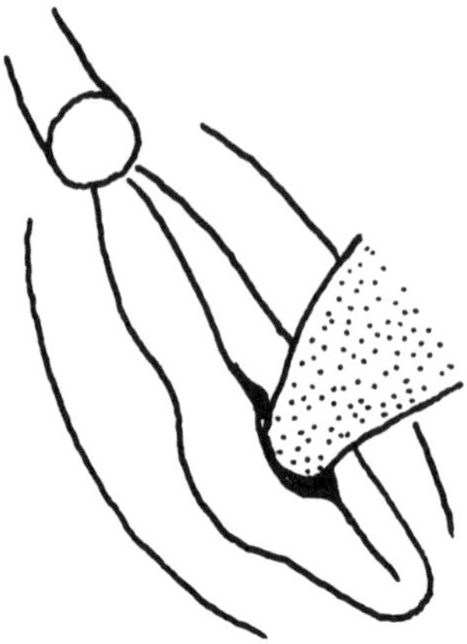

舔弄一字鮑時，舌頭會有種獨特的觸感。當舌頭沿著外陰部的縫隙向上舔弄，舌頭會被線狀的花蕊夾住，女方也會體驗到獨特的摩擦快感。舌頭要用力抵住陰部向上舔弄。

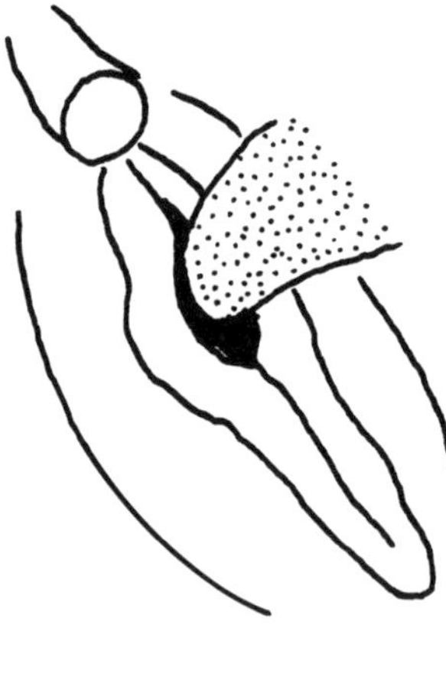

向上舔弄途中，也可以試著找尋尿道口的位置。這就好比陰莖前端的尿道口被舌尖舔弄會有種搔癢的快感一般，女性尿道口被舔弄也會有種刺激排尿的快感。

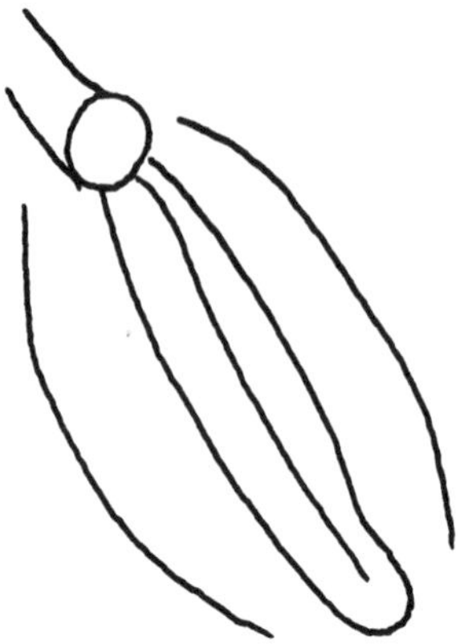

一字鮑有其獨特的快感。即使花蕊沒有盛開，這種尚未發達而緊閉的一字鮑花蕊，用舌頭激烈摩擦會比盛開的花蕊更舒服。一字鮑的陰道口也十分的狹窄。

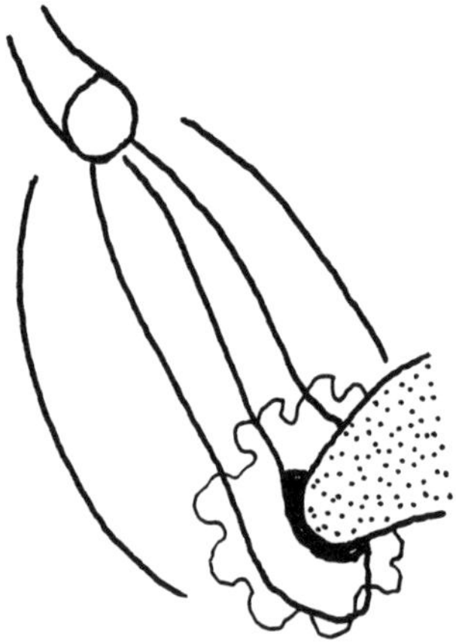

將舌頭擠進一字鮑的陰道裡，愛液會溢出陰道口。接著將舌頭深入陰道裡，一字鮑的花蕊和陰道口會被激烈摩擦，敏感度非常良好。再來舌頭沿著一字鮑的縫隙向上舔弄。

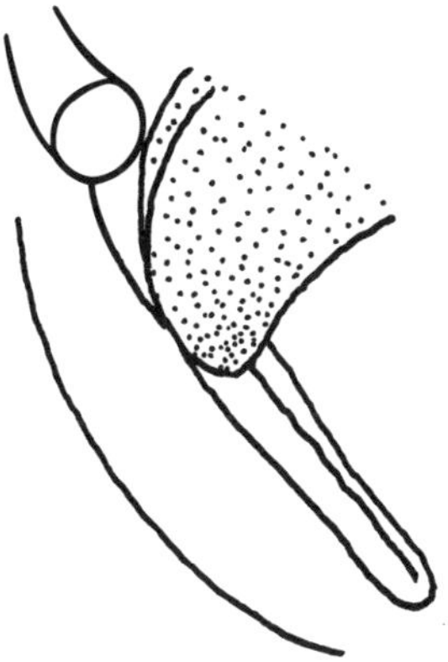

同時向上舔弄線狀的花蕊和大陰唇，之後舌頭用力抵住陰蒂。一字鮑的花蕊含苞待放，看起來相當稚嫩，既能帶來視覺上的刺激，舔弄起來也別有一番興奮的滋味。

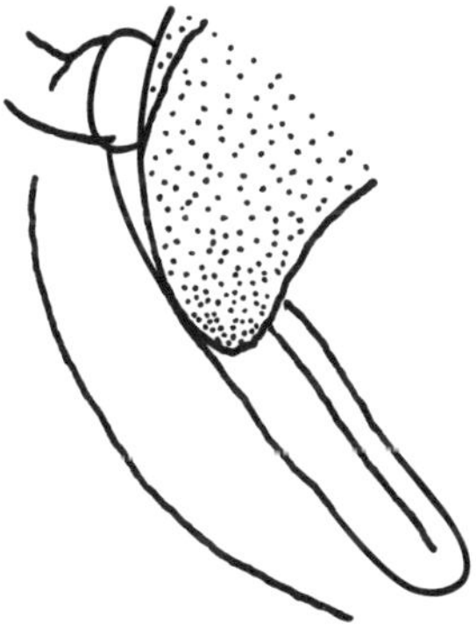

舌頭用力抵住線狀的花蕊和陰蒂，時而施以壓迫或左右舔弄的刺激。反覆從陰蒂舔至會陰，陰道會變得極度渴求陰莖。

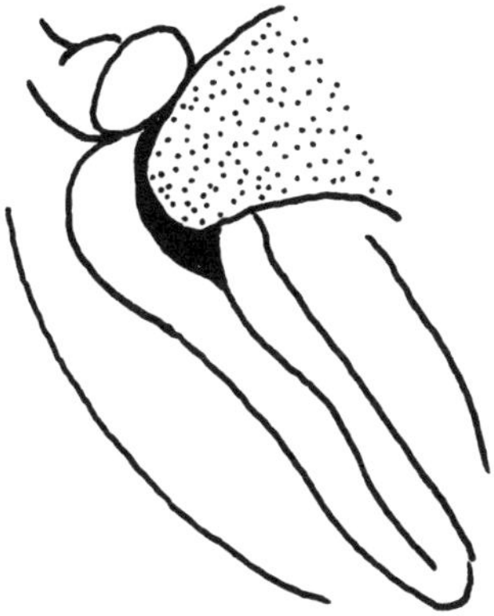

將舌頭插入線狀花蕊的縫隙，用力抵住陰蒂的根部，接著舌頭向上舔弄，彷彿要將陰蒂和花蕊托起一般。再次將舌頭插入陰道，沿著外陰部的縫隙向上舔弄。

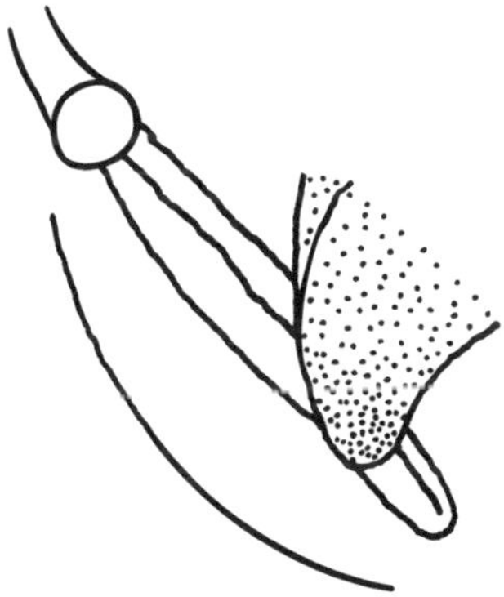

當舌頭抵住一字鮑，可以同時舔弄線狀的花蕊和大陰唇。被舔弄的女方也會有獨特的快感，這種舔弄方法特別適合用於一字鮑。

被舔弄的女方也能享受舌頭摩擦花蕊的觸感。異常發達的花蕊十分稀有，觀賞這種花蕊能帶來視覺上的刺激，舌頭舔弄起來也能享受獨特的觸感。

異常發達的花蕊擁有更加獨特的觸感。這就好比男性的睪丸被舔弄或被指尖愛撫會感到舒服一樣，異常發達的花蕊也有相同的快感。

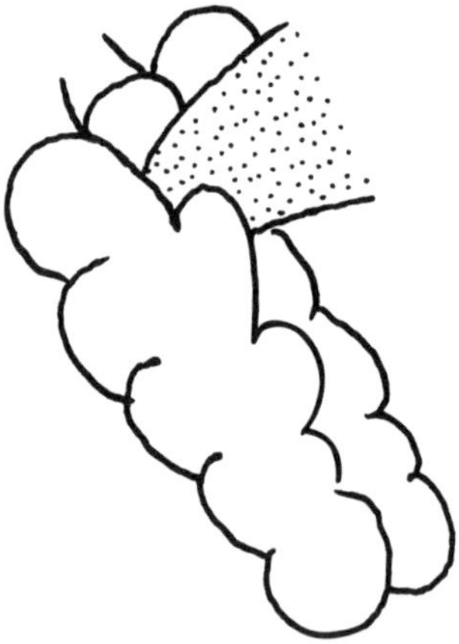

將舌頭插入花蕊的縫隙，用力抵住陰蒂的根部，接著舌頭向上舔弄。再次將舌頭插入陰道，沿著外陰部的縫隙朝陰蒂舔弄。

將舌頭插入陰道，舌頭沿著縫隙向上舔弄，順勢掰開異常發達的花蕊。碰觸到舌頭的花蕊有種獨特的觸感，會讓人想含在嘴裡吸吮一番。

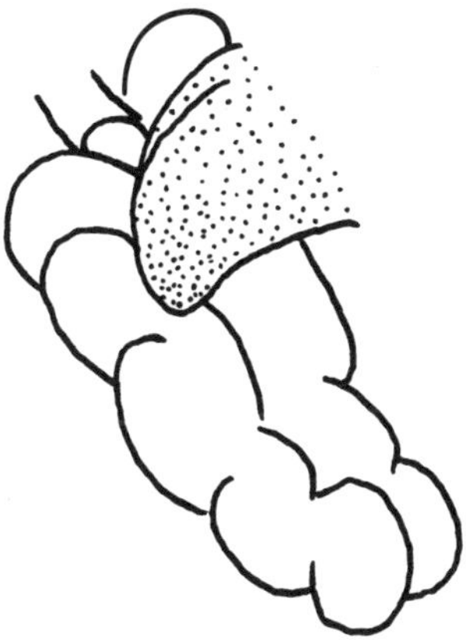

將舌頭探進異常發達的花蕊之中，找出陰蒂的位置以後，用舌尖一同揉捏陰蒂和花蕊，這樣可以同時享受陰蒂和花蕊的觸感。一起含入口中輕咬也是不錯的選擇。

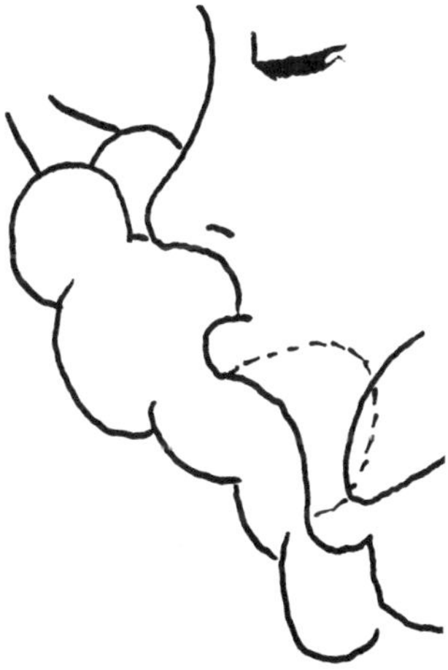

閉上眼睛，將異常發達的花蕊含入口中，可以享受此種花蕊獨有的觸感。試著輕咬品嘗一下，那種甘美的滋味令人不禁想將花蕊一口吞下。

在所有類型的花蕊之中，異常發達的花蕊舔起來觸感最好，那種豐滿柔軟的觸感能讓男女雙方感到興奮。試著誇張地舔弄一次，保證你會上癮。

看起來很像在火鍋裡熬煮的鱈魚精巢，顏色則像鮑魚。至今我還沒看過異常發達的花蕊是粉紅色的，不過舔弄起來令人興奮，味道也不錯。

肛門前端是快感最高昂的部位

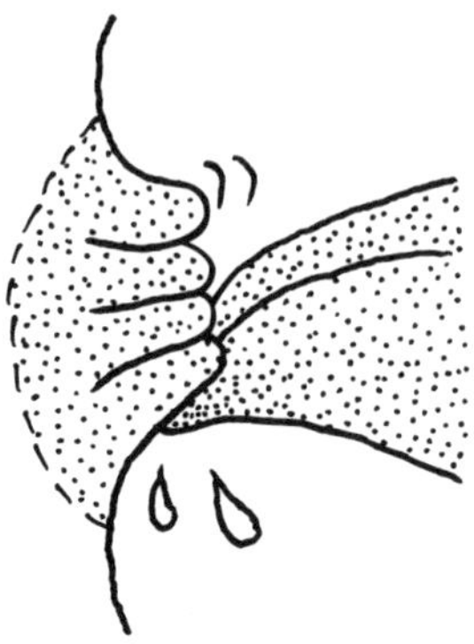

如同火山口的前端部位是肛門快感最高昂的地方。先用舌頭稍微舔一下，可以觀察到肛門因為快感而收縮，之後由下往上用力舔弄肛門。

肛門是第二個性器

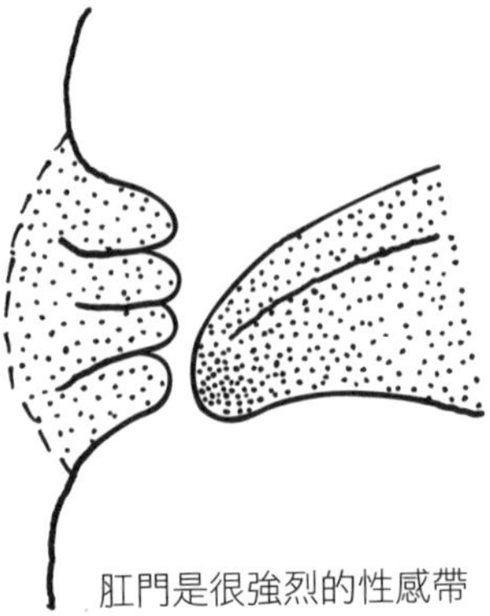

肛門是很強烈的性感帶

肛門可以說是人體的第二個性器。本書的共同作者三井京子，本身就體驗過肛交的快感，她的肛門擁有強烈的性感帶。基於三井小姐的強烈要求，在此將為你介紹愛撫肛門的方法。

●肛門集中許多末梢神經

一旦體驗過肛門的快感，可以開拓更多不同的玩法，而且還能增進情趣。我本人也很享受肛交的樂趣，以我個人的經驗，先仰躺張開雙腿讓陰莖插入肛門，再將手指插入陰道，同時陰蒂被手指愛撫，藉由這種極致的合併技巧能獲得爆炸性的性高潮。

辰見大師有一部著作叫《肛交完全手冊》，於一九九三年出版，至今市面上依然購買得到，是一部歷久彌新的長青作品。書中一開始先介紹如何讓女方體會肛交快感的調教方法，再來是舔弄肛門、將異物插入肛門，以及最終將陰莖插入肛門的方法，內容詳盡、簡單易懂，各位讀者務必要買來一睹爲快。

女性被舔弄陰蒂的時候，陰道和肛門會因爲快感而緊縮，這種緊縮會讓陰道和肛門十分舒服。肛門本身集中了許多末梢神經，因此被異物插入會有快感，請你舔弄肛門讓女方體驗肛門的快感吧！肛門若能體驗到快感，女方自然會對肛交產生興趣，也會願意將肛門的處女獻給你（微笑）。

刺激肛門的中心

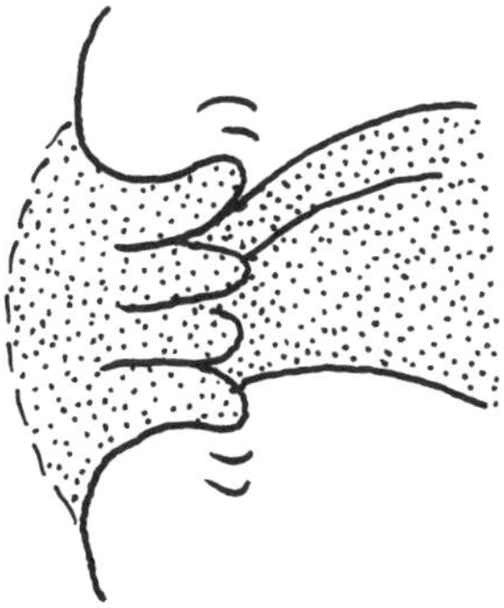

接續一〇四頁的圖解。由下往上舔弄肛門後，將舌頭插入肛門的中心挑逗肛門。趁著肛門因快感而緊縮的時候，舌頭用力往肛門的上半部舔弄。

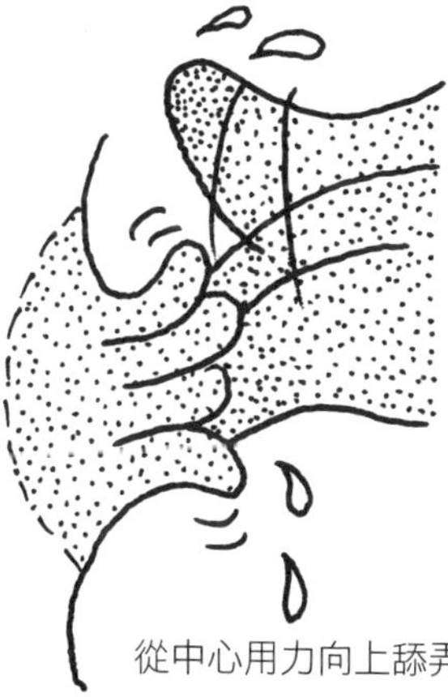

從中心用力向上舔弄

刺激肛門的中心，之後用力向上舔弄，肛門會體驗到強烈的快感。前面也已提過，如同火山口的前端部位是肛門快感最高昂的地方，被異物插入會有快感。

舌頭抽離之後恢復原狀的肛門前端

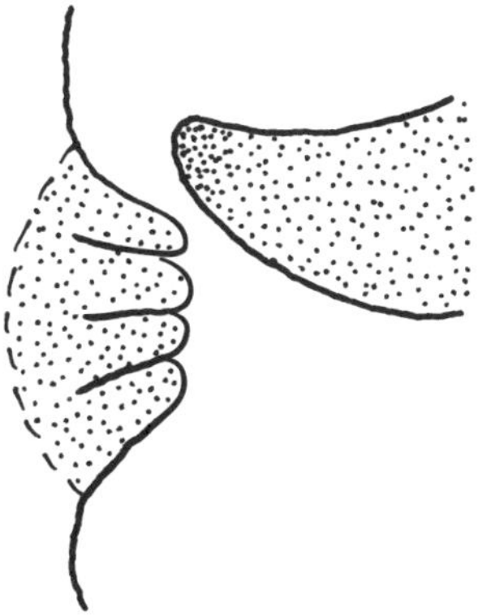

將舌頭抽離肛門，肛門會恢復原來的形狀。舌頭用力向上舔弄肛門後，再來一記回馬槍用力向下舔弄，這時女方已經徹底獲得快感，就算肛門被舔也不會感到羞恥了。

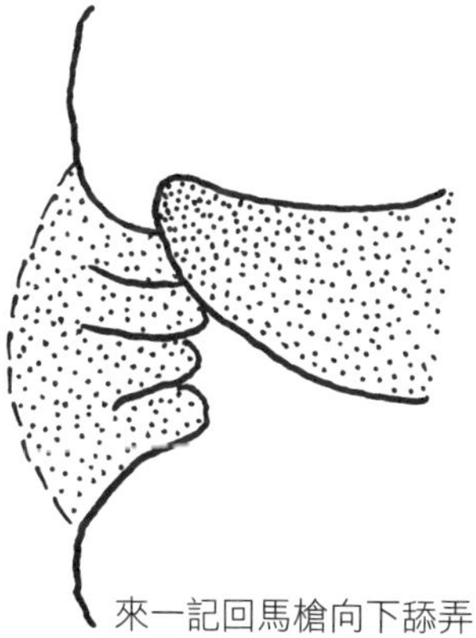

來一記回馬槍向下舔弄

回馬槍向下舔弄後，舌頭抵住肛門的上半部，朝中心向上舔弄。由於女方先前已體驗過陰蒂被舔弄的快感，這會又能品嘗肛門被舔弄的快感，保證女方會非常感動。

從左邊用力舔弄

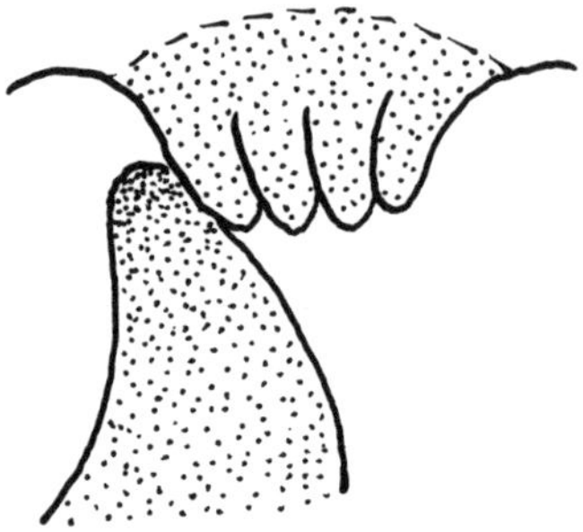

舌頭用力抵住肛門左側，舌頭彷彿要將火山口向右推擠一般朝右邊舔弄。肛門很適合輕柔地愛撫，但用力舔弄也能帶給陰道和陰蒂快感。

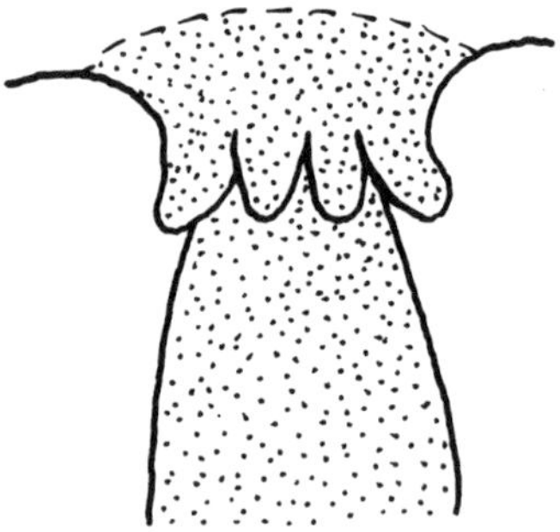

舌頭插入肛門的快感會讓女性上癮

從左邊往右舔弄後，舌尖又會回到肛門中心的位置，先用舌尖在肛門的中心裡蠕動，然後用力往右舔弄。讓舌尖用力挺進肛門也能帶來無與倫比的快感。

舌尖在肛門的中心蠕動

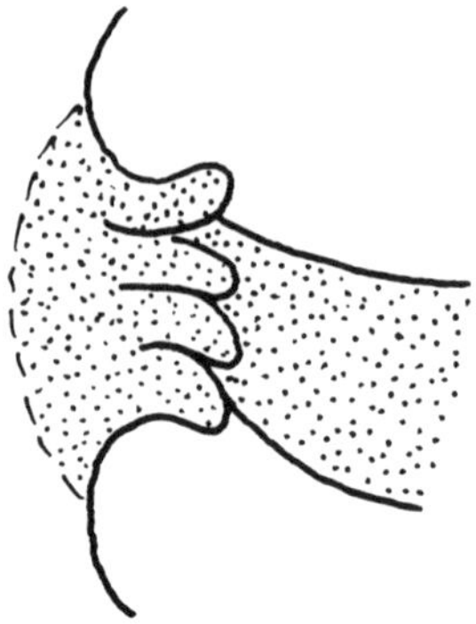

將舌尖插入肛門的中心蠕動，刺激肛門敏感的部位。陰蒂會因為快感而顫抖，陰道口和肛門也會一陣收縮，敏感度變得更高昂。

反覆上下舔弄

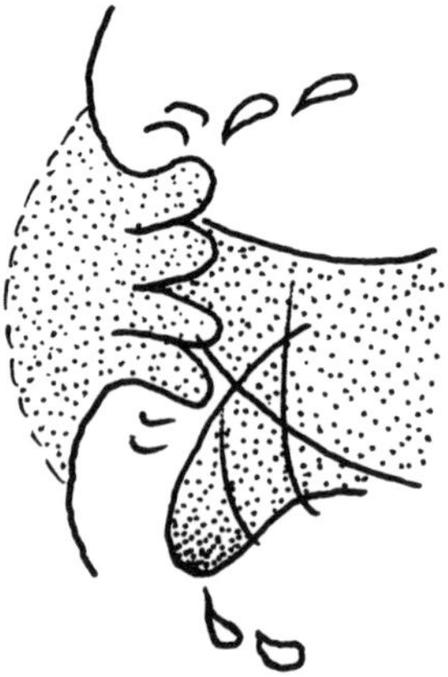

朝肛門的下半部用力向下舔弄，快感會傳達到陰蒂、花蕊、陰道口及肛門，整個下體都會非常舒服。要反覆上下舔弄。

三百六十度舔弄火山口和肛門的四周

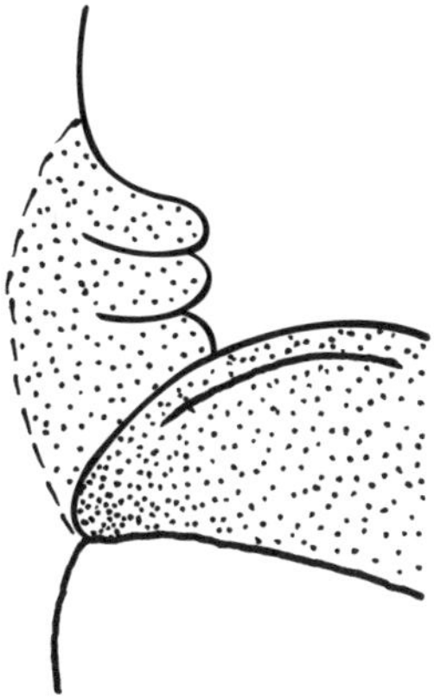

在《極致愛撫①──胸部特集》一書中，講解過三百六十度舔弄乳頭和乳暈的方法，用這種三百六十度舔弄火山口及肛門也有很大的效果。記得以順時針方式舔弄。

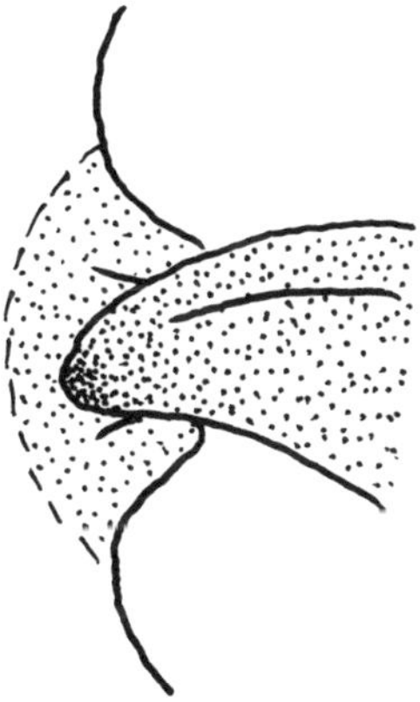

同時擁有搔癢和激烈的快感

肛門中心的火山口部位擁有最大的快感，而肛門周圍被舔弄會產生搔癢的快感。輕柔舔弄的搔癢快感加上激烈快感的相乘效果，會使女方愛上肛交的感覺。

往右邊用力舔弄

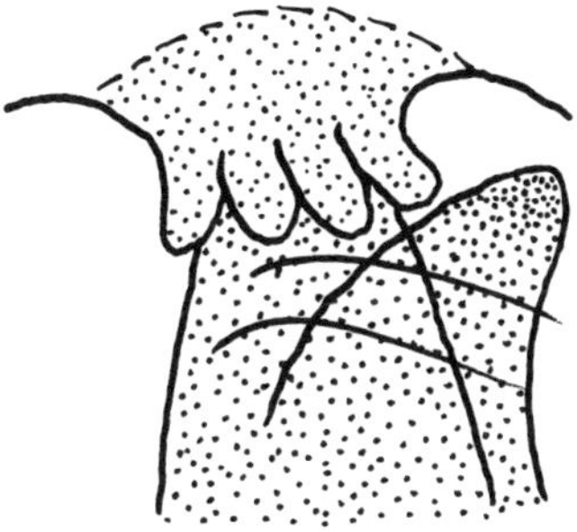

舌頭從肛門的中心向右邊用力舔弄。肛門被舌頭入侵，中心部受到撞擊，女性會漸漸體會肛門的快感。一旦性感帶增加，整個下體的快感度也會隨之提升。

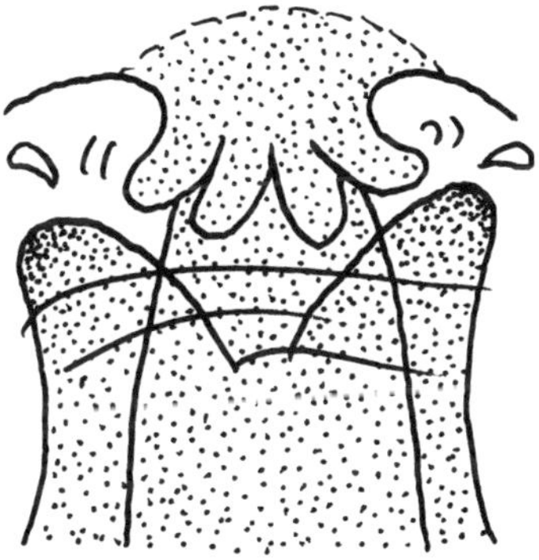

用力左右舔弄肛門

舌尖用力左右舔弄肛門的火山口。持續舔弄一陣子後，肛門的快感會急速提升，女性會徹底體會被舔弄肛門的快感。

女方會幻想自己的肛門被陰莖插入的情景

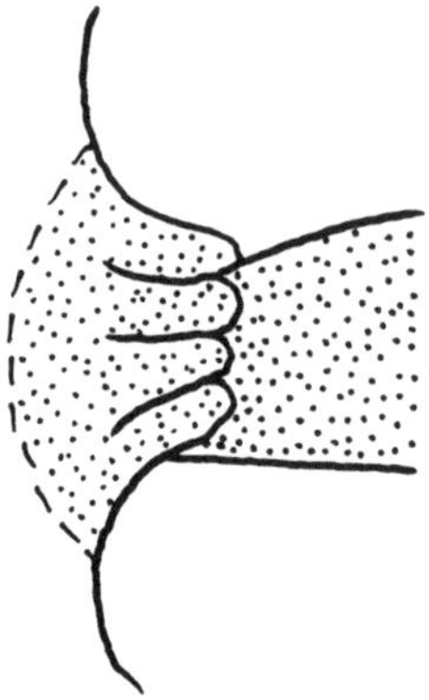

連續三百六十度輕柔地舔弄之後，改以強烈的力道持續舔弄肛門。肛門在體驗過快感後，強烈的快感會使女方沉醉於肛交的感覺，女方會幻想自己的肛門被陰莖插入的情景。

肛門的快感可以慢慢享受

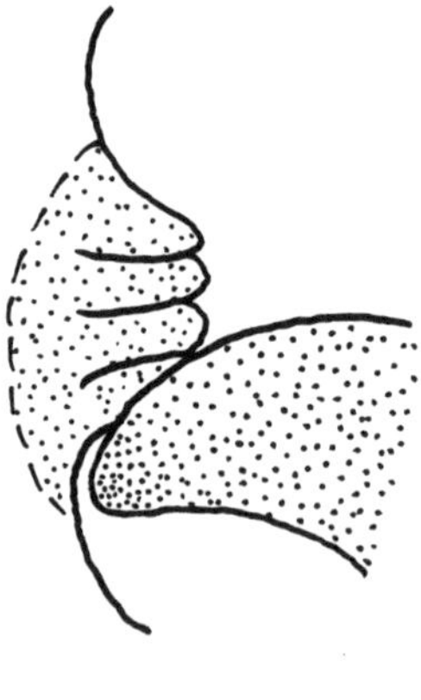

陰蒂本身是強烈的性感帶，如果持續愛撫的話很快就會高潮，但肛門的快感卻能慢慢享受。在徹底愛撫肛門後，接著將舌頭插入肛門的深處。

肛門是男女共通的快感器官

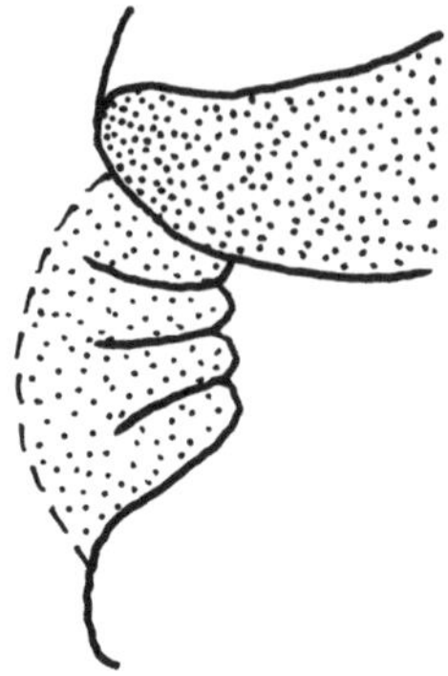

一開始先輕舔火山口和肛門的周圍。以順時針的方式三百六十度舔弄可以帶給肛門持續不斷的快感。肛門是唯一一個男女共通的快感器官。

男性朋友也能享受被舔弄肛門的快感

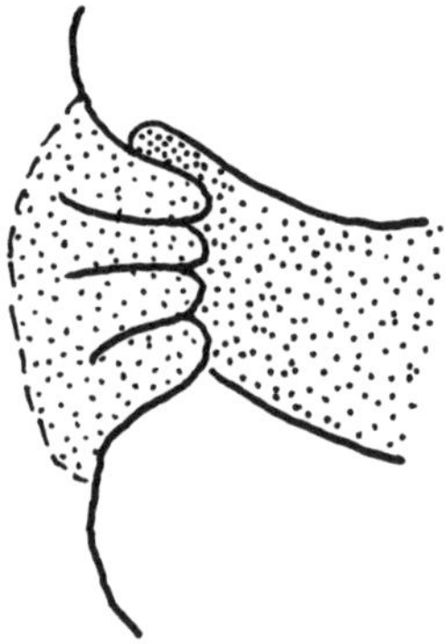

除了舔弄女方的肛門取悅她以外，你自己也能獲得同樣的快感。在女方幫你口交的時候，也請她幫你舔弄肛門，你就會了解那種舒服的感覺。

將舌頭輕輕插入肛門

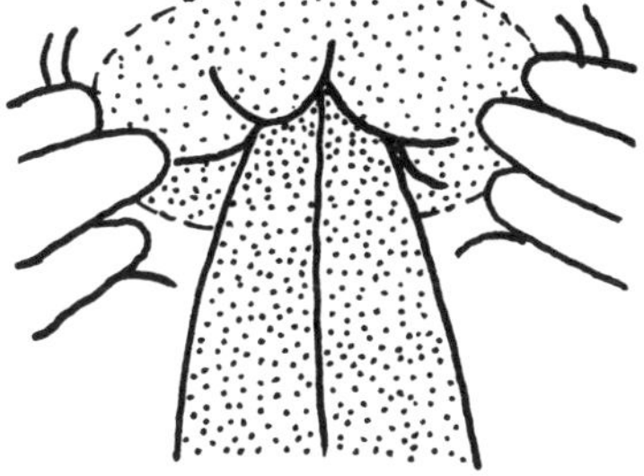

試著將舌頭插入被撐開的肛門。為避免肛門收縮緊閉，兩手要用力將肛門撐開，之後舌頭繼續深入肛門內部，女方會享受到預期的快感。

兩手撐開肛門的入口

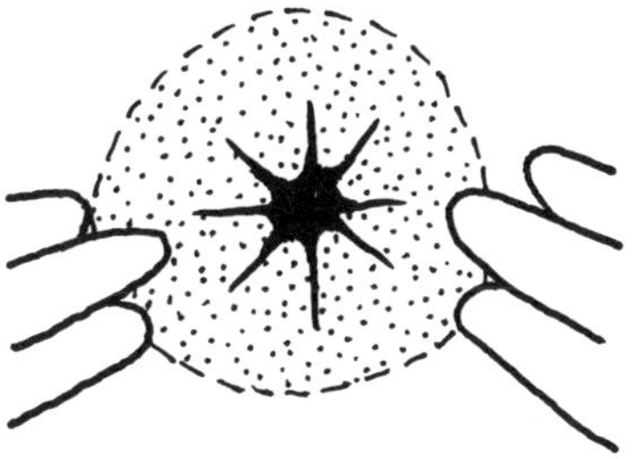

你可以親手或是讓女方用雙手把肛門撐開。肛門的入口處是快感最強烈的部位，將肛門撐開後，再將舌頭挺進肛門內。由於先前已經體會過肛門的快感，女方會期待接下來的愛撫。

舌頭深入肛門，在裡面蠕動

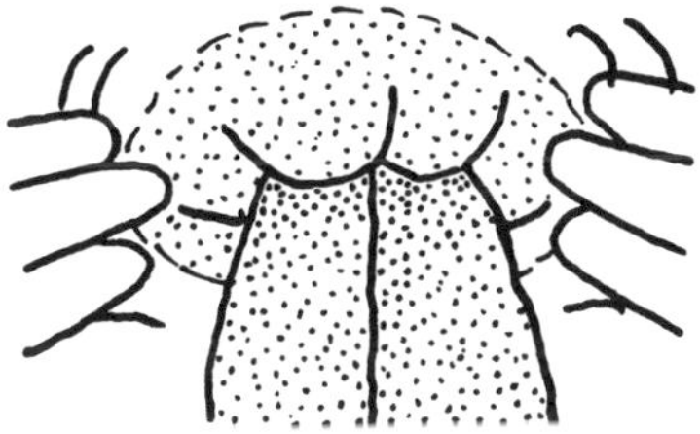

盡量撐開肛門讓舌頭深入其中。肛門被異物插入（舌頭），會使女方期待肛門被陰莖插入的快感。舌頭深入肛門以後記得在裡面蠕動。

期待快感的肛門會一陣收縮

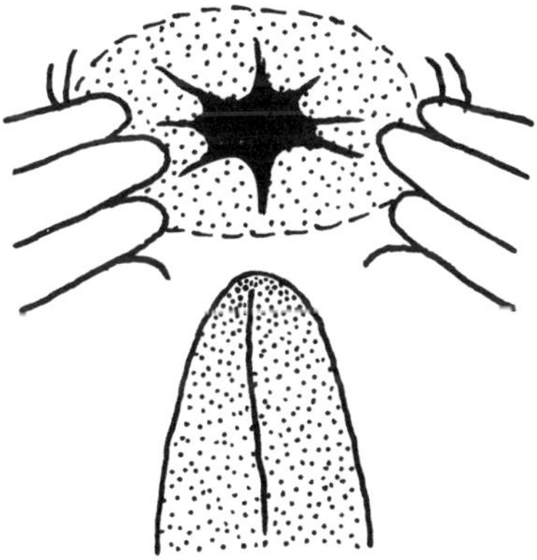

舌尖用力舔弄肛門的周圍，然後慢慢將舌尖插入肛門。三井京子的肛門已被徹底開發過，能夠藉由肛交和愛撫陰蒂達到高潮。

肛門的快感會讓整個女性性器顫動

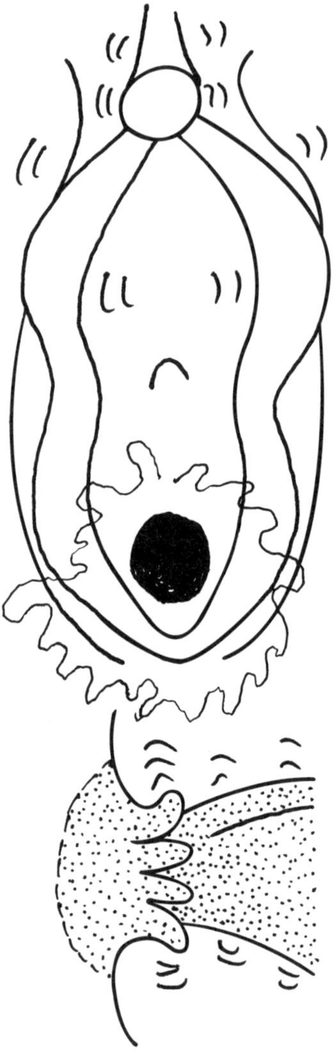

將舌頭插入肛門最敏感的中心部位會產生強烈的快感，同時整個女性性器也會連帶產生強烈的快感。尤其陰蒂和陰道的感應會特別強烈，並分泌出大量的愛液。

肛門的快感會牽連到整個女性性器

肛門和整個女性性器的快感是緊密相連的。當舌頭舔弄火山口和肛門周圍時，那種搔癢的感覺會傳達到整個女性性器，陰蒂、花蕊及陰道都會因快感而顫抖。

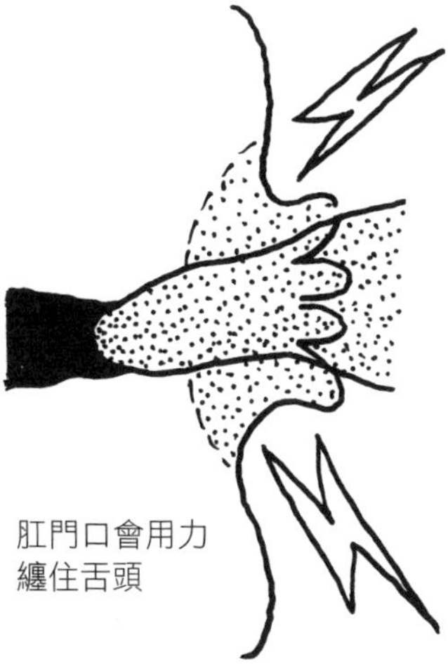
肛門口會用力
纏住舌頭

盡量將舌頭插入肛門後，肛門的入口會用力纏住舌頭。這種纏繞異物（舌頭）的行為能增強肛門的快感。換成陰莖的話，這種纏繞的力道會更加地強烈。

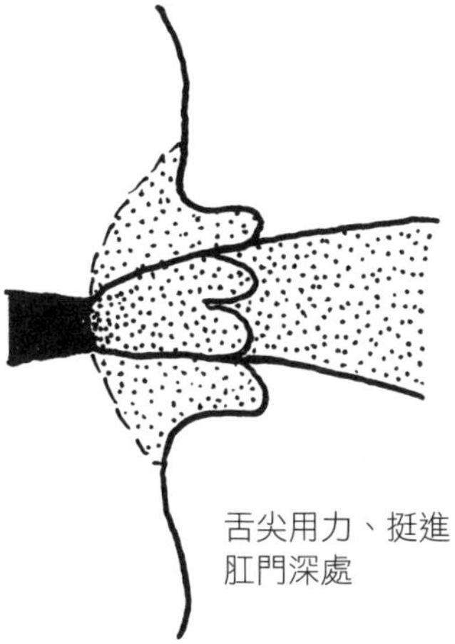
舌尖用力、挺進
肛門深處

這次由肛門的側面來進行解說。首先舌尖用力，盡量將舌頭插入肛門深處。肛門深處出乎意料的空洞，但入口處相當緊密。舌頭能享受到被纏繞的快感。

●肛門、陰道、陰蒂同時享受快感

單靠本書介紹的肛門愛撫技巧，也能使女性充分了解肛門的快感。尤其當肛門被舌頭插入之後，女性會預感肛門被陰莖插入的快感，增加對肛交的期待。

不管是被舌技舔弄陰部和肛門我都很喜歡。以我個人的情況來說，只要同時感受到女性性器的快感和肛門的快感，我百分之百會達到高潮。當陰蒂被舔弄時，陰道和肛門會用力收縮；這時如果將手指插入陰道、把異物插入肛門，陰道和肛門的收縮會和陰蒂的快感產生相輔相成的效果，整個下體會感受到無與倫比的快感。

光是單獨愛撫肛門，就能讓陰蒂和陰道興奮得不停顫抖。在舔弄肛門前，請確實指導你的女伴務必要洗淨肛門的深處；也可以兩人一起洗鴛鴦浴，由你來幫女方洗淨，這也是一種男人的溫柔。你可以用雙手撐開肛門將舌頭深入其中，女方在體驗過肛門的快感後，下次會主動將肛門撐開。肛門塞著陰莖、陰道插著手指、陰蒂還被摩擦的感覺，眞是舒服得難以言喻啊！

徹底來回舔弄女性性器

先給予陰蒂、陰道及肛門十足的快感，再誇張地來回舔弄女性性器，這樣做可以蘊釀淫蕩的氣氛。舔弄愛液淋漓的女性性器，對男女雙方都是一件非常興奮的事情。只要徹底舔遍女性性器，陰部將會變得更加溼潤，最後氾濫成災。

這時陰道已經變得極度渴求陰莖，但本書《極致愛撫②——女性器篇》才剛過中段而已，接下來還有更加舒服、興奮的愛撫方法等著你來體驗。

從一二〇頁開始，將為你介紹如何把陰蒂含在口中吸吮的愛撫技巧，本書的共同作者三井京子曾和性伴侶實踐過本書記載的方法，據她所言，陰蒂被吸吮的快感會讓人忍不住高潮。若女方的情慾已經高漲難耐，直接和女方做愛也是可以的，你不一定要完全照著書上的步驟來操作。

誇張地舔遍溼潤的女性性器

先給予陰蒂、陰道及肛門十足的快感，再誇張地來回舔弄女性性器。愈是誇張地舔弄女性性器，愈能為雙方帶來興奮感，女性的性器也會分泌出更多的愛液，沾滿愛液和唾液的陰部宛如水鄉澤國。另外，舔弄陰蒂和整個女性性器還能同時提升興奮度和快感度。愛液可以說是花蕊分泌的甘美蜂蜜，舔弄性器會使男性極為亢奮，陰莖將徹底勃起。

誇張地來回舔弄溼潤的女性性器。

混合唾液的性器變得氾濫成災。

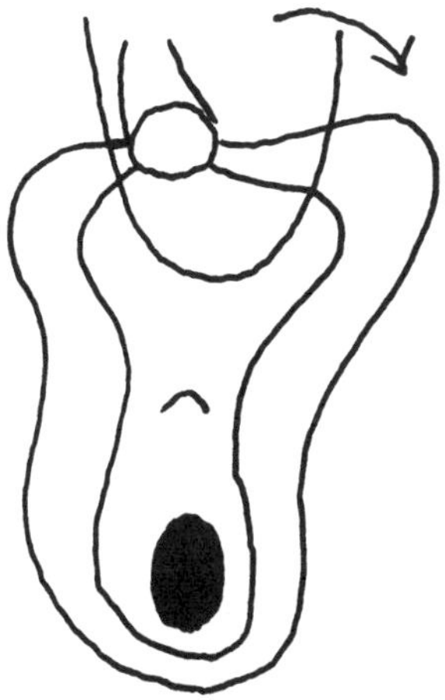

當臉部畫圓的動作到達頂點，舌頭會碰觸到陰蒂，這時舌頭要用力抵住陰蒂並向下畫圓。陰蒂和花蕊會因為舌頭的擠壓而變形，興奮度亦將達到最高潮。

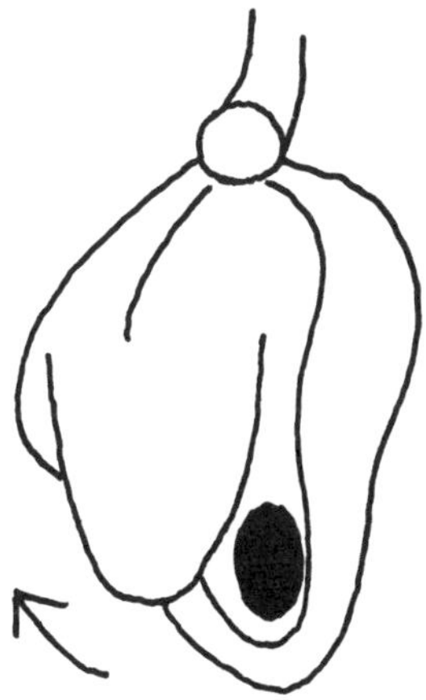

用力伸出舌頭，以臉部畫圓的動作帶動舌頭來回舔弄女性性器。從陰道口到尿道口，乃至陰道前庭和花蕊都要誇張地來回舔弄，女性性器會變得更為油亮。

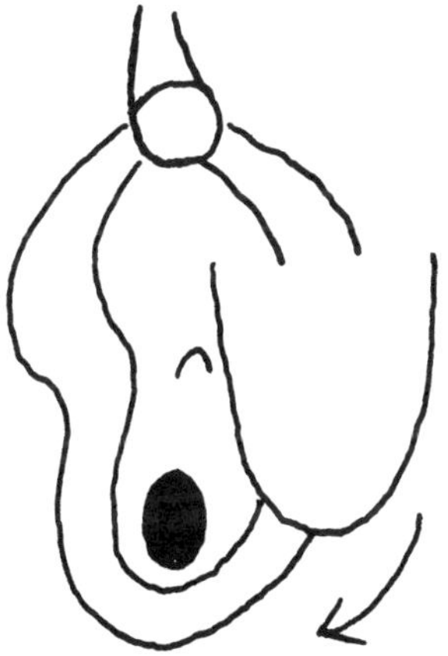

以畫圓的方式向下舔弄，花蕊被溼滑的舌頭舔弄會有種獨特的快感。誇張的舔弄動作會讓男女雙方極度亢奮，興奮的情緒能提高快感度，讓女方一口氣達到高潮。

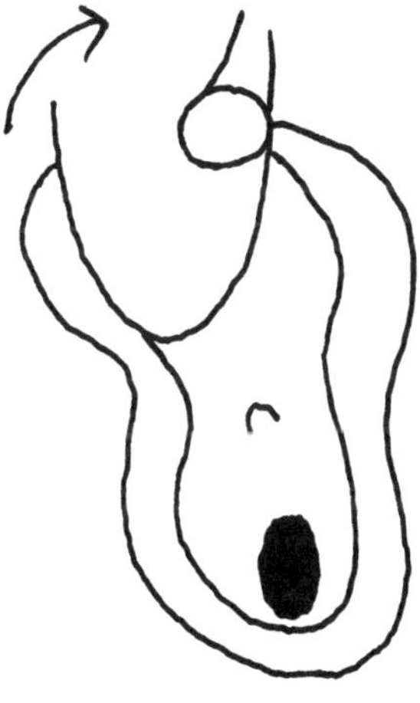

以臉部畫圓來回舔弄，舌頭碰觸到陰蒂時要用力擠壓陰蒂，再以類似揉捏的方式向上畫圓。這樣可以同時舔弄到陰蒂、花蕊及陰道前庭。

整個女性性器將氾濫成災

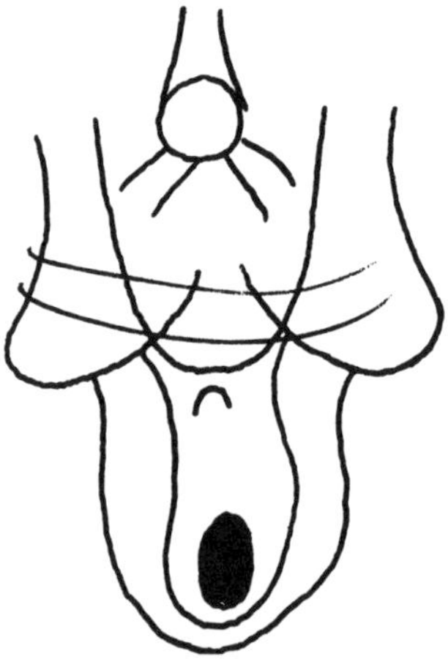

從會陰舔至陰道口，再由尿道口向上舔至陰蒂，沿途記得舔弄大陰唇和花蕊。從陰毛的間隙可以看到兩個聳立的乳房，相當刺激。

集中舔弄陰蒂

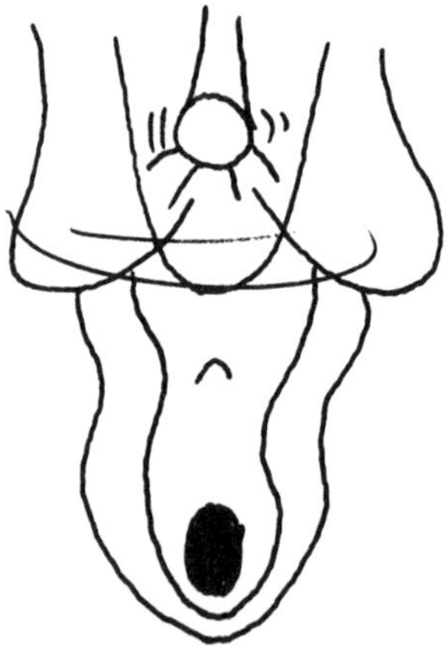

舌頭用力抵住陰蒂，並且集中舔弄陰蒂。先讓女方的陰蒂外露敏感度會更好，舔人的和被舔的都會非常興奮。

左右舔弄陰部並且慢慢向上移動

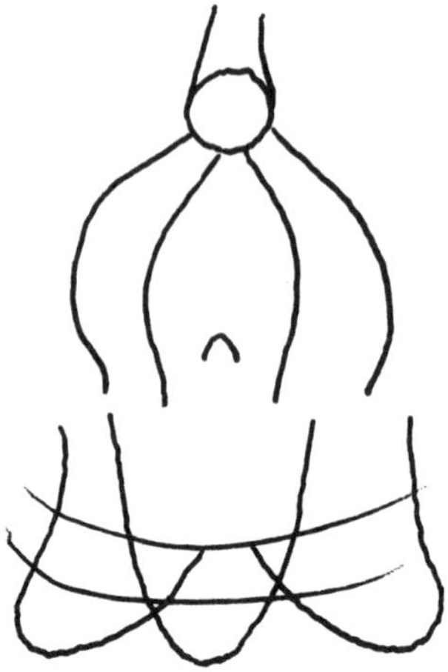

舌頭用力抵住會陰和陰道口，之後舌頭左右舔弄陰部，並且慢慢向上移動。這種向上舔弄的方法會讓鼻子碰觸到尿道口、陰道前庭及陰蒂，男女雙方都會感到興奮。

舌頭大動作左右舔弄陰部

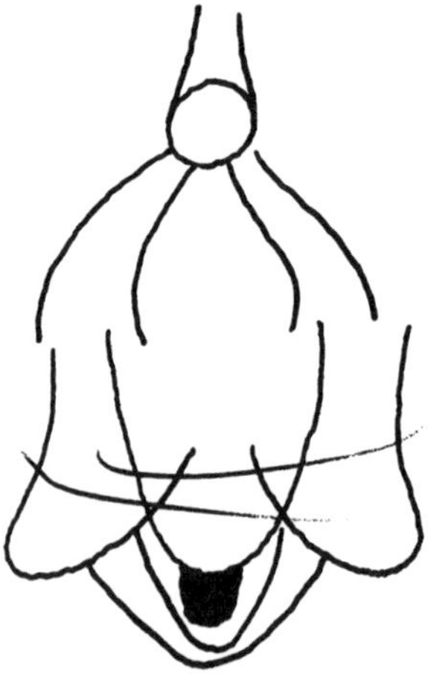

慢慢地從陰道口向上舔弄，舌頭可以左右舔弄兩側的大陰唇和盛開的花蕊及尿道口。誇張地舔弄有絕佳效果。

慢慢向上舔弄

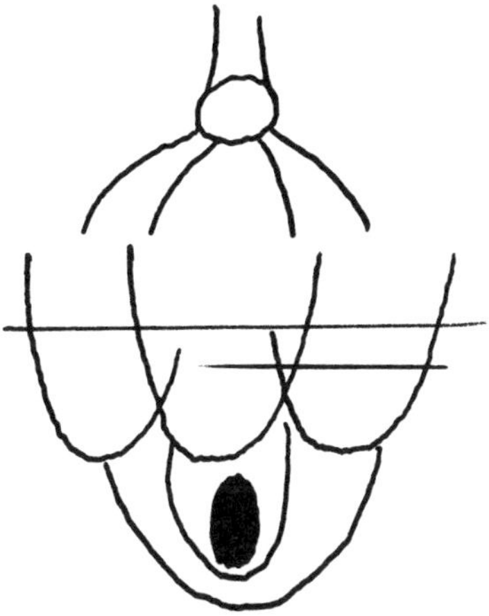

臉部左右擺動，同時慢慢地向上舔弄。整個女性性器被舌頭用力舔弄，興奮度和快感度將達到最高潮。淫蕩的氣氛逐漸火熱，讓人欲罷不能。

舌頭集中舔弄陰蒂，之後向下舔弄

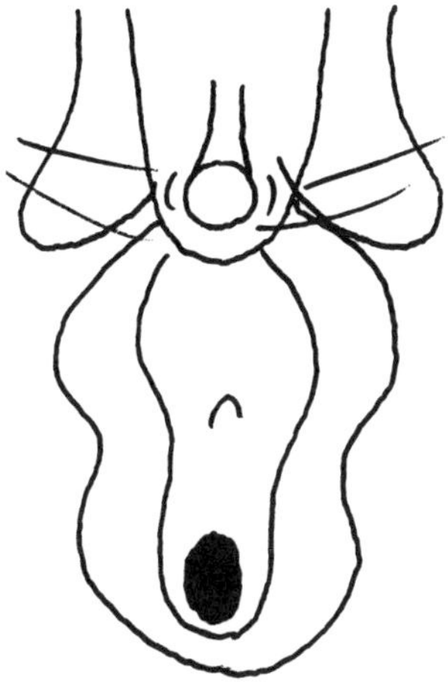

舌頭繼續向上舔弄，並集中愛撫陰蒂。集中攻擊一會之後，再慢慢地向下舔弄。反覆操作幾次就能讓女方獲得十足的快感。

集中攻擊陰蒂

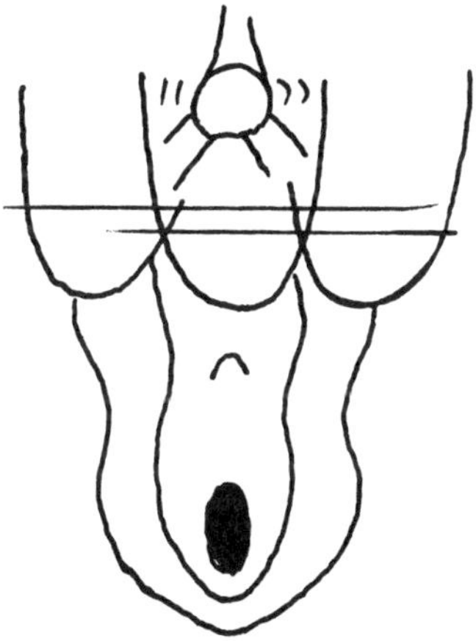

舌頭用力抵住陰蒂，接著左右擺動臉部，彷彿要將陰蒂壓扁一般用力舔弄陰蒂。集中攻擊陰蒂一陣子之後，再慢慢地向下舔弄。

移動臉部增加舔弄的力道

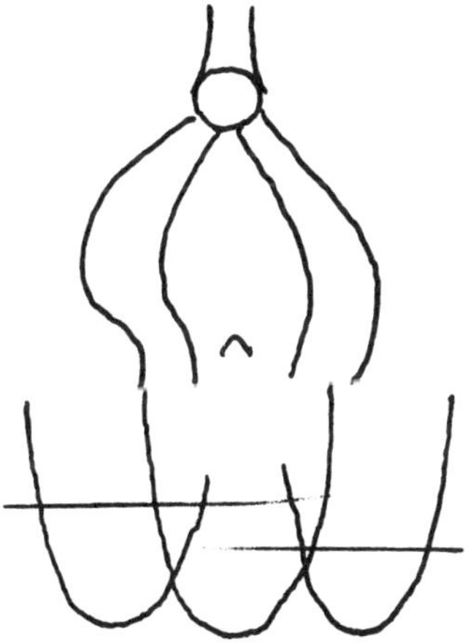

舌頭要更用力抵住女性性器，然後保持這股力道左右擺動臉部。鼻子碰觸到女性性器的觸感會讓人興奮，女方的興奮度也會因為這種觸感而倍增。同樣的舔弄動作也能帶來強烈快感。

伸出舌頭用力抵住陰部的中心

接下來為你介紹最興奮、舒服的舔弄方法。先伸出舌頭用力抵住女性性器的下半部，然後維持那股力道，朝中心位置緩慢而強烈地向上舔弄。

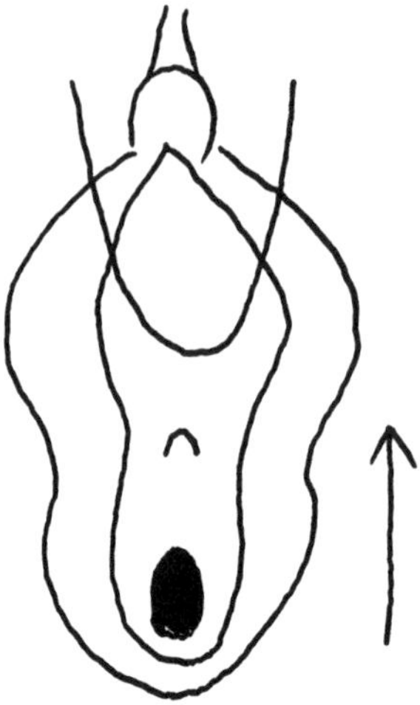

用舌頭擠壓陰蒂

再來舌頭要更用力抵住陰蒂。當陰蒂被舌頭壓扁，你會看到女方的下腹部微微顫抖，這時兩手同時愛撫兩顆乳頭可以增進敏感度。

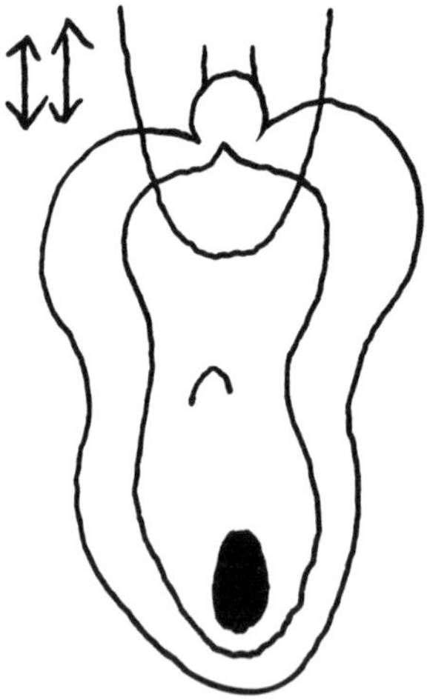

暫時集中攻擊陰蒂

舌頭同樣用力抵住陰蒂，接著以細微的上下運動集中攻擊陰蒂一陣子。向下舔弄時也要用力抵住陰部，並且沿著中心位置慢慢向下舔弄。

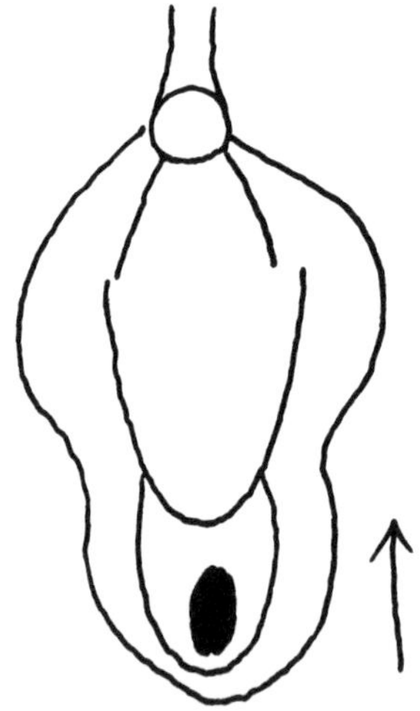

舌頭朝上半部移動時用力抵住陰部

舌頭從性器的下半部舔至陰道口，乃至尿道口，在舔的時候舌頭要用力抵住這些部位。舌頭用力抵住整個女性性器，正是舌技舔弄的妙趣所在。

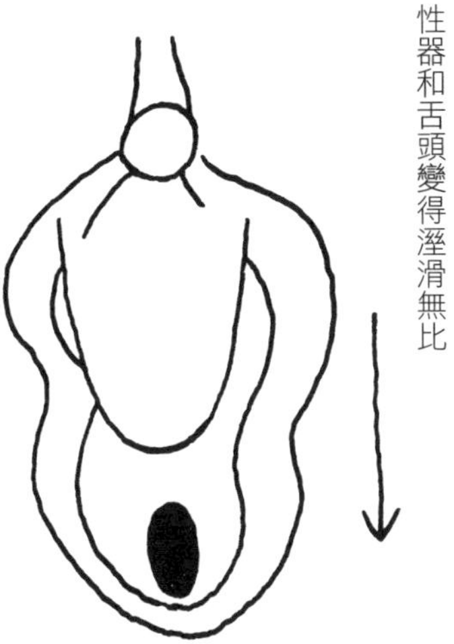
性器和舌頭變得溼滑無比

接著舌頭要加重力道，要用足以讓整個女性性器變形的力道抵住陰部，然後向下舔弄，你的嘴邊將會沾滿溼滑的愛液和唾液。

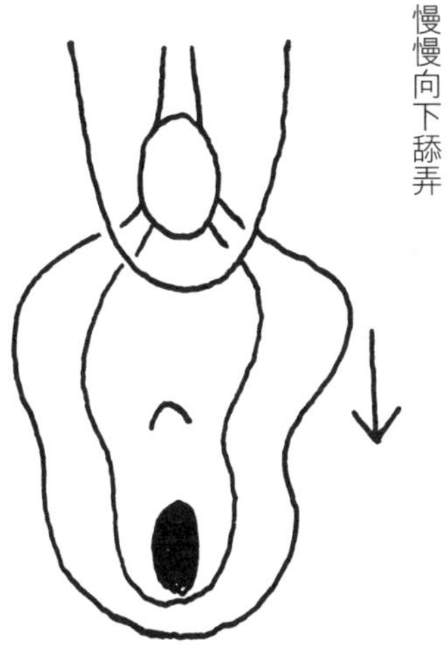
慢慢向下舔弄

不管是向上、向下舔弄，當舌頭碰觸陰蒂的那一瞬間是最舒服的，尤其被舌頭激烈碰觸的效果最為明顯。舌頭也會因女性性器的觸感而興奮。

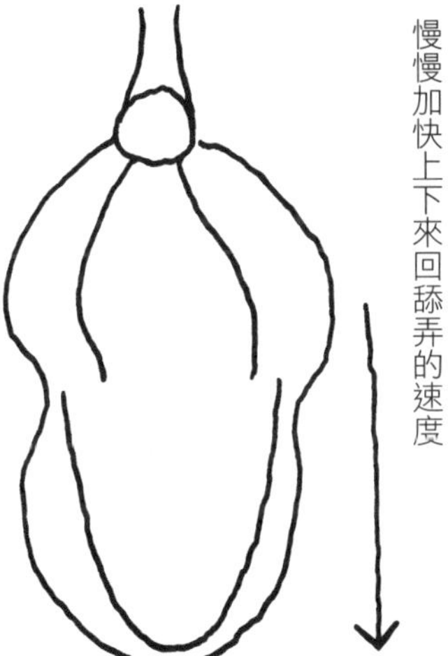
慢慢加快上下來回舔弄的速度

舌頭往下舔弄之後立刻向上舔弄。這樣反覆來回舔弄幾次、慢慢加快舔弄的速度，最後一心一意地上下擺動臉部，女方將會接近高潮的邊緣。

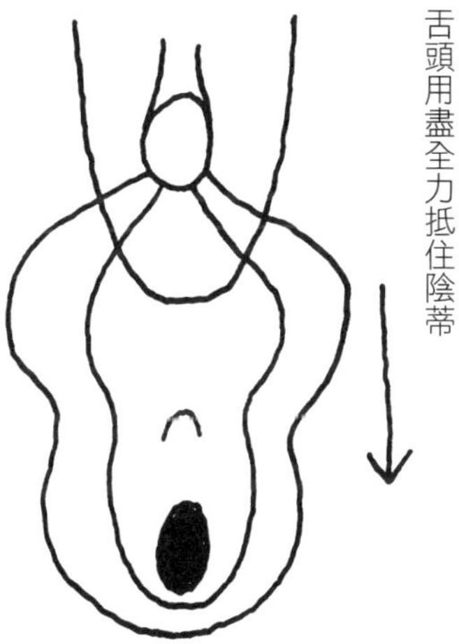
舌頭用盡全力抵住陰蒂

包含陰蒂和陰道在內，整個女性性器都是性感帶。舌頭用力抵住外陰部縫隙會帶來難以想像的興奮和快感，富有彈力的溼滑舌頭要用力抵住陰部。

品嘗花蕊和蜜汁的滋味

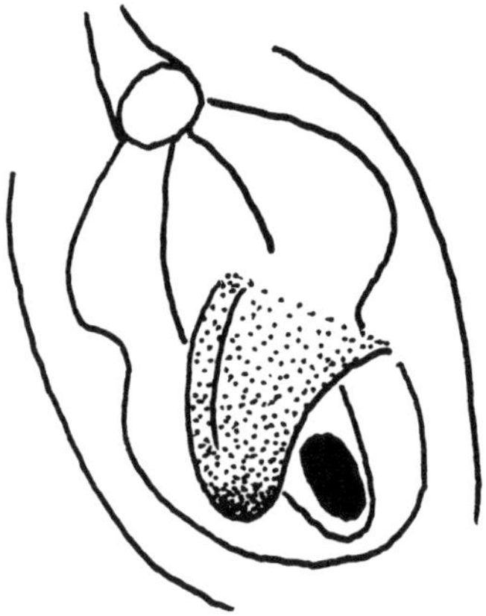

接下來舔弄左邊的花蕊，品嘗蜜汁（愛液）和花蕊的滋味。將花蕊含入口中吸吮的觸感非常舒服，還可將花蕊含在口中翻攪舔弄。

舔弄敏感的陰道

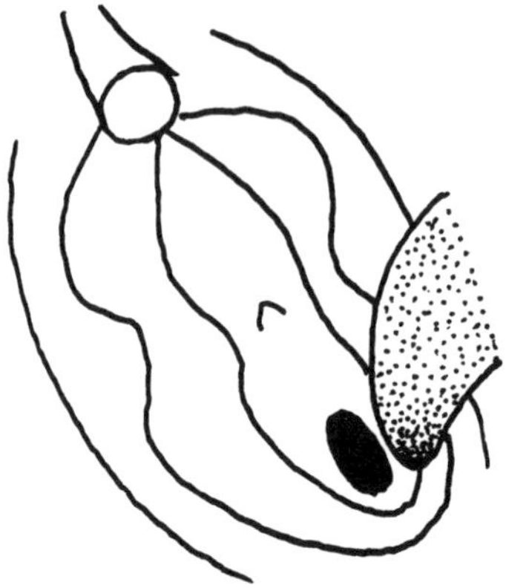

從一二〇頁開始將介紹如何把陰蒂含入口中吸吮、舔弄的方法，但在此之前為了蘊釀淫蕩的氣氛，你可以隨意舔弄女性性器。

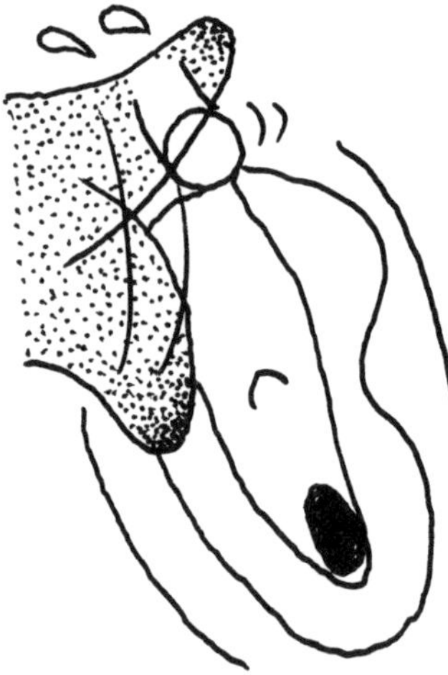

女方若提出要求，隨時都能做愛

舌頭不停地舔弄花蕊和陰蒂，這時女方如果已經興奮難耐，主動提出做愛的要求，那麼開始做愛後很快就能達到高潮。

不厭其煩地舔弄

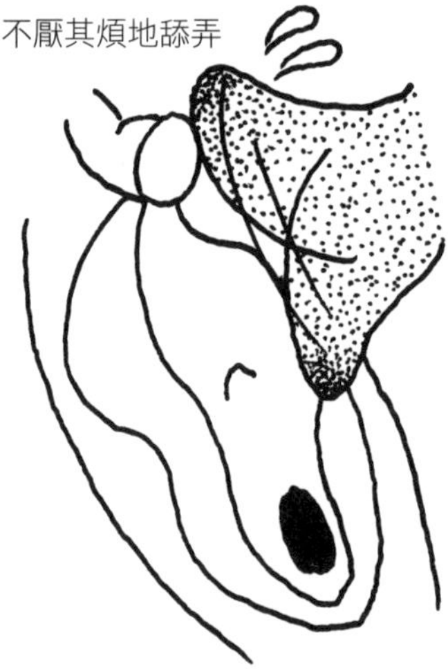

你可以隨自己的喜好任意舔弄，但這裡提供一個方法給你參考：先向上舔弄右邊的花蕊，然後用力向上舔弄陰蒂。不厭其煩地舔弄正是品嘗女性性器的祕訣。

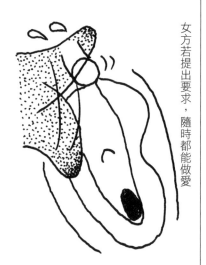

舔弄到最後要集中舔弄陰蒂

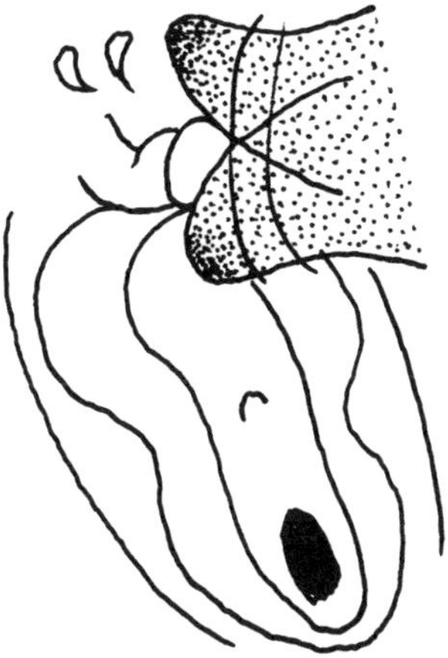

最後要集中舔弄陰蒂，你會看到下腹部顫抖的模樣，這就是女方獲得強烈快感的證據。舔弄性器的興奮感和下腹部的顫抖會形成強烈的視覺刺激。

沿著外陰部的縫隙向上舔弄

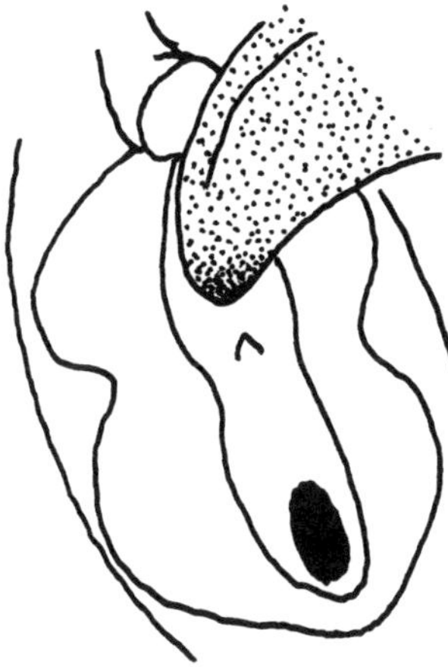

萬一女方還能忍耐的話，就繼續愛撫。舌頭從陰道口往上移動，沿著外陰部的縫隙舔至陰蒂。外陰部的縫隙原本就很潮溼，更容易積存蜜汁。

●被如此徹底地舔弄，會感受到身為女人的幸福

女性性器一旦受到如此徹底的愛撫會極度渴求勃起的陰莖。以我個人的情況爲例，當我渴求完全勃起的陰莖時，會先口交來品嘗陰莖的滋味。在把陰莖含入口中的瞬間，陰道會更加如狼似虎地貪求陰莖。如果女方情慾高漲難耐，主動請求插入的話，先讓女方口交可以達到挑逗情慾的效果。

倘若口交過後陰莖接近爆發邊緣也毋需擔心，因爲女方絕對比你還要興奮難耐，所以你在插入之後可以盡情地擺腰抽送，女方將會比你先達到高潮，也可能雙方同時高潮。

從下一頁開始會爲你解說吸吮陰蒂的愛撫方法，我自己就被這些方法翻弄得高潮不斷。男女做愛固然很舒服，不過女人也喜歡男人用手或口讓自己高潮。簡單說，女人若每次都能確實獲得高潮，會願意嘗試任何興奮又舒服的玩法。女性的性器被如此徹底地舔弄，會感受到身爲女人的幸福。學習愛撫女性性器還有很長一段路要走喔（微笑）！

將陰蒂含在口中吸吮

陰蒂的英文名稱是clitoris，陰蒂龜頭相當於男性陰莖的龜頭，陰蒂體則相當於陰莖的莖幹，兩者的構造相仿，但陰蒂龜頭的快感度比男性的龜頭要強。陰莖本身兼具了排尿和射精的功能，陰蒂卻是只為了獲得快感而存在的器官，這也是陰蒂的快感比龜頭強烈的原因所在。

男性的龜頭若被女性含在口中舔弄會有無與倫比的快感，同樣的，擁有相同構造的陰蒂若被含在口中舔弄，甚至能產生超越龜頭的快感。女性雖然喜歡陰蒂被舔弄，但大多數女性更喜歡陰蒂被吸吮的快感。

然而，由於陰蒂比龜頭還要敏感，有些女性喜歡被輕輕吸吮，也有的人喜歡被大力吸吮，這是必須要留意的。

嘗試不同力道的吸吮方式

接下來以陰蒂已經完全勃起外露的情況來為你解說。首先噘起嘴唇，將嘴唇貼在陰蒂的周圍，這樣做會使陰蒂徹底外露，吸吮起來也比較容易。再來將陰蒂含入口中，試著以不同的力道吸吮陰蒂。如果觀察女方的反應後發現女方比較喜歡輕輕的吸吮方式，那就持續以輕微的力道吸吮，偶爾加重力道，效果將非常顯著。若女方喜歡用力吸吮，則先放輕力道，之後持續用力吸吮。

嘗試不同力道的吸吮方式，觀察女方的反應，投其所好。

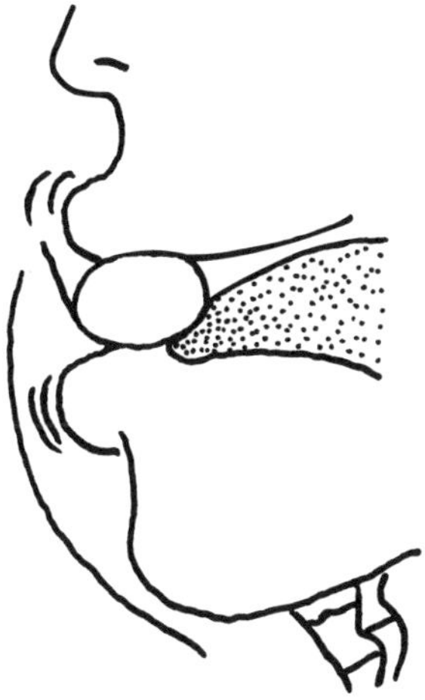

若女方喜歡被用力吸吮，可以用舌尖抵住陰蒂的方式吸吮，當陰蒂摩擦到舌頭時，敏感度會急速上升，這種吸吮陰蒂的方法令人興奮。

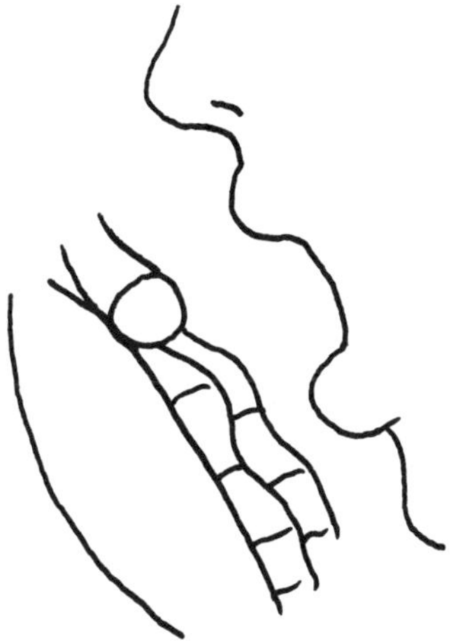

先用力噘起嘴唇，將嘴唇用力貼在陰蒂的周圍，先使陰蒂外露後再吸吮陰蒂。陰蒂的敏感度遠比龜頭來得高。

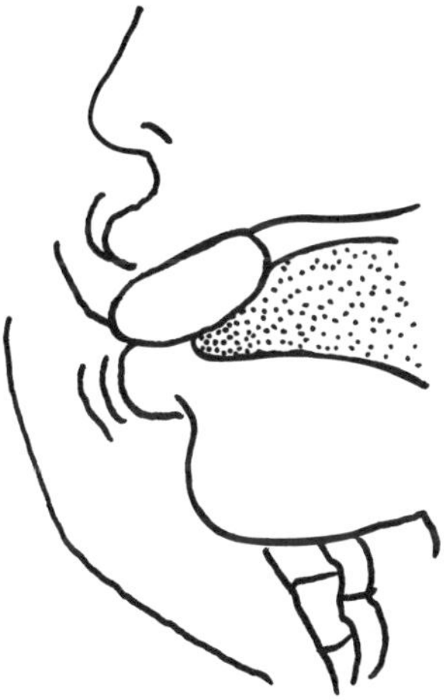

嘴唇用力貼住陰蒂，讓陰蒂徹底外露，以舌頭摩擦陰蒂的方式來吸吮。插圖雖然畫得較為抽象，但重點在於按照插圖的要領來吸吮陰蒂。

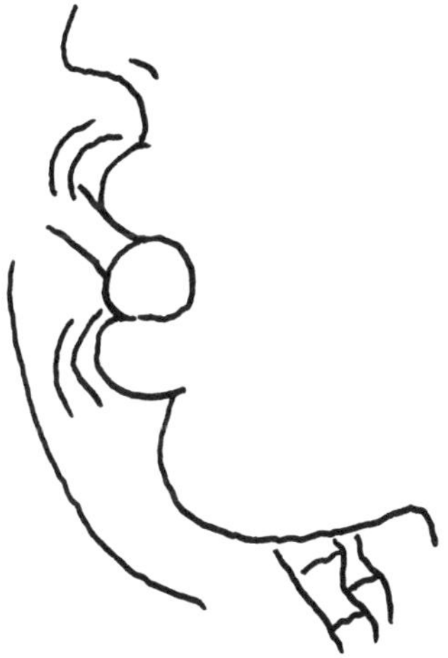

用嘴唇使陰蒂外露，之後以輕重不同的力道吸吮陰蒂，找出女方喜好的力道。依照女方的喜好調整吸吮的方法，給予女方強弱有別的快感。

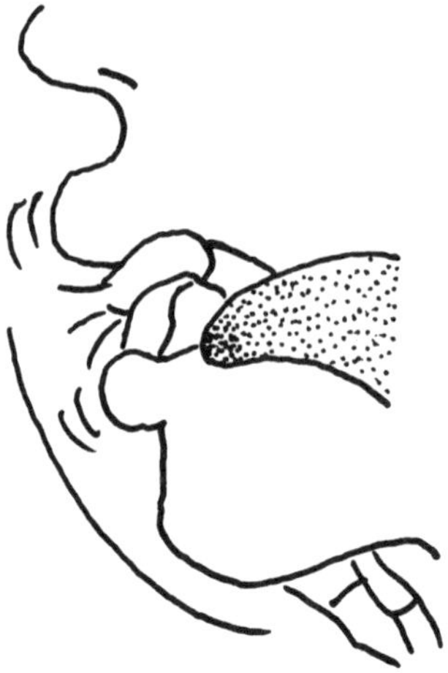

在吸吮陰蒂和花蕊的同時，順便用舌頭舔弄愛撫。先吸吮、後舔弄，反覆交互使用。這是高難度的舔弄技巧。

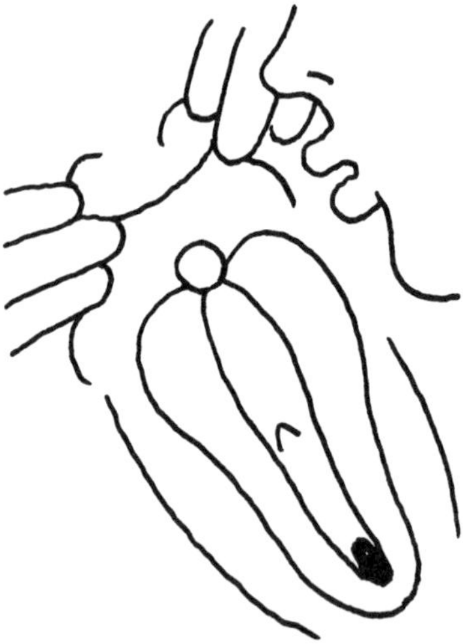

若遇到細小的陰蒂，可以連同包皮一起吸吮，不過先找出陰蒂的位置再吸吮還是比較方便。陰蒂外露之後，可以連同陰蒂的周圍一起吸吮。

左右兩瓣花蕊和陰蒂的根部連結在一起，因此可以同時吸吮花蕊和陰蒂，這種吸吮方式的觸感一流，被吸吮的女方快感將立即倍增。

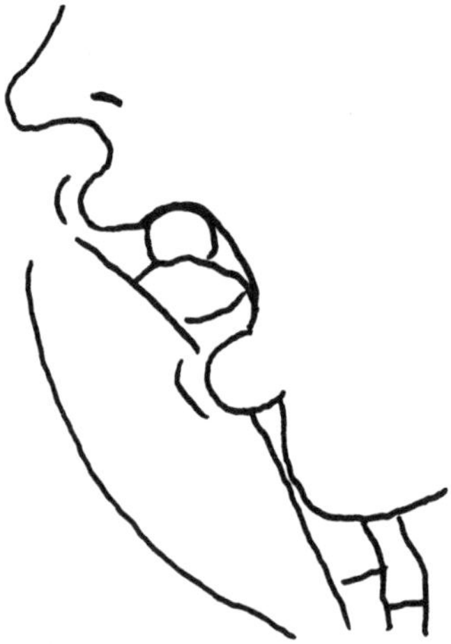

嘴唇用力貼住陰部，將陰蒂和花蕊一起含入口中。獨特的觸感能刺激興奮感，讓你品嘗到難以言喻的興奮滋味。被吸吮的女方也能品嘗獨特的觸感和快感。

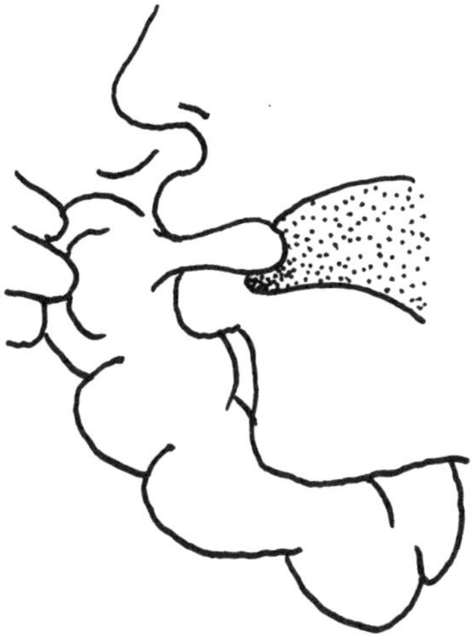

若是比較大顆的陰蒂，在吸吮的同時加上舌技舔弄的招數，就會像三井京子所寫的那樣，女方將受不了陰蒂被吸吮的快感而直接高潮。

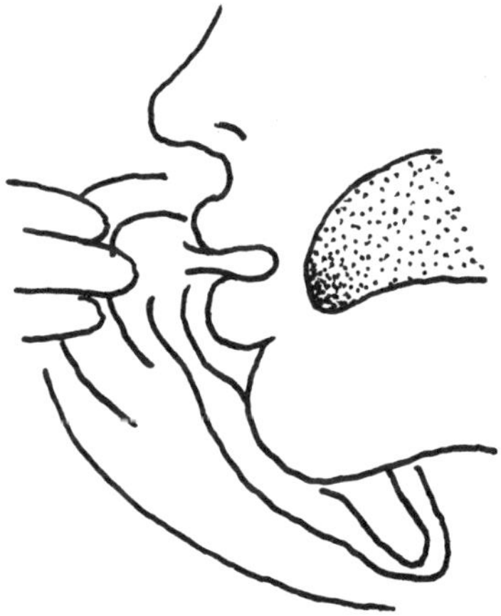

若是比較細小的陰蒂，可將陰蒂夾在嘴唇中輕輕吸吮，這樣做也很有快感。要盡量讓陰蒂外露，再來吸吮可愛又細小的陰蒂。切記，吸得太用力可能會造成瘀血。

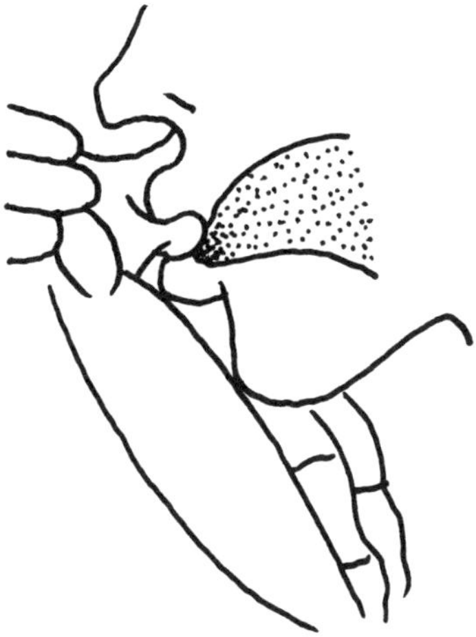

細小的陰蒂並不會影響敏感度，在吸吮陰蒂時順便用舌尖摩擦會有很大的效果。陰道和肛門會因為陰蒂的快感而顫抖，愛液也會源源不絕地溢出。

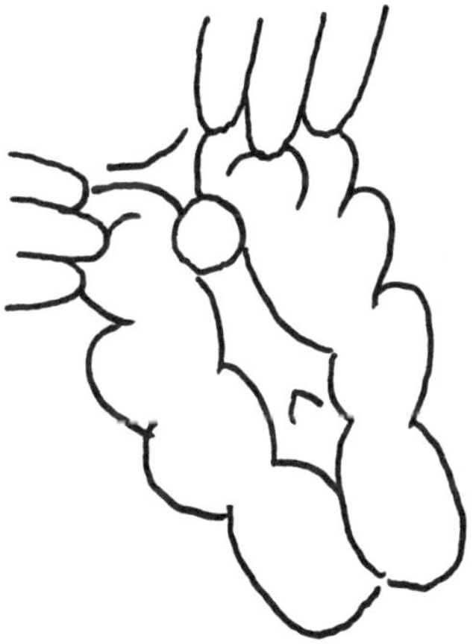

在舔弄異常發達的花蕊時，如果連花蕊也一同含入口中，花蕊會形成緩衝作用，導致敏感度下降。遇到這種情況，採用目視的方法確認陰蒂的位置，再以雙手翻開包皮使陰蒂外露。

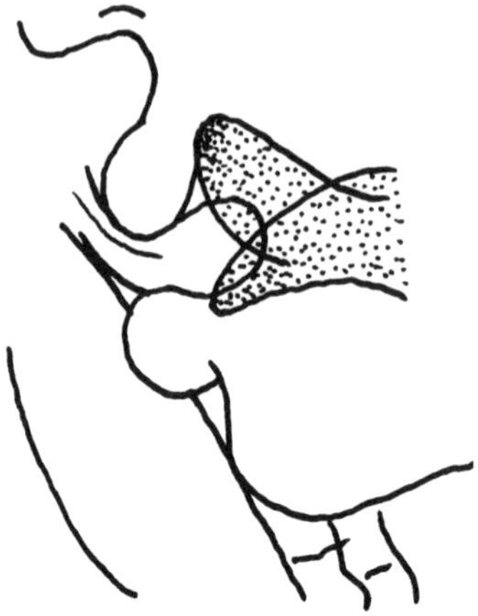

吸吮陰蒂之後，將陰蒂吸住不放，並以舌尖舔弄陰蒂。這一招非常有效，學會這招的話，你的舔弄技巧將更進一步。記得要重複吸吮、舔弄。

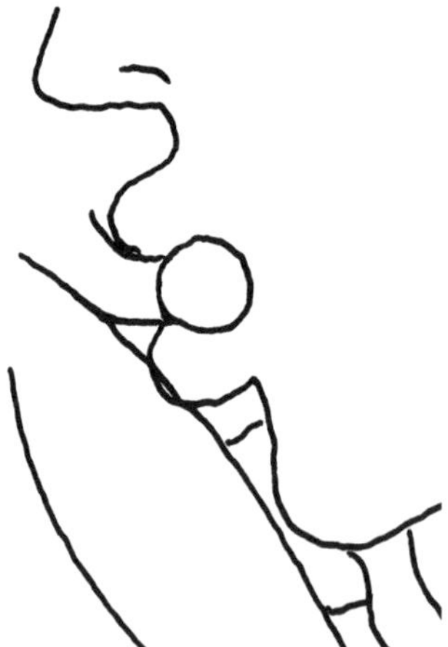

若是大顆的陰蒂被這樣吸吮、舔弄，保證很快就會高潮。先將嘴唇用力貼在陰蒂的周圍使陰蒂徹底外露，然後持續吸吮陰蒂，女方的下半身會因快感而不停顫抖。

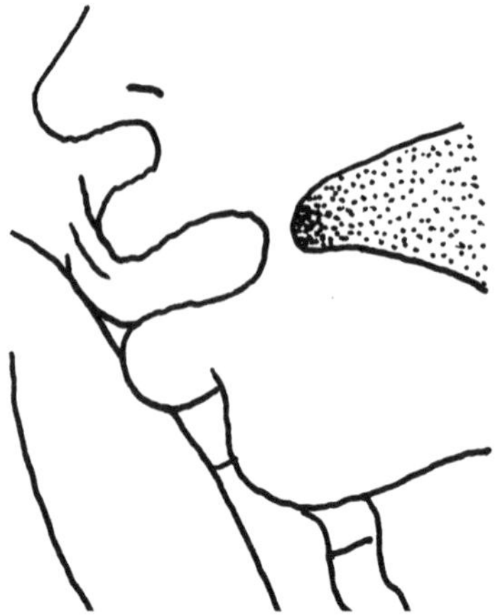

接著介紹讓女性高潮的方法。首先以吸吮乳頭的方式來吸吮陰蒂，再以舌尖輕輕敲擊。如此將形成雙重刺激，女方再也忍受不住快感。

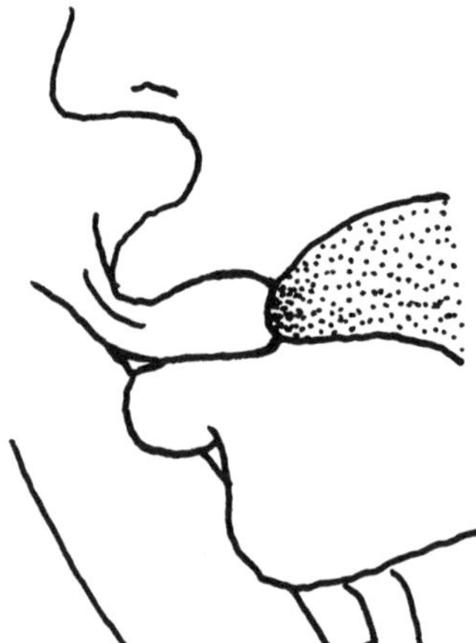

吸吮時以舌尖敲擊陰蒂。兩個動作要同時進行，這樣反覆進行一會之後，女方還來不及懇求男方插入就會直接高潮了。

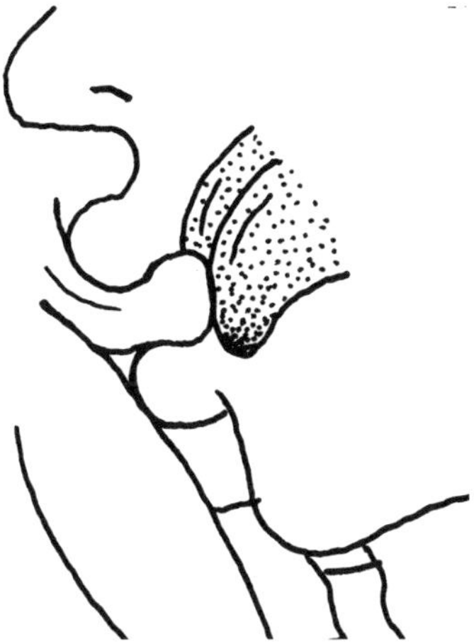

接下來是更高難度的技巧。在吸吮的同時用舌頭摩擦陰蒂。當陰蒂被吸吮的時候用舌頭摩擦可讓快感倍增。這一招連三井京子都招架不了，直接高潮了。

如插圖所示，以吸吮乳頭的方式吸吮陰蒂。此法的效果雖然因人而異，但在所有舔弄技巧中是最舒服的招數，要以口技讓女方高潮的話，這一招是最佳選擇。

●手口並用讓女性高潮

最近AV業界似乎很流行手淫的成人影片。據說現在的顧客對於打砲抽送、拍出陰部性交的模式已經膩了，反而是穿著衣服的女性幫男性手淫的類型，比較能挑逗男性的慾望。有一種叫AV包廂的風月場所目前依然存在，那種場所主要是讓男性顧客在包廂裡觀賞成人影片，然後會有小姐用手幫助客人射精的風月場所。

近來也有不少女性希望不必做愛就能體驗高潮的快感，我本人也是如此，被男性用手或口愛撫來達到高潮，也是種既新鮮又興奮的感受。特別是陰蒂被吸吮到高潮的快感，那種快感眞的會讓人上癮。

請各位讀者務必體驗本書介紹的技巧，來讓你的另一半高潮，這麼做也可以練習你的舔弄技巧。日後若能輕易地讓女性高潮，你的技巧便已達到爐火純青的境界，屆時希望你也能讓我高潮喔（微笑）！

第四章將爲你講解更高難度的技巧。在此之前，我們繼續爲你介紹女人的眞心話座談會。與會的成員似乎對於男性愛撫女性性器有很大的不滿，這點値得我們注意。

●與會成員看過本書原稿後的真心話座談會

讓我們繼續來聽聽女性的眞心話。包含我在內的五位姐妹淘所舉辦的性愛座談會氣氛非常熱烈，酒過三巡後，大家也比較敢暢所欲言，於是我拿出本書的原稿給大家看，然後請大家看完後發表感想。看過原稿後反應最熱烈的，莫過於被霸王硬上弓而失去處女的大學生涼子小姐。

涼子：好棒！好厲害喔！居然還有這種愛撫手法嗎？我看了《極致愛撫①——胸部特集》之後已經很興奮了，想不到這本《極致愛撫②——女性器篇》更厲害呢（笑）！我連舔弄技巧和口交都還沒嘗試過，這本書對我來說太刺激了啦！眞希望我的私處也能像書上那樣享受愛撫的快感。哇……還有這種舔弄私處的方法，總覺得我的私處開始有種奇妙的感覺呢（笑）！

直美：涼子小姐，妳興奮過頭了吧，還好嗎？不過妳的男性經驗只有初夜被強暴的那一次，也難怪妳會這麼興奮了，但這才是性愛喔！京子小姐，話說回來，我想現實生活中的男性根本不會這麼細心地愛撫吧！

京子：這倒是，會這麼細心愛撫女性的男性確實是少數，因此我才會撰寫這本書，希望男性能了解女性的需求。女性朋友如果買了這本書，肯定會覺得慾求不滿吧！可是如果男性朋友讀了這本書之後能爲自己的女友或老婆服務，他在伴侶心目中的地位一定會大大提升喔！眞奈美小姐，我看妳從剛才就一直很認眞地看著原稿，妳有什麼感想嗎？

眞奈美：看完以後突然覺得慾求不滿了呢（笑）！跟這本書記載的方法相比，丈夫的愛撫技巧簡直就是騙小孩的玩意，要是眞的有人願意這樣愛撫我，我保證毫不猶豫跟他外遇。光是讀這分原稿我的私處就快溼了，討厭啦，我怎麼把心裡話講出來了（笑）。

優香小姐讀得比我還認眞喔，優香小姐，妳的臉很紅耶，沒事吧？優香小姐、優香小姐，該回魂啦！

優香：咦～啊……妳問我嗎？我實在看得太入迷了（笑）。以前我自認玩過不少的男人，其實我很清楚自己才是被玩的一方。因爲，根本就沒有任何人願意細心愛撫優香的私處。

這本書是教人如何取悅女性的書籍對吧，如果眞的有人能讓我享受到這麼舒服的愛撫技巧，我會認眞和他交往喔（笑）！

雖然我隨隨便便就能交到一堆男友，但要找到願意這樣取悅女性的對象很不容易。哇……這些方法看起來好舒服喔！萬一私處被手指愛撫，再被這樣子舔弄的話，還沒插入就會直接高潮了。京子小姐，妳平常就能享受到這麼美妙的性愛嗎？

京子：畢竟我是以自身的實際經驗來撰寫書籍的，所以每次都會獲得無與倫比的性高潮。

直美：我之前說過，自己因爲自尊心高傲的關係，沒辦法隨便接受一些阿貓阿狗，現在我反悔了。假如眞的有男性願意這樣取悅女性，就算是阿貓阿狗我也願意接受（笑）。京子小姐妳都願意幫涼子小姐介紹性伴侶了，麻煩也幫我介紹一個吧，拜託妳！

涼子：我自己自慰的時候眞的非常舒服，所以如果有男人這樣愛撫我，我一定會高潮的。我好期待京子小姐幫我介紹的性伴侶（笑）。要是男人先用手指刺激我的陰蒂，然後再用舌技舔弄的話，我想我應該會興奮到高潮不斷吧！

這本書出版以後可以送我一本嗎？看到自己說的羶腥話題被刊在書上也很令人興奮呢！既然這是女性的眞心話座談會，老實說，我的私處已經溼了（笑），不自慰一下根本平息不了亢奮的心情呢！

眞奈美：除了冷靜的京子小姐以外，大家應該都溼了吧！我連內褲都溼透了，眞是不好意思（笑）。直美小姐呢？

直美：話題好像變得很刺激呢，說實話，我也溼了（笑）。

優香：我啊，只要私處發燙就會想當場自慰喔（笑），我可以在這裡自慰嗎？

●本書《極致愛撫②——女性器篇》受到眾人一致的支持

當然，現場並沒有人自慰，然而大家的體溫上升，包廂裡也漸漸變得悶熱起來，大家脫下厚重的外衣，只剩下單薄的衣物，性感的氣氛瞬間增溫。座談會雖說是在包廂裡舉行，但大家討論得太過熱烈，音量愈來愈大，幾乎到了失控的地步，害我稍微捏一把冷汗，可是這也代表大家有多支持《極致愛撫②——女性器篇》這本書。

各位女性讀者看了這本書之後可能會有些慾求不滿也說不定，還請各位男性讀者實踐本書記載的方法，來解決女性慾求不滿的慾望。特別是舔弄女性性器的章節務必要嘗試一下，當房間裡充滿了女性性器特有的味道時，淫蕩的氣氛會更加火熱，想必女方的私處也已經溼成一片了。

●女性的真心話座談會愈來愈熱絡

我想在本書中登場的與會成員，每一位都想體驗舒服的性愛。眞奈美小姐這麼漂亮的人妻也表示，如果眞有風度翩翩的紳士會像書中那樣取悅女性的話，她一定會和對方發生外遇關係。涼子小姐的性經驗只有初夜時被強暴的痛苦經歷，這件事雖然帶給她很大的陰影，但她還是對性愛抱有異常的興趣。

就連精明幹練的女強人直美小姐也改變原來的想法，願意捨棄自尊來享受性愛。男性經驗最豐富的優香小姐也一改過去來者不拒的心態，並且認眞表示，若眞有男性願意像書中那樣取悅她的話，她願意和對方深情交往。這場女性的眞心話座談會愈來愈熱絡。

眞奈美：一般來說，女性根本不會知道世面上有這種書吧！可是實際讀過以後，這種書眞的很令人興奮。之所以會感到興奮，是因爲自己也希望能嘗試書中的內容。

涼子：我讀了以後也覺得很興奮，另外還有一種非常愉快的心情。說穿了女人最感興趣的就是男人，假如能被男人這樣愛撫的話，想必會非常興奮、非常舒服吧！況且，我覺得性愛是最舒服的娛樂，又不用花大錢（笑）。

直美：事到如今，我不認爲交往六年的男友會願意爲我做這些事，而我自己也羞於和他做這些事，根本沒辦法徹底解放自己的身心。

假如我們一開始就是單純的性伴侶，那我就敢主動要求他試一些類似書裡的玩法，這樣一來我們之間的性愛也就不必有所顧忌了吧！之前我說過，我身上散發的氣息總是讓單身的年輕男同事不敢輕易接近，不過要是有單身的年輕男同事願意這樣取悅我，我一定會好好地疼愛他喔！直美我雖然是女強人，但偶爾也想讓自己淫亂一下（笑）。

●女性希望盡情享受性愛的真心話

京子：我每次找來像各位一樣的普通人進行採訪，聽到的眞心話都和今天的座談會一樣，那就是眞正能夠享受性愛樂趣的女性其實非常少。然而聽完每一位受訪者的眞心話之後，大家都十分支持《極致愛撫①——胸部特集》和《極致愛撫②——女性器篇》這兩本書的問世，每一位受訪者都希望能盡情享受性愛的樂趣。

她們每一位都比我年輕貌美，但她們卻沒辦法像我一樣享受性愛。我本人身爲性學作家，固然知道一些享受性愛的法門，不過各位若能和自己的伴侶嘗試本書，我相信任何人都能享受心中期望已久的愉悅性愛，其實每一個人都有成爲性學作家的素質喔（笑）！女性的眞心話座談會氣氛愈來愈熱烈，與會的成員大家都很開心。當然，我也相當樂在其中（微笑）。

本書除了會刊載眾人的眞心話以外，也會刊載性生活美滿的女性所發表的眞心話，等本書出版之後，也請各位參考看看。性愛不是男性單方面的活動，彼此想要取悅對方的心意才是最重要的。男女雙方若能試著實踐彼此的需求，便能充分享受性愛的樂趣，疲憊的身心也會被高潮的快感治癒，這種性愛是非常舒服的喔（微笑）！

在本書的後半段我們會介紹參加換妻俱樂部的女性，目前給各位看的原稿雖然沒有這部分的內容，但實際上我甚至還到換妻俱樂部的集會現場進行採訪，結果我興奮過度，差點無法完成採訪工作呢！現場是兩對夫妻在同一個房間裡交換配偶做愛。

眞奈美：天啊！妳是說換妻俱樂部嗎？我除了對AV有興趣以外，對換妻俱樂部也很有興趣耶！可是，我們家那口子一定不會答應。

直美：話又說回來，妳丈夫如果答應的話，也能和別人的妻子做愛不是嗎？這樣也算是扯平了對吧，搞不好他會很爽快的答應喔（笑）！這種換妻俱樂部就算不是夫妻也能參加吧，光想就讓人興奮呢！

京子：參加這種換妻俱樂部的人都有一種精神上的深層牽絆，因此幾乎都是夫妻居多。如果是一般情侶參加的話，幾乎都是分手的下場。但直美小姐要是能說服妳的男友，我也可以幫妳介紹這種換妻俱樂部；或者，我也可以讓妳參觀現場的換妻性愛。有些情侶希望能有女性在一旁觀賞他們做愛，不過他們不想給男性觀賞，因爲男性容易亂來。

直美：妳是說眞的嗎？好棒喔！我以前聽過換妻俱樂部這種東西，但我總覺得那是和自己無緣的世界。拜託，請妳務必要帶我參觀現場，或許我對性愛的想法會有所改變。

眞奈美：我也想見識一下，光是想像現場的情況我就心跳加速。參加的大多是什麼樣的夫妻呢？

京子：大多數都是人人稱羨的知識份子。但我好歹也是性學作家，我有義務保護受訪者的隱私，畢竟這關係到誠信問題。假如直美小姐和眞奈美小姐有興趣，我可以帶妳們個別去參觀喔！

涼子：不能帶我去嗎？京子小姐，我也想去看啦……求求妳！

京子：涼子小姐和優香小姐我必須先愼重考慮一下（微笑）。

眞奈美：這種交換夫妻的行爲想必也會影響人生觀吧！在丈夫的身旁和不知名的男性做愛，丈夫則和那個人的老婆做愛，在正常的情況下，這種事情肯定會嫉妒到令人抓狂，可是我卻覺得很興奮，換妻性愛一定很刺激吧！

萬一眞的讓我到現場參觀換妻性愛，我可能會興奮到必須當場做愛才能止住慾火吧！我現在身體變得好熱喔，京子小姐，我下面好像已經氾濫成災了。

京子：就連我這種看慣性愛場面的人，在看了換妻性愛之後都會興奮難耐，當晚一定要和男伴來一場激烈的性愛才能消火。不過還是要請各位注意一點，我們的確應該要好好享受性愛的樂趣，但也不能忘記現實而沉醉在性愛之中，我看過很多這種沉醉性愛的女性，她們後來都過著悲慘的人生。

眞奈美：我們會好好把持自己的，所以請帶我們參觀換妻性愛吧（笑）。話說回來，我確實很想好好享受一場性愛呢！

直美：就是啊，看過這本書後，我也很想盡情享受性愛。而且，性愛好像可以讓人生更充實，看到京子小姐讓我有這種感覺。

京子：涼子小姐，怎麼忽然變得這麼沉默呢？

涼子：大家的話題愈來愈複雜，我不是很懂耶，我只要有個擅長做愛的男友就夠了。我一直有一件很想嘗試的事情，我想幫男性套弄雞雞，然後看雞雞射精的樣子。自從我對男性有興趣以來就始終有這種性幻想。

優香：用手套弄雞雞射精的情景我看過很多次喔！第一次看的時候有種又驚又喜的感覺，我還下意識地用手擋住精液呢（笑）！

男人都是很單純的，妳只要用手套弄他們就會非常開心，眞的很可愛喔（笑）！妳會有一種成功取悅男人的成就感，以及自己擁有主導權的愉快感受。

對方射精的時候會發出呻吟的聲音，然後當精液從龜頭前端噴射出來的那一刻，妳會覺得非常開心喔！

涼子：嗯……原來是這樣啊！因爲我沒有仔細看過勃起的雞雞，如果看到精液噴射出來的瞬間一定會很興奮，眞奈美小姐也有看過嗎？

眞奈美：丈夫曾經叫我用手幫他服務，所以我也看過很多次喔！我現在雖然很少和丈夫做愛了，但丈夫再怎麼說也是個認眞的好人，薪水又高、又不會亂花錢，因此爲了獎勵他，我常會用手幫他套弄。每次看到射精的一剎那我都覺得很不可思議，可是，我還是希望他能取悅我，射在我身體裡面。

我曾經俏皮地叫丈夫試著自慰給我看，看著他自己套弄，陰莖慢慢變大也挺興奮的，當然後來還是換我幫他套弄的，男人都很喜歡人家用手幫他們解決，我丈夫也是如此。他們好像覺得做愛是一件很麻煩的事情。

直美：現在這個男友我並沒有幫他套弄過，倒是我的前男友體力眞是超級好。他曾經在我的體內射了三次，結果還想再來一次，我的下體都已經快破皮了，不得已只好用手幫他解決。幫他套弄的時候，他一邊揉著我的乳房，看起來好像很陶醉的樣子，於是我更賣力地幫他套弄。想不到他都已經射了二次，居然還能射出精液，而且還是很用力地射到我的臉上（笑）。現在回想起來，跟現任的男友相比，我反而比較懷念那個曾經用手幫他解決的前男友。

涼子：大家都好有經驗喔，眞羨慕。我從來沒看過陰莖變大勃起，也從沒套弄過陰莖，所以一直很想試一次。我也想看看男人自慰的樣子。就算想像中知道該怎麼做，但沒有親眼見過終究稱不上是一種經驗。

京子：稍微有些離題了，我們把焦點拉回本書《極致愛撫②——女性器篇》上吧！在座的四位都一致支持《極致愛撫①——胸部特集》及《極致愛撫②——女性器篇》，不過我還是想請各位談談，本書的內容和各位曾經體驗過的愛撫技巧相比如何呢？涼子小姐因爲幾乎完全沒有經驗，所以妳可以談談自己希望體驗哪些愛撫方法。直美小姐，妳現在的表情和我們初次見面的時候有很大的不同，感覺好像變了一個人似的（笑），表情變得很柔和呢！

直美：是嗎？大概是聽了各位的眞心話之後，知道慾求不滿的不是只有我一個，所以安心了不少吧！我在職場上雖然一帆風順，唯獨私生活始終得不到滿足，這點一直讓我很不安。

要是能像書上那樣被愛撫的話，我想公私生活應該都會過得很充實吧！現在我也不需要什麼理性的僞裝了，我只想充分地享受性愛的樂趣。其實我一開始對女性的眞心話座談會並沒有什麼興趣，但能和大家聊這些色色的話題眞的很開心。

眞奈美：即使丈夫反對，我也想出去外面工作，說不定有美麗的邂逅在等著我呢！女人外遇是絕不會被發現的，我想成爲一個淫蕩的女人，徹底享受性愛。要是像書上那樣被舔弄私處，我大概會直接高潮吧（笑）！

對了，和妳共同著書的辰見拓郎先生是個怎麼樣的人呢？他好像寫了很多口交和舌技舔弄的書對吧！

京子：若說到著作性愛指導書籍，絕對無人能出其右，他就是這麼厲害的一位性學泰斗。他透過實際做愛進行取材的對象多達數百人，甚至還有人寫信到出版社，願意當他實際取材的對象呢！

通常他會挑一些有趣的信件或是粉絲的信件回覆，但對於主動徵求實際取材的信件一概不予接受。凡是遇到那種信件，他都會愼重地拒絕對方。還有一次，他遇到的取材對象剛好是處女。當然，大師他可不會爲了這點小事就見獵心喜，人家畢竟是超級一流的性學作家，才三兩下功夫就讓處女高潮了。

涼子：咦！他是怎麼樣讓處女高潮的？我好想重新體驗美好的第一次，拜託請讓我參加辰見大師的取材。

直美：他要是也能參加這場座談會就好了，我有好多事想問他，他是個什麼樣的人我也很感興趣。

優香：告訴我們他的印象也好，是個渾身散發淫蕩氣息的大師嗎（笑）？

京子：他的年齡在本書的作者資料裡有記載，各位可以參考。他給我的第一印象是個溫柔的紳士，很像眞奈美小姐心目中帥氣的中年紳士。

他的身材清瘦、腹部平坦，給人十分乾淨整潔的印象。每當做愛的時候，他一定會使出渾身解數讓女性高潮，甚至可以說那是他的生存意義。若將各位在這場眞心話座談會所發表的心聲歸納起來，或許辰見大師會和妳們有相同的看法。他應該也希望男女雙方都能解放身心，享受興奮的性愛，共同迎接美妙的高潮體驗。

大師主要是透過特殊管道招募實際取材的對象，由於那些取材對象事先已經讀過大師的書籍，大家都是滿懷期待。而辰見大師和她們素昧平生，因此她們能夠毫無顧忌地解放身心。當然，辰見大師也確實讓她們獲得了高潮。

直美：光聽京子小姐的描述就足以引人遐想呢，一想到如果辰見大師能照書上那樣愛撫我，我就快溼了（笑）。對了，請告訴我們他是如何讓處女高潮的吧？

京子：一開始爲了讓女方放鬆心情，兩人先在餐廳吃飯，順便喝酒助興，聊天的話題也是豐富又有趣。中間還穿插了一些情色的話題，辰見大師也答應女方一定會讓她體驗高潮。對方雖然是處女，但大概有過自慰的經驗，所以聽到辰見大師的保證，便滿懷期待地進了賓館。附帶一提，那位處女已經成年了。據說兩人進了賓館以後一起洗澡，辰見大師一邊和她聊天，一邊幫她清洗身體，還抹上滑溜溜的香皂泡沫來刺激她私處的敏感部位（笑）。女方完全放鬆了心情，而且十分信賴辰見大師，很厲害對吧！

兩人到了床上，辰見大師深情地親吻女方，並且用上了《極致愛撫①——胸部特集》一書中記載的方法來愛撫女方，同時準確地愛撫陰蒂。女方從一開始就非常享受，心情十分感動，不用說，私處自然也是氾濫成災。乳頭堪稱是上半身的兩大陰蒂，辰見大師一邊愛撫兩個陰蒂（乳頭），一邊準確地愛撫下體的陰蒂，就算是處女也忍不住這樣的快感。

辰見大師先冷靜地用手指讓女方高潮，接著提醒女方剛插入的時候可能會有點痛，不過大師保證會盡量讓她舒服，要她不用擔心、放鬆心情。那位處女聽了這番話之後立刻高潮，獲得了美好的初體驗，眞的很厲害對吧（笑）！因爲辰見大師在愛撫的時候，還不斷暗示女方會非常舒服，所以女方就眞的變得非常舒服。

後來辰見大師的舔弄舌技一下子就帶給女方強烈的快感，趁著女方高潮的一瞬間，大師立刻將陰莖插入陰道裡。事後根據女方表示，陰莖插入時完全不覺得痛苦，而且插入後她還直接高潮了，感覺非常興奮。大師在舔弄女方的陰部時，也一直套弄著自己的陰莖，聽說插入後沒幾分鐘就射精了。接下來的情況我就不得而知了，只知道那位破處的女性似乎非常感激辰見大師。

直美：大師應該是不想讓那位處女的負擔太大，所以才先套弄自己的陰莖吧，眞是了不起，不愧是性學作家。普通的男性若是和處女做愛，肯定會興奮過度、亂衝亂撞吧！

京子：的確如此。歸根究底，許多女性之所以無法獲得高潮，都和男性的陰莖信仰有很大的關聯。他們認爲只要一股腦地擺腰抽送，女性就會很有感覺。做愛講究的是方法，愛撫的重要性不言而喻，但男性總是草草了事。另外，女性始終處於被動也是一大主因。希望每一對夫妻、情侶在看完本書以後，都能更加積極地提出自己的要求，畢竟性愛是兩個人一起享受的事情。

眞奈美：等這本書出版後，我要拿給丈夫看一下，說不定能挑起他的興趣，讓他好好地疼愛我。女性獨自閱讀這種書容易產生過度的期待，一旦和男性發生肉體關係反而會覺得很失望，果然還是要和伴侶一起研讀比較好。

直美：我也要拿給我的男友看，萬一看了之後他還是不理會我的要求，那我就和他分手。到時候再找個新的男友，兩個人一起研究研究。

優香：若是有男人對我用上《極致愛撫①——胸部特集》和《極致愛撫②——女性器篇》的方法，我一定不會和他分手。今天這場座談會眞的讓我學到不少東西，過去我只是隨便和男人玩玩而已，不過我終於開始了解，眞正讓自己享受性愛究竟是怎麼一回事。

涼子：擅長做愛的男性果然都是些中年人呢，年輕的男性好像都只是想發洩居多吧！他們都沒考慮女方的感受，只想著自己舒服就好。

這種書如果大賣的話，願意好好愛撫女性的男性肯定會變多對吧，眞希望這種書能大賣特賣。我好期待未來交到男友後和他一起研讀這本書喔（笑）！啊……今晚我應該睡不著了。

●介紹個別採訪的女性所發表的眞心話

這裡必須聲明一點，這場座談會並不是爲了替本書宣傳才舉辦的，純粹是爲了讓各位讀者了解女性的心聲而召開的。座談會到此告一段落，接下來介紹個別採訪的女性所發表的眞心話。

●我和辰見大師並沒有發生肉體關係

我曾經用電腦上網搜尋，發現有些男性讀者寫了令我意想不到的留言，主要都是寫我和辰見大師有一腿之類的。辰見大師和我都很清楚彼此是工作上的伙伴，爲了避免尷尬我們不會有過於親密的關係。

若說我從沒想過要和辰見大師做愛，那是騙人的，但是我很怕自己會深陷其中，欲罷不能（笑）。再怎麼說我也有許多會寫信給我的男性粉絲，請各位男性讀者要相信我的清白啊（笑），不可以笑我喔（笑）！

那麼就請各位看看這些女性所發表的眞心話，裡面描寫了各種性愛的情節。

●想要快點體驗高潮的滋味

惠理（二十一歲・大學生）

我在打工的地方和一位就讀大學的男性交往，我們都是來自外地一個人獨居，所以見面的時候不需要擔心會有家人阻撓，我們常會到對方的公寓做愛。我和他已經交往將近兩年了，可是我到現在都還沒體驗過高潮的感覺。

不管怎麼說，我還是很喜歡插入的感覺，萬一害他不舉的話，那我們見面也沒意義了。不過每次我開始感到舒服的時候他就射了，根本不顧我有沒有獲得滿足，我心中的不滿和慾火他都不能幫我消解。說來有些不好意思，我常常會等他回去之後自己一個人自慰。我眞的很想快點體驗高潮的滋味。

●希望精液能注入我的私處

祥子（二十九歲・從事兼差的家庭主婦）

每個禮拜六晚上丈夫都會主動要求和我做愛，因爲我們很想要小孩，所以始終沒有採取避孕措施，丈夫也非常享受，他說不戴套感覺比較舒服，說來眞令人害羞（笑）。丈夫雖然會用一些基本的愛撫技巧，但主要都是他在享受我的身體，他常常要我幫他長時間口交，害我的下巴痠痛不已。他舔弄我也會花不少時間，可是那種舔弄方式與其說是愛撫，不如說是丈夫興奮過度用嘴在做愛，其實我希望他能愛撫我的性感帶。

我的高潮頻率？這就要看當天的身體狀況了，有時候性慾高漲的日子比較容易高潮。但平常多半是丈夫自己滿足以後就不管我了，這種時候我也只能拜託丈夫用手指幫我解決。我會把雙腿張開，然後丈夫看著我的下體做，就是用手指抽插的方式（笑）。

我希望丈夫能盡量將精液射進我的私處，就算我沒能達到高潮，只要丈夫覺得舒服就可以了。他偶爾會叫我用手幫他解決，我都要他直接插進來（笑）。

●一邊要擔心寶寶、一邊讓丈夫自顧自地抽送

貴子（二十六歲・帶小孩的家庭主婦）

妳問我床笫之間的事嗎？我有一個四歲的大兒子和幾個月大的小兒子，每天一早就要幫丈夫準備便當、洗衣服、哺乳，再來還要帶著兩個小孩子去買東西，等我回到家早就累癱了。

到了中午，四歲的大兒子會乖乖地睡午覺，才幾個月大的小兒子卻會一直哭鬧，偶爾他會靜下來睡覺，然後就換我睡得不省人事了。不過一定會有音量驚人的鬧鐘把我吵醒，那個鬧鐘就是我們家的小寶寶（笑）。

我當然也會有想做愛的時候，每當我跨在丈夫身上，我們家那個小鬧鐘又會突然發出驚人的音量，氣氛一下子就毀了，丈夫的陰莖也瞬間軟掉，我只好趕緊穿起內褲跑去照顧寶寶，眞是有夠丟臉（笑）。

雖然家事和帶小孩這兩件事搞得我精疲力盡，但丈夫有時候會想做愛，結果弄得我必須一心二用，一邊要擔心寶寶，還要一邊讓丈夫抽送。寶寶一旦開始哭，我做到一半還要伸手給他拍拍，然後丈夫在我上面自顧自地擺腰抽送，差不多就是這樣子。

第 4 章

愛撫女性性器的合併技巧

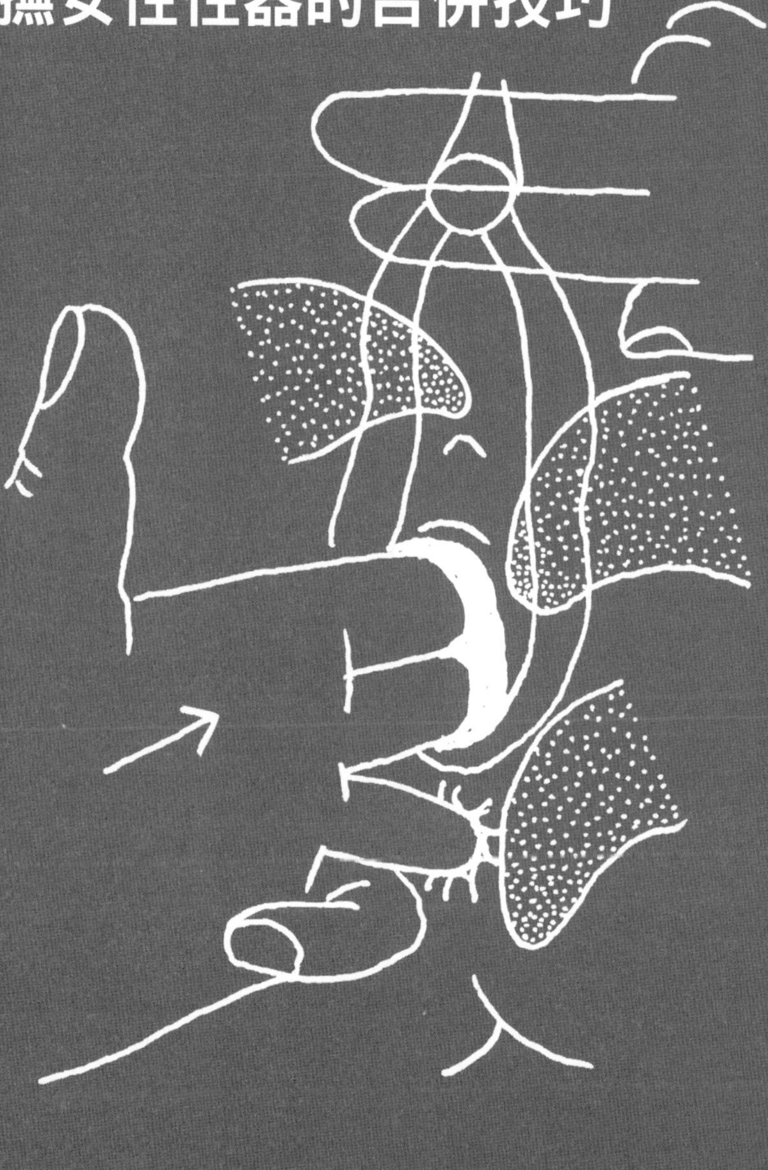

將手指插入陰道、肛門，同時揉搓陰蒂、舔弄性器的祕技

同時愛撫的合併技巧

在前文中也提到過，乳頭堪稱上半身的陰蒂，假設女性能藉由陰蒂獲得百分之百的快感，那麼乳頭即擁有百分之八十的快感，兩顆乳頭的快感所產生的相乘效果，能使快感超越百分之一百六十。前戲先以嘴吸吮、舔弄其中一邊乳頭，同時用手指愛撫另一邊乳頭，再將空下來的手伸到女方下體準確愛撫女性性器，這種愛撫方式也能為男性帶來難以估計的快感，保證男女雙方都能迅速獲得高潮。

只要同時愛撫上半身和下半身的陰蒂，就能讓快感達到最高潮。接著再將手指插入陰道和肛門，興奮度和快感度也會倍增。女方一旦體驗強烈的快感，便會主動露出陰蒂，這時可以伸出雙手愛撫上半身的兩顆乳頭，順便用舌頭舔弄外露的陰蒂。

效果顯著的四點愛撫攻勢

愛撫上半身陰蒂的方法請各位參照《極致愛撫①——胸部特集》一書。在愛撫兩顆乳頭的同時，將手伸到下體，以食指和中指插入陰道，並用大姆指刺激陰蒂。上半身的兩顆乳頭和下體的陰蒂同受愛撫，陰部還被手指插入，這種四點愛撫攻勢會有非常顯著的效果。拇指持續上下左右揉搓陰蒂。

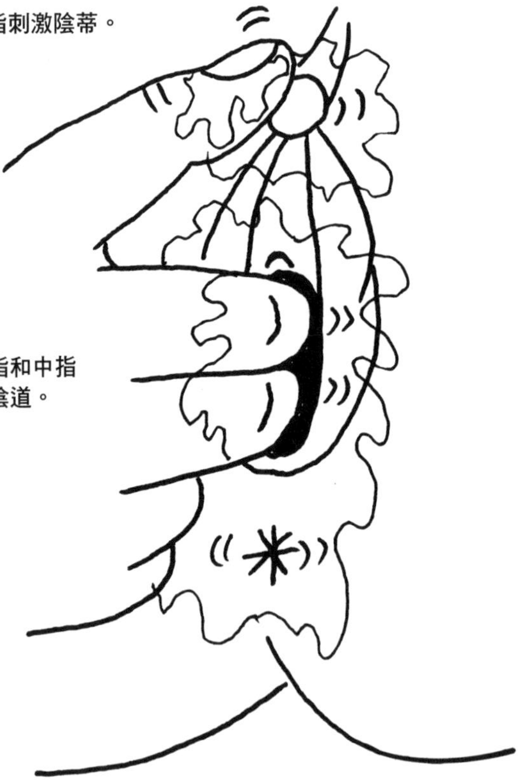

一邊愛撫上半身的兩顆乳頭，順便揉搓下體的陰蒂，並將手指插入陰道。

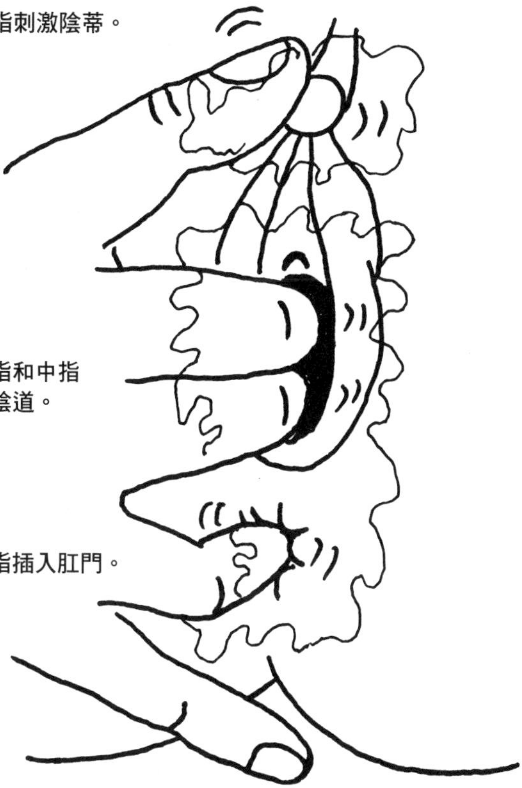
用拇指刺激陰蒂。
將食指和中指插入陰道。
無名指插入肛門。

當快感傳達到陰道口和肛門的入口時，這兩個部位會用力收縮，女方會享受到超級快感。

使用五點攻勢讓快感達到最高潮

女方如果已經體驗過強烈的肛門快感，在愛撫的時候將無名指插入肛門裡，可使女方的興奮度和快感度倍增。一邊愛撫上半身的兩顆乳頭、一邊用拇指刺激下體陰蒂，再將食指和中指插入陰道，同時可隨個人喜好用小指或無名指插入肛門。陰道和肛門只要被異物插入就會很舒服，乳頭和陰蒂的快感會傳達到陰道口及肛門的入口。

●異物插入的快感效果驚人

用舌頭和手指愛撫乳頭能爲女性帶來無與倫比的快感，這時如果還能用拇指準確地愛撫陰蒂，並將手指插入陰道，女性全身將會化爲性感帶，進而迅速達到高潮。

陰蒂被愛撫的快感會傳達到陰道口，使陰道口收縮夾住手指。陰道口收縮的那一刻也十分舒服，異物插入陰道的效果非常驚人，有些女性的陰道甚至偏好被食指、中指、和無名指插入愛撫。至於女方究竟喜歡兩指或三指，你實際試過就會知道了。在此要注意的是，有些女性也很喜歡肛門被手指插入的感覺，這種情況下肛門會用力收縮夾住手指，快感度會大大提升。

舔弄女方主動露出的陰蒂

完全包莖的龜頭即使被口交，快感度也會銳減。同樣的道理，完全包莖或假性包莖的陰蒂即使被舔弄，快感度也會大大降低。若事先能準確地愛撫陰蒂，

給予女方高昂的快感，再來只要引導女方，提高她露出陰蒂的意願，她便會自己動手，陰蒂外露後你即可安穩地舔弄。陰蒂外露的女性性器會形成強烈的視覺刺激，激起你舔弄的慾望。

女方主動露出陰蒂。

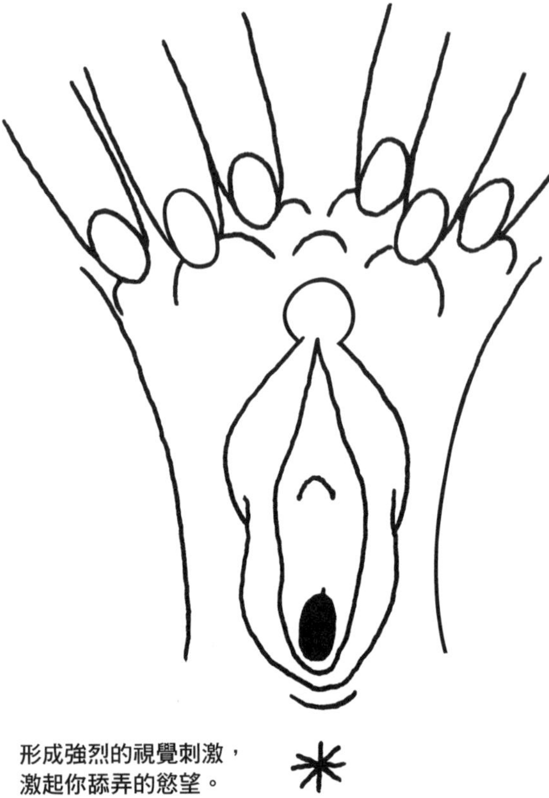

形成強烈的視覺刺激，激起你舔弄的慾望。

●沉醉於快感中主動露出陰蒂

通常我會先露出陰蒂再讓男性舔弄，不過一般來說，主動露出陰蒂是一件相當羞恥的行爲。然而，假如男性能夠時常用精確的愛撫給予女性強烈的快感，則女性會願意主動露出陰蒂。

你只需要引導女方，提高她露出陰蒂的意願，沉醉在快感當中的她就會自己動手。因此請你務必要好好舔弄性器，使女方獲得足以忘掉羞恥的高昂快感。

主動露出陰蒂的女性性器對男性是一種強烈的視覺刺激，男性朋友看了肯定會非常興奮。切記，陰蒂若能享受到超級的快感，主動露出陰蒂的行爲也會讓女方感到興奮。

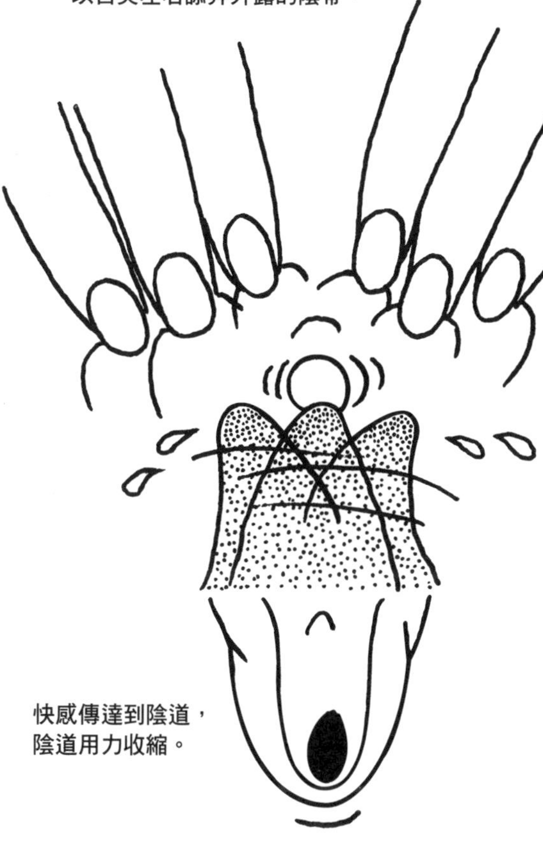
以舌尖左右舔弄外露的陰蒂。
快感傳達到陰道，
陰道用力收縮。

給予外露的陰蒂強烈的快感

伸出雙手愛撫上半身的兩顆乳頭，同時用舌尖左右舔弄外露的下體陰蒂，這種方法能迅速帶給女方強烈的快感。由於這一招的效果非常大，女方的下腹部會微微顫抖，陰道和肛門也會用力收縮，快感度急速飆升。左右舔弄的技巧不管對何種陰蒂都十分有效，在三大陰蒂同受愛撫的情況下，大多數的女性都會直接高潮。

●單靠舌技使女方高潮

如上圖所示，用舌尖左右舔弄能給予外露的陰蒂最佳的快感。這種方法除了刺激性強以外，舌尖集中刺激陰蒂也能不斷給予女方高昂的快感。持續用這種方式舔弄，單靠舌技也能讓女方獲得高潮。

陰蒂是人體唯一一個爲了得到快感而存在的器官。當陰蒂被舌頭準確地愛撫，陰道口會反覆收縮、迫不及待地想讓陰莖插入。興奮難耐的陰道會變得超級敏感，一被陰莖插入就會瞬間奔向高潮。你可以任意地擺腰抽送，保證女方會欲仙欲死，直達天堂。

敲擊外露的陰蒂

為了滿足陰莖射精的慾望，龜頭比較偏好單純的刺激，而這種刺激方式容易讓陰莖繳械。相反地，陰蒂是為了獲得快感而存在的器官，因此比較偏好多樣化的愛撫和刺激，這種刺激方式能讓女性從容地享受快感。首先用舌尖左右舔弄一番，之後再用舌尖敲擊陰蒂。不管是左右舔弄或是敲擊刺激都能帶給女性高昂的快感，你也可以用舌下部位舔弄陰道前庭後再敲擊陰蒂。

以舌尖敲擊女方主動露出的陰蒂。

●敏感度濃縮在小小的陰蒂裡

陰蒂被舌尖左右舔弄固然舒服，但被舌尖敲擊卻可以享受到不同於舔弄的強烈快感，女性很喜歡這種感覺。外露的陰蒂較易於男性施展安定且準確的舔弄技巧，女性會爲了享受更進一步的快感而積極地露出陰蒂。

陰蒂和男性的龜頭相比體積較小，但敏感度都被濃縮在這個小小的器官裡，而且承受刺激的面積又小又集中，所以對於刺激超級敏感。就我自己個人的經驗，以及受訪的眾多女性表示，男性愛撫陰蒂的技巧非常差勁。陰蒂的敏感度超級一流，可惜愛撫的技巧卻是三流，這就是女性無法獲得滿足的一大要因。

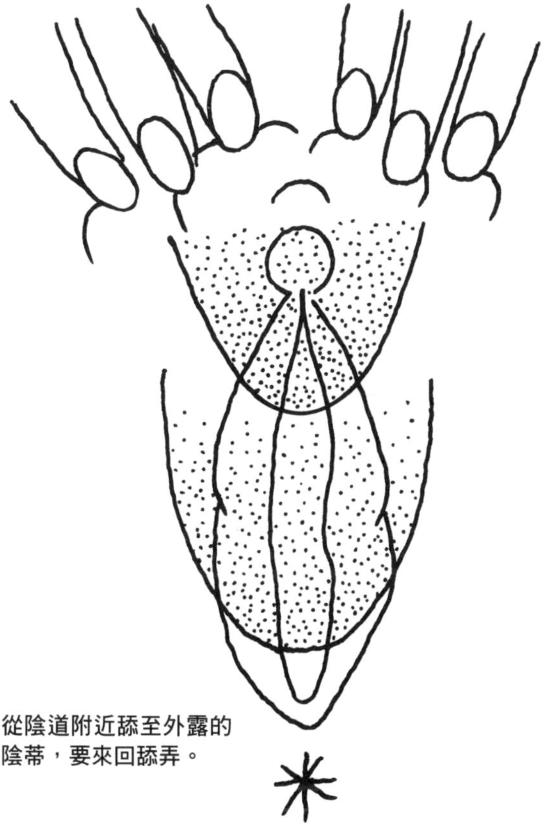

從陰道附近舔至外露的陰蒂，要來回舔弄。

讓陰蒂從容地享受快感

一般來說，只要準確地愛撫陰蒂，女性的性器會比男性的陰莖還要快高潮。那麼為何總是陰莖先繳械投降呢？理由很簡單，除了缺乏精準的愛撫以外，一旦做愛之後，男性大多只會一股腦地擺腰抽送使然。另外，陰蒂能依照不同的愛撫手法享受到不一樣的快感。記得要伸出舌頭，從陰道舔至外露的陰蒂，並且來回舔弄。

●女性能從容地享受快感

當陰蒂受到準確的愛撫、不斷獲得強烈的刺激，陰蒂龜頭的快感會比男性龜頭的快感還要興奮難耐。不過，陰蒂和陰莖不同，陰莖忍不住快感就會直接射精，陰蒂卻可以從容地享受快感。

首先伸出舌頭抵住女性的性器，然後舌頭從陰道舔至外露的陰蒂，女性便能慢慢享受這種從容的快感。聽說花蕊的快感和男性睪丸的快感非常類似，被舔弄也會很舒服。來回舔弄陰道、大陰唇、花蕊、尿道口、陰道前庭、陰蒂等部位，整個女性性器會變得舒服又興奮；如果還能同時愛撫兩顆乳頭，簡直是爽翻天了（笑）。

舌頭要用足以壓扁陰蒂的力道用力抵住外露的陰蒂。

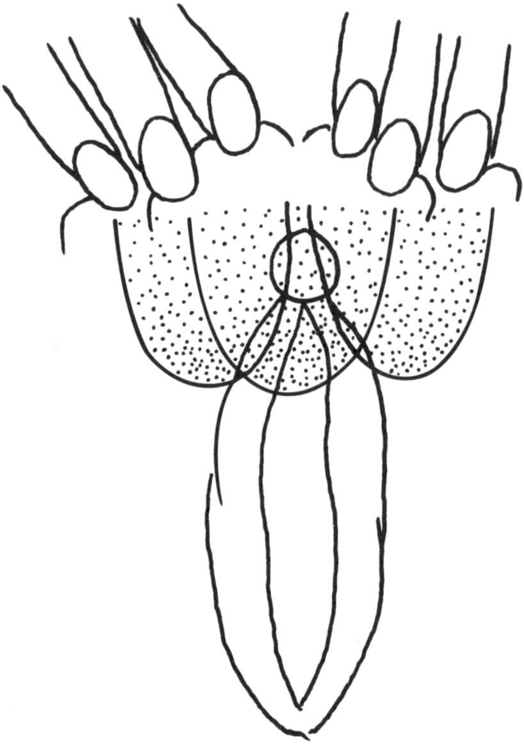

迅速左右擺動臉部帶動舌頭舔弄。

左右擠壓陰蒂

這一招的效果不同於左右舔弄陰蒂或是敲擊式的愛撫，將舌頭用力抵住陰蒂再舔弄的愛撫方式的刺激比較溫和，女性能夠長時間從容地享受快感。首先舌頭要用足以壓扁陰蒂的力道用力抵住外露的陰蒂，再來迅速左右擺動臉部帶動舌頭舔弄。當你開始左右擺動臉部，淫蕩的氣氛會瞬間增溫，女方的下腹部會因為快感而顫抖。

●龜頭原本是由陰蒂生成的

這種舔弄陰蒂的技巧對龜頭也同樣有效。許多女性如果沒接受男性的指導，根本不知道該如何舔弄陰莖，而擅長舔弄陰莖的女性就會按照上圖演示的方法舔弄龜頭的內側。不可思議的是，被這種方法舔弄的男性都會用同樣的舔弄方法來取悅女性。

陰蒂雖然細小，但陰蒂龜頭和男性龜頭的快感是相同的。各位讀者若能將女方的陰蒂龜頭當成自己的龜頭來舔弄，你的舔弄技巧將會產生不同以往的超級快感。女性舔弄男性龜頭的方法和男性舔弄女性陰蒂的方法有異曲同工之妙，前面也提到過，龜頭原本也就是由陰蒂所生成的。

三百六十度用力擠壓、舔弄陰蒂

由於陰蒂比龜頭來得細小，所以能用多樣化的舔弄方式，給予豐富多變的快感。首先用力伸出舌頭，將舌頭的中央部位抵住陰蒂，再以臉部畫圓，帶動舌頭三百六十度舔弄陰蒂。男性的龜頭無法體驗陰蒂被舌頭完全覆蓋舔弄的快感，這種方法同樣會產生溫和的刺激，女方能長時間浸淫在快感當中。換言之，女性的身體較能享受性愛的樂趣。

以舌頭中央部位用力壓扁外露的陰蒂。

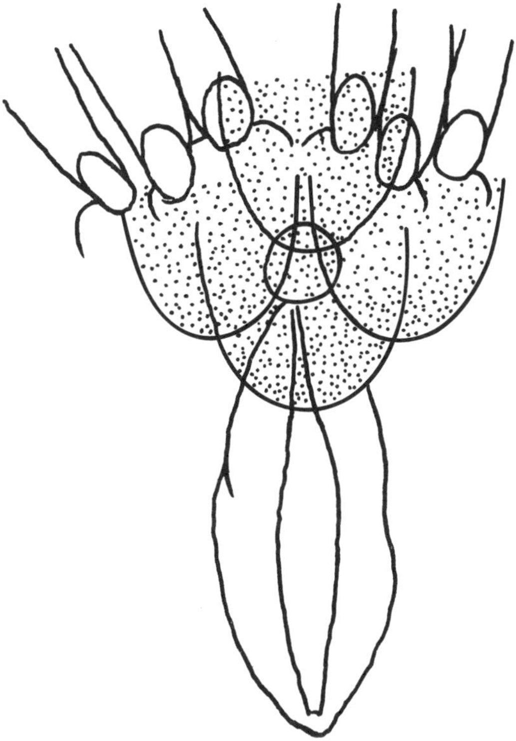

以臉部畫圓，三百六十度舔弄陰蒂。

●溼潤的女性性器會讓手指又溼又滑

許多女性非常支持上圖所演示的舔弄方法。當溼潤柔軟的舌頭覆蓋陰蒂，並用三百六十度的舔弄方式轉動陰蒂，陰蒂龜頭和陰蒂體會有種難以言喻的快感，這種快感會讓女性翻開包皮的手指不自覺地用力（笑）。

只要翻開陰蒂包皮，完全勃起的外露陰蒂會更加舒服，不論是完全包莖、被異常發達的花蕊覆蓋、亦或超級細小的陰蒂，都能享受到無與倫比的快感。假如女性真的覺得很舒服，即使手指被愛液弄得又溼又滑、陰蒂被包皮覆蓋，她們也會立刻把陰蒂露出來。

觀賞女性性器，同時進行愛撫

先徹底讓女方享受快感，之後將臉貼近女方下體觀賞其溼潤的性器，同時享受愛撫的樂趣。首先用手指插入陰道，這種行為就像在逗弄女性性器一樣，是一件非常興奮的事情。接下來注視著陰蒂，並用手指愛撫，那股快感會傳達到陰道，陰道會用力收縮夾住手指。每當陰蒂受到刺激時，肛門也會一陣收縮，這也是強烈的視覺刺激。

這一連串的動作都會持續帶給女性性器快感，因此就算女方張開雙腿，快感也會壓過羞恥心，你可對女方予取予求。慢條斯理地觀賞女性性器也是一種非常興奮的行為，說不定能無意間發現某些胎記、或是對花蕊的形狀感到興奮。陰毛的樣貌能讓女性性器看起來更加誘人，切記要將女方的整個性器深深烙印在腦海裡。另外，也可用手指抽插或探索陰道。

觀賞女性性器，同時用手指抽插陰道、摩擦陰蒂

徹底給予女方快感後，可先好好地觀賞女方氾濫成災的性器，並進行愛撫。首先將手指插入陰道，同時用另一手的手指摩擦陰蒂，快感會傳達到陰道，使陰道收縮夾住手指，陰道會因此享受到手指插入的快感。這種快感也同樣會傳達到肛門，每次手指摩擦陰蒂，肛門就會跟著收縮，形成強烈的視覺刺激。自己的性器被心上人觀賞而沉醉在興奮和快感當中的女方，意識會陷入恍惚朦朧的狀態，會有更多愛液從指縫間滲出來。

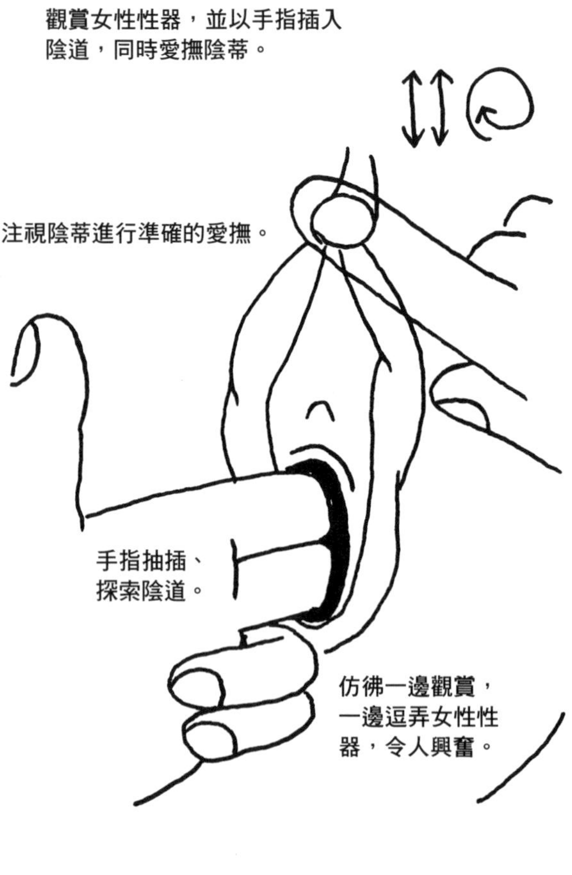
觀賞女性性器，並以手指插入陰道，同時愛撫陰蒂。
注視陰蒂進行準確的愛撫。
手指抽插、探索陰道。
彷彿一邊觀賞，一邊逗弄女性性器，令人興奮。

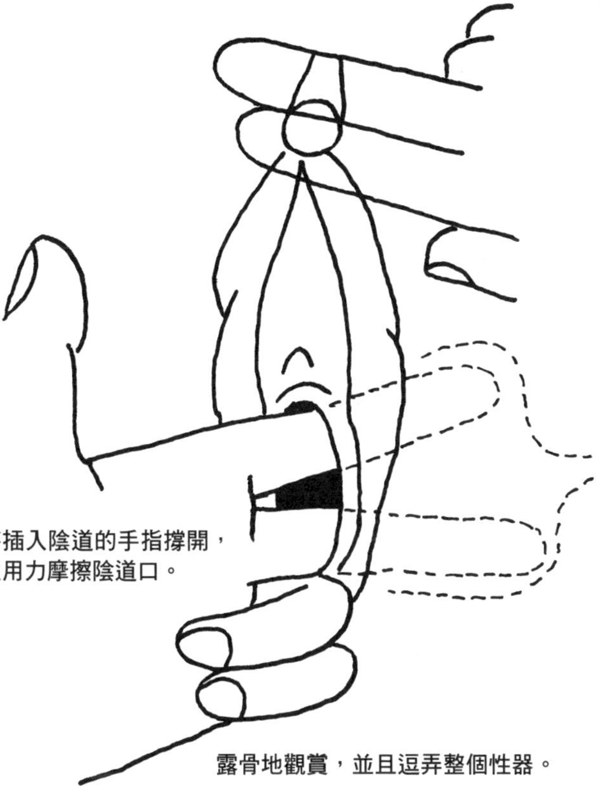
用兩根手指快速摩擦陰蒂。
將插入陰道的手指撐開，
並用力摩擦陰道口。
露骨地觀賞，並且逗弄整個性器。

以手指撐開陰道，並用力摩擦陰道口

先觀察氾濫成災的女性性器，並用兩根手指快速摩擦陰蒂，同時將插入陰道內的手指撐開，用力上下摩擦陰道口。陰道口內兩到三公分的位置是快感最高昂的部位，所以只要手指用力撐開該部位，摩擦的感覺會更為強烈。露骨地觀賞並逗弄整個女性性器的行為既興奮又愉悅，下面的文章裡三井京子會描述女性被逗弄的心情。

●也請讓女方逗弄你的陰莖

露骨地觀賞女性性器對男性來說是一種強烈的視覺刺激，再加上還能用雙手逗弄女性性器，想必男性會覺得開心又興奮吧！

不管是被露骨地觀賞性器、或者被逗弄性器，只要能讓男友興奮，女性就會感到開心。因爲男友的陰莖如果完全勃起，那就代表自己的性器引起了男友的慾望。這時羞恥會化爲興奮，同時還會有一種快感，所以請各位讀者盡情觀賞，並且舒服地逗弄女性性器。

在此我要代表女性提出一點要求，當你逗弄完女性性器後，也請讓女方逗弄你的陰莖。對女人來說，勃起的陰莖可說是最棒的成人玩具哦！

手指插入陰道同時舔弄陰蒂會讓雙方非常興奮

手指插入陰道逗弄，並且仔細觀賞女性性器的行為會激起你舔弄的慾望。先以手指抽插陰道，同時舔弄陰蒂，接著再伸出另一手愛撫乳頭，這時女方會因為愛撫的效果而劇烈扭動下腹部。手指插入陰道順便舔弄陰蒂的行為能提升淫蕩的氣氛，男女雙方都會非常興奮，而興奮感會使性愛的快感倍增。

手指插入陰道，同時用舌頭舔弄陰蒂，淫蕩的氣氛增溫，男女雙方都會非常興奮。

●最高等的技巧

愛撫到這個地步，女方應該已經舒服到腦袋一片空白了，這時請你繼續集中精神，隨自己的喜好來愛撫，女性在這種心境下會任你予取予求哦！

將手指插入陰道同時舔弄陰蒂的行爲不單只有男性會覺得興奮，女性也會感到興奮。這時如果可以連乳頭一起愛撫的話，那就稱得上是最高級的合併技巧了。

京子我一邊寫著原稿，私處也漸漸變得興奮難耐了，可惜時間已經很晚了，又不好意思把男伴找出來，只好用我的按摩棒來自慰了，今晚按摩棒的馬達聲響徹雲霄啊！我寫原稿寫到內褲都溼了，希望各位讀這本書時也會興奮勃起。

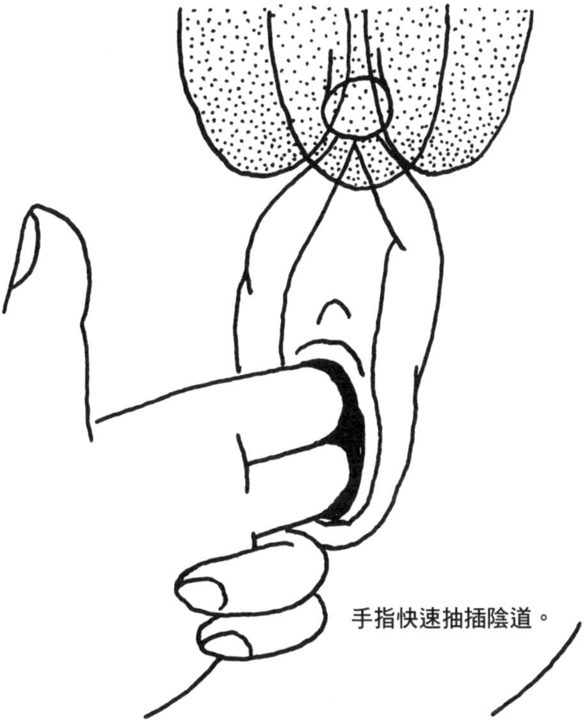
左右擺動臉部帶動舌頭舔弄陰蒂。
手指快速抽插陰道。

引導女方愛撫自己的乳頭

舔弄陰蒂的方法前面已經反覆講解過了許多次了，若再加上手指插入陰道的合併技巧，興奮度和快感度都會倍數上升。首先用手指抽插陰道，同時左右擺動臉部帶動舌頭舔弄陰蒂，陰蒂的快感會傳達到陰道，陰道收縮會感受手指插入的快感。這時你可引導女方，讓她愛撫自己的乳頭，看著女方揉搓、拉扯自己的乳頭會形成強烈的視覺刺激。

●女方情慾高漲難耐，主動請求插入

前面也說過了，當女方情慾高漲難耐，主動請求插入時，不管你進行到哪個步驟都可以直接和對方做愛。享受過女方口交而完全勃起的陰莖，將會爲敏感的陰道口周圍帶來至高無上的快感。

陰莖在被舔弄的時候，龜頭是引起興奮的重要部位，但做愛的時候陰莖的莖幹則比龜頭來得重要。莖幹摩擦陰道口附近的感覺非常舒服，有些女性的陰道口和陰道深處都能感受到快感，這種女性喜歡子宮被龜頭往上頂的感覺，遇到這種情況的話，陰莖的莖幹和龜頭就變得一樣重要了。切記，在擺腰抽送的時候，請刻意用莖幹摩擦陰道口。

三百六十度旋轉、揉搓、舔弄

用力伸出舌頭，以舌頭的中央部位用力抵住陰蒂，然後以臉部畫圓，帶動舌頭三百六十度揉搓、舔弄陰蒂。舔弄的動作愈誇張，淫蕩的氣氛會愈火熱。接著用手指抽插陰道，你也可以揉搓陰蒂，再從陰毛的間隙觀賞女方愛撫自己乳頭的情景，女方發出嬌喘的表情會為你帶來興奮感，舔弄陰蒂的舌頭也會不自覺地加重力道。

以臉畫圓，帶動舌頭三百六十度旋轉、揉搓、舔弄。

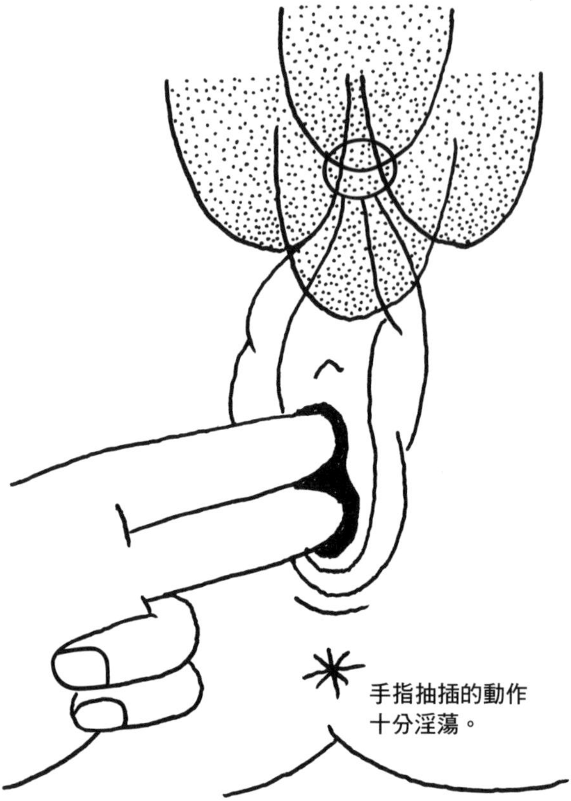

●舔弄陰蒂的舌頭要加重力道

女性愛撫自己的乳頭之所以會感到興奮，除了愛撫的快感以外，自己的自慰行爲被男方觀賞也是一大原因。女方被手指插入陰道，同時被舔弄陰蒂而發出嬌喘的姿態，會形成強烈的視覺刺激，男方會不自覺地加重舔弄的力道。

女性自己愛撫乳頭的快感，比起被男性愛撫的快感可說是天壤之別，但終究還是有某種程度的舒適感，最重要的是能讓自己興奮。當女性渾然忘我地享受性愛時，全身上下都能感覺到連綿不絕的快感。這時陰道早已氾濫成災，手指抽插陰道的動作可稍微激情一些，聽到陰道發出淫蕩的水聲會讓人非常興奮；當然，女方也會很舒服。

用舌頭不斷舔弄陰蒂。

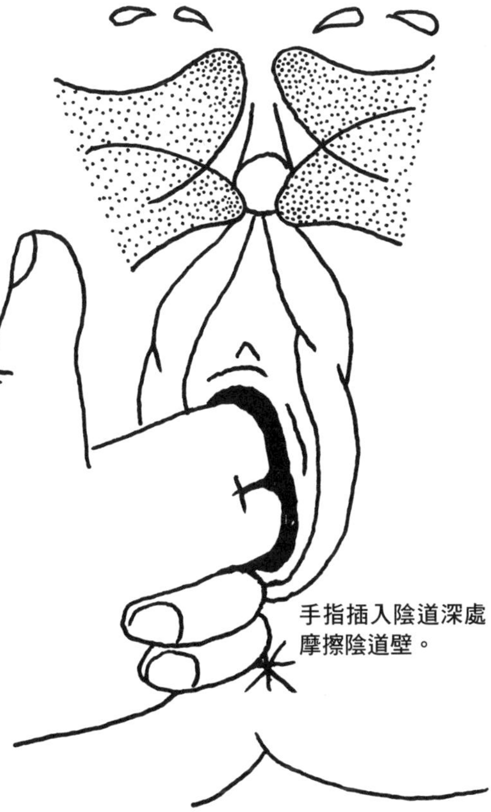

手指插入陰道深處，
摩擦陰道壁。

手指盡量插進陰道深處

手指要盡量插進陰道深處，還要用舌尖不停舔弄陰蒂。強烈的快感和興奮感會傳達到陰道，陰道會用力收縮夾住手指。手指可以選擇在陰道中保持不動、或者摩擦陰道壁。陰道壁本身雖然感覺較為遲鈍，但能感受到手指的動作，那種感覺會讓女方很興奮。另外，手指碰觸到陰道壁溼滑的觸感也相當舒服。誇張地舔弄陰蒂也能讓興奮度倍增。

●整個下體彷彿快被融化一樣

男性的性感帶主要集中在龜頭，可女性在幫男性套弄陰莖的時候，請男性把雙腳張開，這時妳會看到肛門因為快感而反覆收縮的樣子，這是因為龜頭的快感傳達到肛門口的緣故。

這種情況若發生在女性性器，女性的整個下體都會成為性感帶。當陰蒂被不斷舔弄，強烈的快感會傳達到插著手指的陰道，插入陰道深處的手指會被緊緊夾住，形成強烈的快感。當然，陰蒂和陰道的雙重快感也會傳達到肛門，這種快感比男性的肛門快感還要強。通常我會請男伴把手指插入我的肛門，那種快感就好像整個下體快要被融化一樣哦！

運用手指與舌頭的合併技巧

首先用手指抽插陰道，並將無名指塞進肛門裡攪動。同時用另一手的手指準確地愛撫陰蒂，舌頭則要不斷舔弄整個女性性器。根據三井京子在上一節的描述，這種運用手指和舌頭的合併技巧所帶來的快感，會讓整個下體好像快要被融化一樣。舉凡陰蒂、花蕊、大陰唇、陰道前庭、尿道口、陰道、會陰、肛門，乃至整個下體都會化為性感帶。尤其是被手指抽插的陰道，會迫切地希望被真正的陰莖插入。

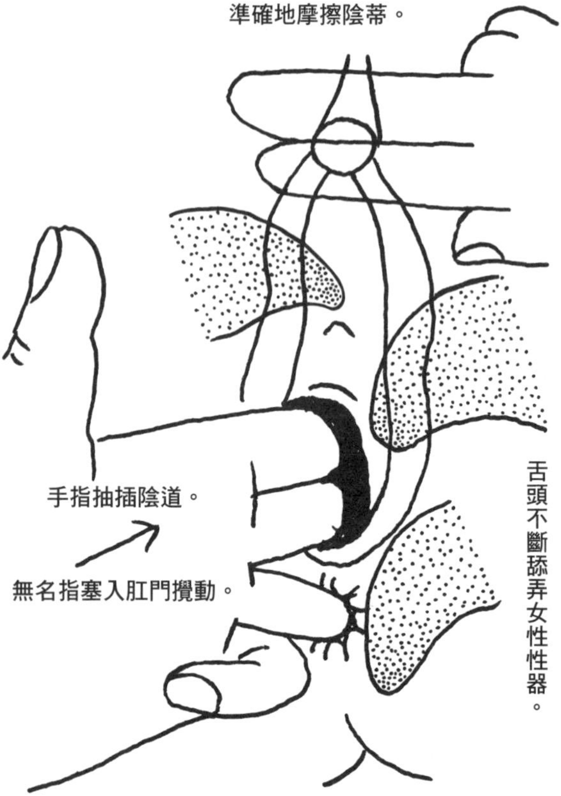
準確地摩擦陰蒂。
舌頭不斷舔弄女性性器。
手指抽插陰道。
無名指塞入肛門攪動。

●整個下體融為一體

這裡我再稍微詳細描述一下下體彷彿要融解的快感。陰蒂屬於強烈的快感器官，這點大家都知道，但連接著陰蒂的兩瓣花蕊其實也是性感帶，左右兩邊飽滿的大陰唇被舔弄時也會有搔癢的快感，陰道前庭和尿道口被舔弄也非常舒服。

陰道是最強烈的性感帶，這也是眾人皆知的事實，不管是被舔弄或插入，舒服的程度都是超級一流。會陰和肛門的舒服程度也相當不錯，整個下體的所有快感會交融在一起，化爲一體，如此一來便可輕而易舉引導女性達到高潮。性交之後你可盡情地擺腰抽送，保證女方會比你先高潮，又或者兩人會一起高潮。

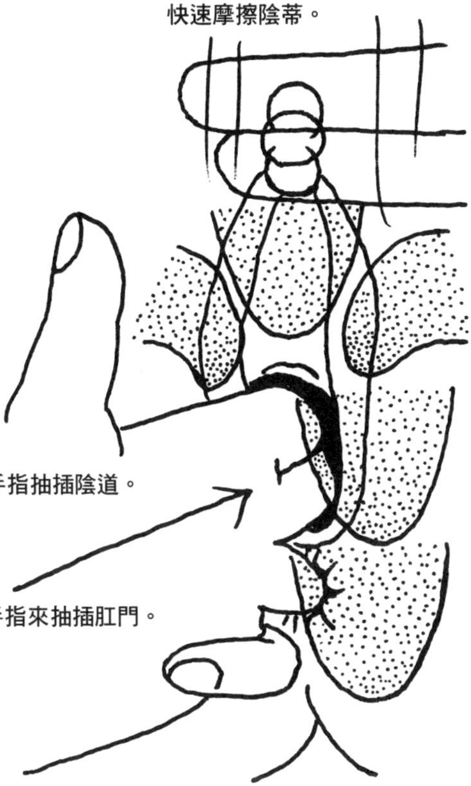
不停地誇張舔弄女性性器。
也用手指來抽插肛門。

試著運用手指和舌頭讓女方高潮

三井京子在前面曾經說過，近來AV業界似乎很流行手淫的成人影片，在風月場所，這種半套手淫的服務也有許多死忠的支持者。這種服務的內容，主要是讓女性用手套弄陰莖直到射精，這是一種單方面接受女性服務的行為。按照三井的說法，現在也有許多女性希望能單方面接受服務直到高潮。因此，請各位試著運用手指和舌頭讓女方高潮吧！

●不需做愛就能高潮

男性常常會要求女性用手幫他們解決需求。女性固然能用手滿足男性的慾望，但男性射精之後，女性的興奮又該由誰來解決呢？這時女性的手上還殘留著套弄勃起陰莖的觸感，看到男性射精的興奮感一時也還平息不下來。在男性射精後，就算女性要求男性幫自己服務，男性也早就失去性慾了。

因此，我認爲最好的辦法是：一開始先由男性幫女性服務，等女性高潮以後，再換女性幫男性服務；其實女性也想體驗沒有性行爲的高潮。按照上圖講解的愛撫方法操作，便能輕易帶領女方直達天堂，請務必要讓你的女伴高潮。

插入四根手指刺激G點

G點約在陰道口內四到五公分（主要還是因人而異）左右的位置，位於陰道壁上方的一個小區域。那個位置也是女性的尿道海綿體，只要稍加刺激，G點便會微微膨脹，興奮的時候甚至還會從尿道分泌出黏性的液體，並從尿道口噴射出來。

這一瞬間會產生強烈的快感，有些女性的G點被手指或陰莖刺激也會有強烈的快感，但也有人無法注意到這種感覺。要用手指插入陰道尋找G點並不是一件容易的事，不過你可試著刺激陰道口內四到五公分左右的部位，再藉由女方的反應來確認大致的位置即可。

若要用陰莖刺激G點，只要用龜頭的前端摩擦就行了。G點的快感雖然因人而異，然而體驗過這種強烈快感的女性，一般都會增加更多性感帶哦！

試著尋求G點這個性感帶

上面已大略說明了G點的位置，但明確的位置和快感的區域會因人而異，所以你可以沿路刺激來尋找正確的位置。女性如果覺得這種刺激很舒服，經常刺激便能成功開發G點這一性感帶。少數女性會因此體驗到非常強烈的快感，對於這種女性，你只需以舌頭愛撫她外露的陰蒂，她的陰蒂、陰道口、G點會產生三重快感，快感相乘的效果威力驚人，難以估計。

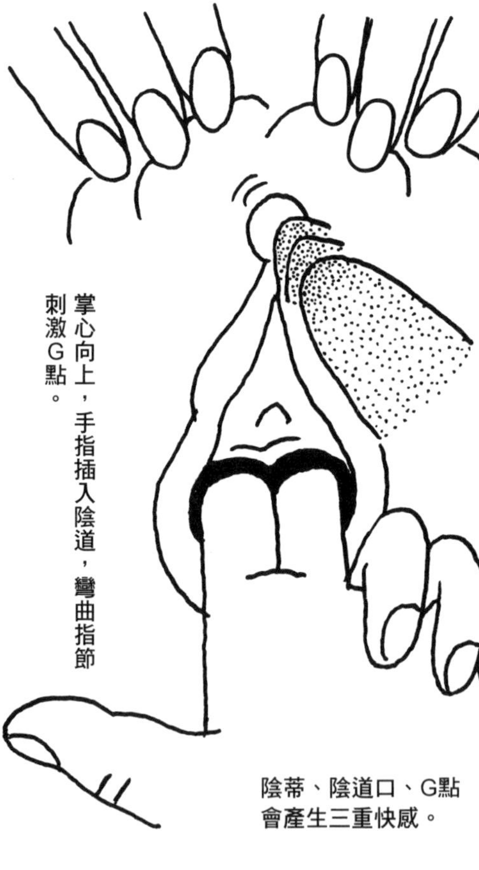

掌心向上，手指插入陰道，彎曲指節刺激G點。

陰蒂、陰道口、G點會產生三重快感。

簡單明瞭地說明G點位置

接下來以陰道的側邊剖面圖來進行說明。G點大約位在陰道口內四到五公分的位置，位於陰道壁上方的一個小區域。G點的位置因人而異，必須彎起手指沿路刺激才能找出正確位置，在探索G點的時候順便觀察女方的反應，或者直接詢問女方哪個部位比較舒服也是個方法。三井京子在下面會寫到關於G點的心得，據她所言，G點擁有很強烈的快感，稱得上是她的第三個陰蒂。

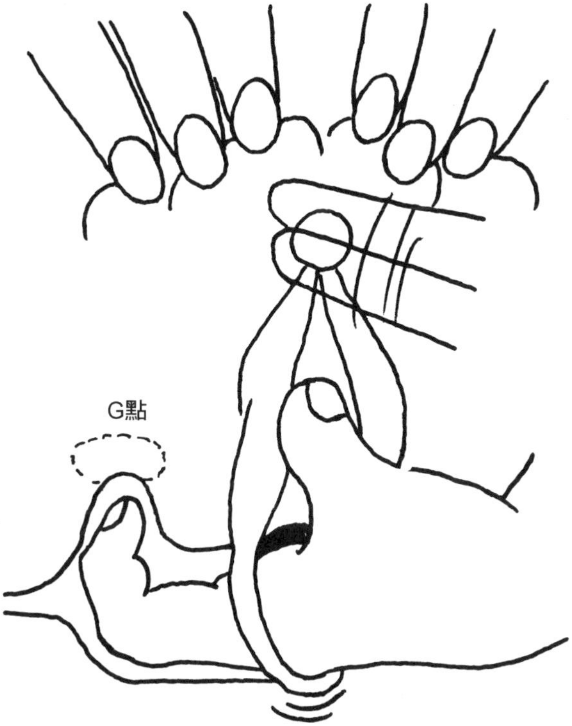

探索G點、抽插陰道，同時愛撫陰蒂，很快就能讓女性高潮。

●第三個陰蒂的快感

我的G點性感帶是慢慢被開發出來的。在做愛的時候，如果男方只顧著探索G點，便會疏於愛撫女方。在探索G點時，別忘了用手指摩擦陰蒂、抽插陰道爲女方帶來快感，相信不久之後你就會挖掘到女體的金礦（G點的快感）。請依照上圖所示的方法，一邊愛撫女性性器，一邊探索出G點的位置。

G點雖然是所有女性共有的性感帶，但並非所有的女性都能藉由G點獲得強烈的快感，沒有發現G點快感的女性反而占了絕大多數。對我來說，G點可以說是乳頭以外的第三個陰蒂，快感非常強烈，簡直讓我欲仙欲死呢（笑）！

做愛前用力摩擦陰道口

如果能順利找出女方的G點，並成功讓女方體驗到G點的強烈快感，接下來便能輕易讓女方高潮。第五章將為你介紹如何用陰莖愛撫女性性器與做愛的方法，在此之前，先用手指摩擦陰道口，使女方更加興奮難耐，這時兩手的四根手指已經準備好要插入女方氾濫成災的性器了。女方被手指抽插固然會感到興奮，但女方更期待自己接下來會被如何擺布，這種期待感比被手指抽插還要令人興奮。

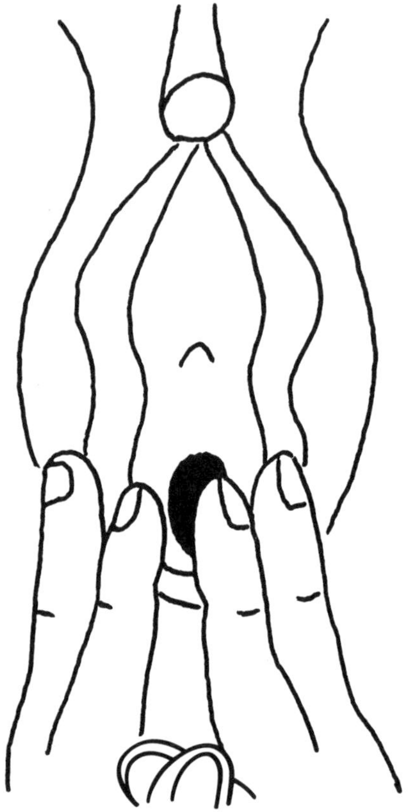

用拇指刺激陰蒂。

●四指插入的被虐感覺

陰道和陰道口具備十分良好的延展性。被兩手的食指和中指一起插入陰道，這種被虐的感覺會讓我非常興奮。前文也已提過，陰道口內兩到三公分的部位擁有很強烈的性感帶，這時興奮難耐的陰道若被四根手指撐開陰道口抽插，女性會非常舒服，男性則會非常興奮。

在性愛的過程中，意外的舉動能帶來意想不到的興奮感。性愛最講究的就是興奮和快感，像蓋印章一樣一成不變的性愛不但會使興奮度和快感度降低，也容易落於俗套。將四根手指插入陰道的技巧，我相信你和女伴應該都還沒嘗試過才是，這一招一定可以爲你們帶來非常興奮的效果。

手指插入的同時強迫女方自慰

當四根手指一起慢慢插入陰道中，陰道口漸漸被撐開的景象會形成強烈的視覺刺激，這種玩法超級興奮。你可以依照女方的喜好將手指插入深處，或是在陰道口附近摩擦，總之要先用雙手找出女方的喜好。為了讓彼此能更加興奮，你可以試著請求女方自慰。一邊觀賞女方自慰，同時用四根手指抽插陰道可以刺激你的陰莖完全勃起，興奮度亦將達到最高潮。

請求女方自慰。

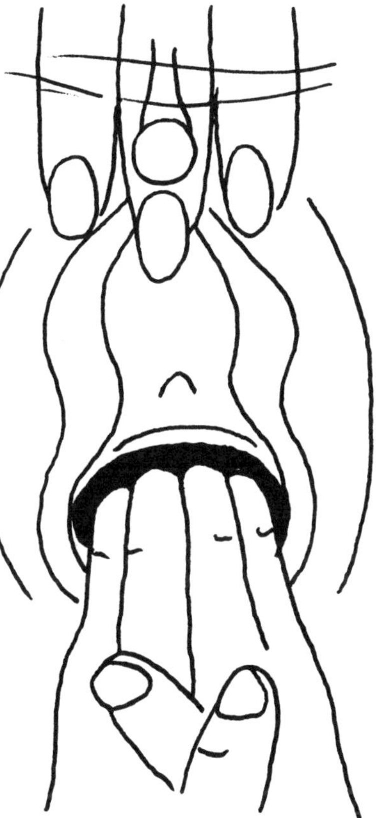

觀賞女方自慰，並用四根手指抽插陰道。

●強迫女方自慰

這種玩法實在太淫蕩、太舒服了，不過玩起來眞的很興奮而且很開心。首先你要凝視著女方的性器，然後將四根手指插入陰道，接著請求女方自慰。要是女方願意乖乖配合，她的理性防線便會輕易瓦解，再怎麼淫蕩的行爲她都會願意配合。

愛撫到這個程度，性愛的興奮和舒服程度將會更進一步，我和男伴做愛的時候，會先決定好當天的主題。如果當晚的主題是「強迫」，而且是我被男伴強迫的情況下，我會遵從男伴的任何命令；假如換我強迫男伴，我會化身爲高傲的虐待狂女王（笑）。變化多端的性愛非常有趣喔！

手指的動作要像陰莖抽插的動作一樣

根據三井京子的採訪資料統計，意外地發現有許多女性從來沒被手指抽插過陰道。另外，也有很多女性希望能被手指抽插。各位千萬別以為只要先愛撫陰蒂再做愛就一定能讓女性高潮，有很多情況只是看似高潮，其實並沒有真正高潮。要先徹底愛撫陰蒂，然後用手指插入興奮難耐的陰道，才能讓女性的情慾更為高漲，迫不及待地主動懇求男性插入陰莖。

在第四章的最後，我們來複習一下手指插陰道的方法。一開始將手指插入陰道時，要模仿陰莖的抽插動作摩擦陰道口附近，好讓手指沾滿愛液，如果要直接做愛也記得必須先讓陰莖沾滿愛液。接著用細微的動作抽動手指，等快感愈來愈高昂，再將手指插入陰道深處。

先讓手指沾滿愛液再抽送

讓我們來複習一下手指的抽插技巧。首先用指尖插入陰道，以細微的動作摩擦陰道口附近，好讓手指能沾滿愛液。陰道口的快感會變得愈來愈高昂，手指也會沾染更多愛液。前面也已提過，一邊觀賞女性性器，並且用手指抽插陰道是一件很興奮的事情。對於從沒用過手指抽插陰道的男性來說，會形成一種強烈的視覺刺激，彷彿在逗弄女性性器一般，男性的陰莖會興奮到分泌出前列腺液，而且完全勃起。

指尖插入陰道，以細微的動作讓手指沾滿愛液。

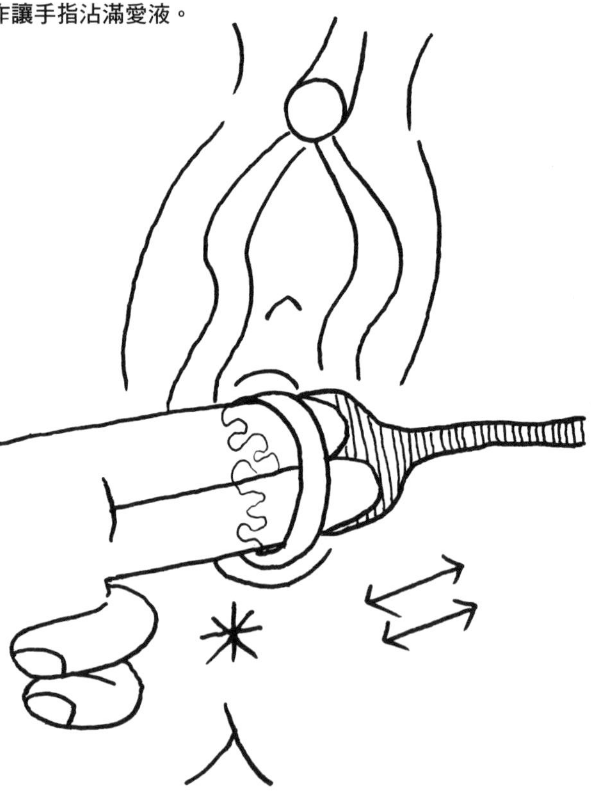

手指沾滿愛液後順利插入陰道深處

等指尖沾滿愛液、陰道口的快感也愈來愈高昂時，就可以一口氣順利插入陰道深處。這時大動作的抽動手指，手指摩擦陰道口的時間會變得更長，敏感度將會急速上升。一邊用大動作摩擦陰道口，同時用舌頭或手指愛撫陰蒂。若想直接讓女方高潮，在愛撫陰蒂的時候，記得以手指的中段為基準來抽插陰道。

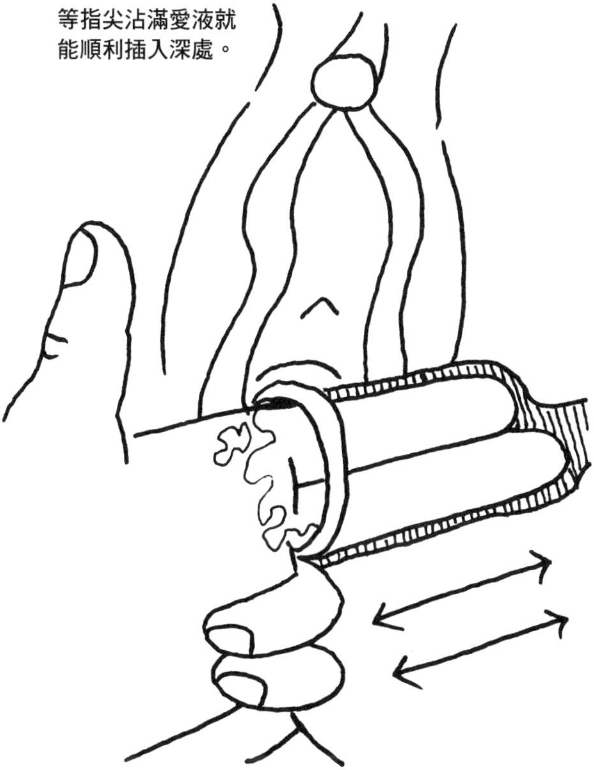

●請試著用手指抽插陰道

誠如前面所言，有很多女性從來沒被手指抽插過。這一點連我也感到意外，由於我採訪男性時並沒有詢問過這個問題，所以也不是很清楚，不知道男性朋友是認爲逗弄女性的性器很過意不去呢，還是覺得很不好意思。確實，用手指抽插女性性器也許是一件羞恥的事情，不過這樣一來雙方都會礙於理性的矜持，沒辦法享受性愛眞正的樂趣。

從沒被手指抽插過的女性讀者，以及從沒用手指抽插過陰道的男性讀者，請你們務必要嘗試一次，這樣彼此就能好好享受性愛。在介紹第五章之前，我們先爲你介紹接受採訪的女性們所發表的心聲。

●自慰反而更讓我慾求不滿

菜穗子（二十五歲・上班族）

我和丈夫都是上班族，平常做愛大多是在禮拜六晚上的時候。最近丈夫的公司因爲不景氣而開始裁員，他嘴上雖然說不怕自己會被裁，但男人的精神狀態很容易影響那話兒，最近他的那話兒完全硬不起來了。我很努力幫他口交，希望他能恢復元氣，結果他竟然直接在陽萎的狀態下射了。現在他的那話兒根本完全派不上用場，我總是感到慾求不滿。

至於我，我在公司的業績一直很有長進，績效獎金也增加了許多。丈夫就職的公司如果營收亮眼，他就算再怎麼加班，那話兒也還是很有精神。畢竟我的職場生活也過得很充實，因此我也想好好享受性生活，可惜丈夫一旦精神不振，那話兒也同樣提不起精神。

妳問我怎麼處理自己的性慾？說來有些不好意思，老實說，他出門的時候我常會自己解決。可是，高潮以後我總覺得非常空虛，明明已經結婚了還必須自己解決，這點更讓我慾求不滿。

●雖然目前對性生活沒有什麼不滿

瑞惠（三十一歲・新婚）

我才剛結婚三個月（微笑），我和丈夫是在相親派對上認識的，結婚典禮當晚是我們第一次做愛（微笑）。啊，當然我並不是處女（笑）。但那一晚感覺眞的很不錯，由於我們喝了一點小酒助興，我眞的已經很久沒有體驗那麼激情的性愛了。

現在丈夫還會時常提起那一晚激情的性愛，我很怕被丈夫當成愛玩的女人，所以我都說那是丈夫技巧高超的緣故，他聽了之後每天晚上都會跟我做愛呢（微笑）！目前我對性生活是沒有什麼不滿啦，但我希望他能對我做一些比較淫蕩的事情。妳問我希望丈夫做什麼淫蕩的事情？這種事太害羞了，人家說不出口啦（笑）！

我以前的男性關係？我是和幾個人交往過，也曾經和交往的對象同居過。和過去那些男性比起來，丈夫的性愛很單純，少了一點興奮感，不過對於結婚這件事我覺得很幸福，所以現在和丈夫做愛也非常幸福，彼此都還覺得對方的身體很有新鮮感嘛（笑）！

●自從那次以後他就再也沒來找我了

麻衣（二十三歲・事務員）

我目前沒有男友，雖然我也很想交一個，但我並不是那種積極的類型，我希望對方能主動來追求我。關於性愛嘛，要是能交到男友的話我也想嘗試一下，我外表看起來雖然有些乖巧，但我對性愛是很積極的，口交的技巧應該也不錯，前男友也和我玩得很開心，我連精液都喝過喔！

爲什麼我們會分手呢？嗯……我自己也不曉得耶！他說他覺得很沉重，我不懂他這麼說是什麼意思，我爲他付出了一切，性愛也是任他予取予求啊！我們一開始的關係還不錯，後來就漸漸惡化了。我並不清楚其他情侶做愛會玩什麼花樣，至少我任何玩法都能接受。

就連強暴的玩法我都試過喔！男友還叫我要認眞抵抗，我也眞的認眞抵抗了。然後他興奮地把我的衣服撕開，而且還動手打我。結果我眞的被強暴了，臉也被打腫了，自從那次以後他就再也沒來找我了。

●我們每晚都像磁鐵一樣黏在一起

麻里（十九歲・專科生）

我的男友和我就讀同一間專科學校，我們現在同居在一起，我和他都來自鄉下，彼此都把第一次獻給了對方（笑）。還記得第一次做的時候，我們兩人既緊張又興奮，即使我們擁有性愛的知識，但到了實際做愛時卻不曉得該怎麼辦才好。

當時我實在太過緊張了，乳房被愛撫也完全沒感覺，他用手指愛撫我的私處還摸錯地方了呢（笑）！不過我們還是非常興奮，他堅挺的陰莖抵在我的腰部，令我心跳加速。我拜託他先戴上保險套，於是他轉過身去準備了好一陣子。沒想到他呻吟了一聲，竟然直接射出來了（笑）。

剛開始我們只是靜靜地躺在一起，不久後他先笑了，我也跟著笑了出來。多虧這一笑，我們消除了緊張感，終於眞正做愛了。從那天起，我們每晚都像磁鐵一樣黏在一起（笑），覺得我們變成這個世界的中心了呢（笑）！

●我大概賣了四、五次處女吧

眞紀（十九歲・超級市場員工）

我最感興趣的就是男人了，超級市場的同僚都是一些無聊的歐巴桑，整天只會說丈夫的壞話，再不然就是講一些不好的流言蜚語，煩死人了。那些歐巴桑啊，一定是缺乏性生活的關係，所以不說別人壞話她們就活不下去（笑）。我的第一次是在中學二年級時，以五萬元賣給援交的大叔，我大概賣了四、五次處女吧！

那時候我還不懂事，一有錢就買名牌貨，結果被父母發現我在援交，爲了反抗父母，我選擇了自甘墮落。我的中學畢業證書還是父母幫我去領回來的，中學畢業的學歷連便利商店都不肯雇用我，現在這個超市的工作是父執輩的親戚幫我介紹的。

現在？我現在可是很認眞工作喔（笑），可是我的身體已經不能沒有男人了，可以說是中男人的毒了吧（笑）！我是那種很容易就會被搭訕的類型，只要對方感覺還不錯，我很輕易就會和對方上床。男人讓我非常興奮，而且做愛眞的很舒服，目前爲止，我睡過的男人數都數不清了。

●他直接把那話兒插進我口中

誠子（三十四歲・徵婚中的上班族）

公司的年輕女職員給我一種長江後浪推前浪的感覺，讓我很緊張，好像經歷過三次世代交替的感覺（笑）。我現在正努力徵婚中，在徵婚派對上雖然也和某些對象相談甚歡，但我不願意妥協擇偶條件，所以現在還是單身。我的條件是要有不錯的收入，身體不健康的、過胖的、禿頭的我一律不接受，然後要溫柔、有包容力，年紀四十歲以下。符合這種條件的人，就算沒參加相親派對，自然也會吸引一堆女性，因此我始終沒找到條件相符的對象。

有一次，我試著降低門檻和某個男性約會。妳覺得從事徵婚活動最重要的是什麼？我認爲是性愛。因爲我和那個對象約會了幾次，兩人很自然地接吻，然後一起去賓館。那時我已經很久沒做愛了，情緒很緊張。

一開始他還挺溫柔的，不久後竟然直接把那話兒插進我口中。兩個人第一次做愛會幹這種荒唐事嗎？他甚至想用錢說服我喝下他的精液，我大受打擊，於是直接穿上衣服逃出賓館，很悽慘對吧？

●我們曾經一整天都在做愛

典子（十九歲・大學生）

我前不久才失去處女，還不太了解私處的快感是怎麼一回事，只是男友插入我體內時，那種滿足感眞的非常幸福。當他享受著我體內的觸感，我也覺得很開心，下體好像還溼了呢！我現在還是有點不好意思讓他舔我的私處，不過我也漸漸體會到舔弄的快感了。當然幫他口交也是第一次嘗試，那是我有生以來第一次那麼興奮（笑）。再怎麼說，那也是我第一次親眼看到雞雞變大，眞的非常興奮，幫他口交的時候也是心頭小鹿亂撞，我都差點暈過去了呢（笑）！

兩個人在一起眞的很開心，待在他公寓的時候，我們總是黏在一起（笑）。偶爾會互相親吻、愛撫，接著很快就會做愛。學校沒課又不需要打工的日子，我們甚至曾經一整天都在做愛呢！

離開家鄉、住在公寓裡有一種自由的感覺。今晚我打算在他的住所煮咖哩，這種日子好像新婚生活一樣，眞的非常開心（笑），每次我煮咖哩的時候，他都會從我身後摸我的乳房呢！

●穿著職場套裝從事手淫特種行業

千鶴（二十一歲・特種行業小姐）

我是本書的作者京子小姐的酒友，我在很久以前曾接受京子小姐的採訪，告訴她一些風月場所的情報，後來兩人成了好朋友。我是在變裝俱樂部上班，平常會穿上各種不同的服裝來幫客人手淫。幹我們這一行是不脫衣服的，還有，最近職場的套裝很有人氣，顧客被精明幹練的女強人手淫好像會非常興奮（笑）。

客人可以隔著上衣摸我們的乳房，把手伸進裙子裡也沒問題。其他還有護士服、水手服、便利商店和宅配公司的制服。你一定很好奇怎麼會有宅配公司的制服吧？據說顧客都會幻想穿著制服的宅配大姐姐來自己家裡（笑）。

我也是有男友的。當然，他也知道我從事半套的手淫特種行業。畢竟幹這一行不用做全套，也不用擔心會被傳染性病，可以安心和男友做愛。男友常會問我當天幫幾個客人手淫，如果客人很多他就會醋勁大發，然後死命舔弄我的私處。等我存夠錢，我打算和男友一起經營拉麵店（微笑）。

●其實我有兩個男人

千里（二十歲・自由業）

我很喜歡做愛，只有一些比較特殊的女人會討厭做愛吧！跟男人做愛很舒服，所以我很喜歡男人，特別是雞雞勃起時的男人我最愛了（笑）。雞雞這種東西不管怎麼看、怎麼摸，我都不會膩呢！

其實我有兩個男人，一個是普通的上班族，另一個是會給我零用錢的有錢大叔。雞雞的大小和硬度是上班族比較強，但淫蕩的程度卻完全比不上大叔（笑）。大叔會執拗地舔弄我的私處，感覺非常舒服（笑）。可惜他的雞雞硬度不夠，就算被他插入也不容易高潮；不過柔軟的雞雞比較持久，他每次一定會讓我高潮。

上班族因為比較沒有錢，所以我會用大叔給我的錢請他吃飯，他也很喜歡我，做愛的時候總會滿足我的需求。當他幫我按摩性感帶時，我覺得自己就像女王一樣，心情會很愉快。只不過他稍微有點早洩，有時沒辦法讓我高潮。同時和兩個男人交往真的很快樂喔（笑）！

●女老師張開雙腿，露出紅色的性感內褲

朋子（二十九歲・從事兼差的家庭主婦）

我很喜歡色情小說，丈夫對此感到很訝異。我光是看到女老師和學生的標題都會覺得很興奮（笑），內容也很不得了喔，我來唸一段：「女老師張開雙腿，紅色的性感內褲陷進性器裡，學生看得目不轉睛，接著內褲散發出氣味……」看到這裡我已經慾火焚身，忍不住用手摀住私處。

丈夫是公務員，每天傍晚六點就會回家。吃完晚飯後離就寢的時間還很久，我的慾火還沒消解，因此每晚都會和丈夫做愛。丈夫每晚幫我處理性慾，體力非常好。看那種色情小說，真的會讓人變得跟書中的主角一樣淫蕩。我和丈夫的做愛內容我實在不好意思說出口，只能說我們的玩法真的很變態（笑）。

我們目前還沒有小孩，也不排斥懷孕，所以並沒有做避孕措施。沒有避孕措施的性愛其實也挺興奮的，尤其是精液直接注入私處的感覺特別興奮。如果日後喜獲麟兒，那都是色情小說的功勞（笑）。我是在網路書店買色情小說，看完後轉賣出去，再買新的色情小說。

●我希望能擁有類似性伴侶的對象

里奈（二十六歲・派遣員工）

我和好幾個男性發生關係，但其中並沒有我想結婚的對象，我也正在物色男友。妳問我的性愛觀念？我希望除了男友之外，還能擁有類似性伴侶的對象。畢竟和男友做愛會有所顧忌，有時沒辦法徹底解放身心。相反的，若是性伴侶的話，反正雙方打從一開始就是爲了做愛才在一起的，應該可以百無禁忌。

我過去和男性發生關係都是被動的一方，然而我其實是想採取主動的。例如跨坐在男人的臉上摩擦私處，或是對男人下達淫蕩的命令之類的，反過來被男人下達淫蕩的命令我也能接受。

身爲派遣員工總會有些令人不安的地方，當我回到公寓獨處的時候，心裡就會湧起一股想被男人侵犯的衝動。據說人類一旦長期處在不安的情況下，就會想藉由性愛來逃避現實，我大概就是這樣吧！說來慚愧，我和很多不認識的男人發生過關係，那種性愛雖然很淫蕩，但也治癒了我的心。

●把孩子交給父母照顧，自己和男人做愛

美佳（十九歲・打工族）

我目前待在老家，從事打工的工作來賺取生活費。我中學的時候不學好，到了高中還離家出走，結果懷孕不得不回家尋求協助。老爸雖然很生氣，但我當時已經懷孕九個月了，母親也只好讓我待產。老爸很疼孫子，可是他警告我不能再和男人交往，他說我要是再懷孕，他就要和我斷絕關係。

不過我眞的很喜歡男人，有時候假日我會對母親撒謊，找藉口把孩子交給父母照顧，然後自己和男人做愛。人生如果少了男人豈不是無聊透頂嗎？像我這種只有高中肄業、中學畢業的人要討生活眞的會很不安，要消除這種不安的心情只能和男人做愛了。被男人插入抽送的時候，我可以暫時忘掉父母和孩子，高潮時也很舒服，有一種解脫的感覺。

雖然父母會幫忙照顧孩子，但小孩子實在很麻煩，因此我現在一定會做避孕措施。有些男人希望可以不戴套直接做愛，我都會在插入前踹飛他們。即使我交到男友，對方一知道我有小孩，馬上就被嚇跑了。

●我試過三P的玩法

菜緒（二十四歲・金融業）

我對性愛有很強的依賴性，一有不安或煩惱的事情就會很想做愛。女人要和男人上床是很簡單的事情，在街上主動搭訕，或是一個人喝酒時遇到同樣獨自喝酒的男性，兩人只要看對眼，接下來的事情就很簡單了。由於彼此喝了一點酒，一進到賓館就能毫無顧忌地做愛。不管再怎麼淫蕩的玩法，或是沒辦法和男友或丈夫嘗試的玩法，都能如願以償，做完以後甚至全身都會動彈不得呢（笑）！

一旦在公司有不愉快的事情，我會極度渴求男人。這種情況下我會先去找男人，不會直接回家。偶爾會碰到中年紳士，或者年輕的上班族。有一次我還試過三P的玩法，那一次剛好和兩個上班族一起喝酒，大家很談得來，接著就順勢一起去賓館了。那是我第一次體驗三P，真的很舒服。下體和嘴巴同時被插入，一個男人結束馬上再換另一個男人抽插，我都快被搞到暈過去了。後來聽說他們兩個總共射了六次呢！

●丈夫年輕的時候體力非常好

美江（三十七歲・家庭主婦）

我怎麼好意思談性生活呢。咦，會有謝禮？可是我的經驗很無聊喔，況且我也很久沒有做愛了。丈夫年過五十還從事體力勞動的工作，他年輕的時候體力非常好，過了四十歲就忽然開始走下坡了。他最近常說體力活很累人，一直吵著要辭職。但是景氣這麼不好，他哪敢辭職呢，因此我們也就愈來愈少做愛了。

男人啊，工作順遂時那話兒也會很有精神，一旦開始煩惱工作的事情，那話兒也會失去元氣。妳問我會不會想要？其實沒性生活也沒什麼啦，只是一想起丈夫年輕時生龍活虎的樣子，我就很難保持平靜。

我們年輕的時候可厲害了，丈夫全身都是肌肉，非常有安全感，那話兒也硬梆梆的很有精神。討厭啦，害人家想起來了（笑）。真希望他能再像以前一樣充滿精神，現在要是讓我碰上以前的丈夫，一定會一發不可收拾吧（笑）！

●老實說和男友做愛讓我覺得很不滿足

綾香（二十四歲・證券公司職員）

一直到大學畢業爲止我都是別人的小三。我的家境清寒，連就讀大學的入學費都是跟人家借來的，每個月的生活費和學分費我都得自己想辦法張羅，那時我有在打工，該公司的社長知道我有經濟困難，便主動提出要援助我。我的第一次經驗就是在那個時候，社長很感激我把第一次獻給他，於是幫我把前期的學分費都繳清了，看到社長這樣幫我，我眞的很高興。爲了報答他，只要能讓他高興的事情我都願意做。

詳細的內容說起來有些不好意思，例如他說想看我自慰，我就眞的自慰給他看，連小便的樣子我都給他看過。多虧他的援助，就讀大學的四年間，我才能專心讀書，不必爲錢忙碌工作。現在我已經沒和社長交往了，但我依然很感謝他。

我目前有正在交往的對象，可是過去拜社長所賜，我徹底品嘗到了男人的滋味，這件事我一直沒告訴男友，老實說和男友做愛讓我覺得很不滿足。萬一我把以前的經歷告訴他，他一定會跟我分手的。

●只要有人向我搭訕，我很輕易就和人家上床

香織（十九歲・製造業）

我很想做愛。平常工作都是爲了討生活，根本沒什麼樂趣可言，整天就只會想著男人的事情。我工作的地方大多是女性，中午休息時到處都可以聽到別人在討論男人的話題。例如昨天約會之後做愛的情況、或是做了幾次之類的，總之都是些低俗的話題。我也很想和男人約會、做愛，所以我也和她們差不了多少。

像我們這種學歷低而且在工廠上班的女性，眞的滿腦子都只會想著男人的事情。只要隨便向一個沒有男友的女員工搭訕，很輕易就能和她們上床，她們的表情擺明了就是一副很饑渴的模樣。

我也跟她們一樣，只要有人向我搭訕，我很輕易就會和人家上床。我之前交往的男友純粹只是看上我的肉體而已，等他找到更好的對象，立刻就把我甩了。其實純粹看上我的肉體也沒什麼不好，反正我想跟男人做愛。工廠的工作日復一日，滿腦子都是男人的事情，想得我都快瘋了。

●女人比男人想的還要色。

香苗（二十六歲・上班族）

我雖然很想做愛，但目前沒有男友，要是能認識幾個砲友就能好好享受了。我時常和公司的女同事一起喝酒，大家的話題永遠都是男人。一提到只有性愛的男女關係，大家的眼睛馬上爲之一亮，氣氛也會變得很熱烈（笑）。有些人即使沒有男友也想要砲友，我猜這種女人應該不在少數。

時下有關性愛的情報不是很氾濫嗎？女人也變得比男人想像的還要色，好色的女人如果能結交到砲友，人生一定會很快樂。女人礙於矜持而不能和男友做的事，統統都可以和砲友做。我一直很想仔細地觀察雞雞、玩弄雞雞，雞雞是怎麼射精的我也很想見識一下。我本人是沒有親眼見過啦，但根據女同事的說法，雞雞射精好像很驚人的樣子。

一個徹底品嘗過男人滋味的女人若是沒有男伴，對精神心理上不是一件好事。獨守空閨的日子久了，人也會愈來愈好色，說不定還會抓狂，我想好好享受男人啊！

●私處好像快融化了

彩野（二十六歲・家庭主婦）

生完小孩以後，我的性生活變得很美滿。除了每次做愛都會高潮之外，我還會主動去套弄丈夫的雞雞（笑）。丈夫嘴上說不要，可是雞雞勃起後一定要射出來才能平息慾火，所以我會幫他口交來助興。丈夫舔弄我私處的技巧很好，我的私處好像都快融化了。

小孩也長到四歲了，看他沒有兄弟姐妹好像挺寂寞的，因此我和丈夫最近很努力「做人」。男人好像都抵抗不了直接內射的快感，丈夫總說要做好避孕措施，結果每晚都不戴套直接來呢（笑）！私處被精液注入，感覺連肌膚都會變得光滑。

丈夫的工作是排班制，偶爾會在週末以外的日子放假。早上送小孩去幼稚園後，我們有時會一起泡澡，我會幫他清洗雞雞，接著幫他口交。在浴室裡做愛還能順便清潔陰道，愛液也會源源不絕地流出，大白天做愛氣氛反而比較濃密。

●和男友拚命做愛

千夏（二十九歲・出版社）

平常工作太過忙碌，根本連做愛的時間也沒有。出版業本身雖然不景氣，但我負責編輯的雜誌銷量還算不錯，因此接近截稿日的那幾天，我甚至會在公司通宵加班。和男友超過半個月沒見面，老實說心情眞的有些惡劣（笑）。不過相對的，原稿付梓後會有兩到三天的假期，那幾天我就會和男友拚命做愛（笑）。

男人疲勞過度反而會激起積壓已久的性慾，明明身體很疲憊卻非常想做愛，女人也會有相同的情況喔！尤其是工作告一段落、身心俱疲的時候，私處會迫不及待地渴求那話兒。正好我們也很久沒交歡了，難得有機會做愛男友也很高興，心情也非常愉快。

因爲休假期間拚命做愛，等到要開始工作時就能帶著滿足的心情，愉快地前往公司上班（笑）。這幾年來的生活差不多都是這樣，充實歸充實，但常常會擔心雜誌的銷量下滑。三井小姐妳一能理解這種感覺吧，出版業是很嚴苛的。

●我立刻本能地從丈夫身上下來

藍（三十一歲・職業保密）

我已經結婚了，但我和丈夫整整一年沒有性生活。請容我沒辦法透露工作的內容，我的工作平常就很忙，不但要職夜班，甚至還有緊急呼叫。我們最後一次做愛的情況眞的很悲慘，那時我正跨在丈夫身上，通知緊急情況的手機居然響了，我立刻本能地從丈夫身上下來。看著丈夫鼓脹欲裂的陰莖，我很想幫他解決，然而我已不由自主地把內衣褲穿上了。

手機傳來的是急診病患的消息，我很快就把丈夫的事拋到腦後了。不過到了休息時間，一想起性慾得不到滿足的丈夫，我就感到很心痛，那時他的陰莖還沾著我的愛液呢！從那以後，我們一直處得不好，也沒有再做過愛了。三井小姐，妳是性學作家對吧？我該怎麼辦才好？其他的夫婦都是如何享受性愛的呢？

我只要想到做愛時可能會有緊急傳呼就很害怕，根本不敢做愛。彼此都快高潮了，結果卻因爲工作的關係中途停下來，這樣實在太殘忍了。希望我們的例子能讓大家引以爲戒。

●被那種不是特別有好感的男人抽插

早苗（二十八歲・ＯＬ）

女人最大的夢想就是找一個很棒的男友，可是和性愛扯上關係時，女人常會隨便找個男人上床。被那種不是特別有好感的男人揉搓、舔弄乳房，或是執拗地舔弄私處，自己反而會出奇地冷靜，有一種自虐的感覺，女人的確會有這種情況對吧！

被那種不是特別有好感的男人激情地抽插，我會很有快感，我應該就是俗稱的被虐狂吧！我喜歡被那種不是特別有好感的男人激情對待，被那些精蟲衝腦的男人露骨的視線掃視全身，我就會想捉弄他們一下。稍微故意挑撥一下，他們就會激情地對待我，那種感覺眞是興奮難耐。不過我還是想要一個很棒的男友。

二十八歲是一個有點尷尬的年紀，心裡雖然一直想著要交到很棒的男友，但隨著年紀漸漸逼近三十歲，夢想也開始慢慢破滅。最近我總覺得，和那種不是特別有好感的男人做愛，其實都只是便宜了那些男人而已。

●光吃豆腐男人怎麼可能會滿足呢

樹里（二十歲・酒店小姐）

店裡的生意超……級冷清，日子都快過不下去了。反正事到如今也找不到普通的工作了，但生活品質還是要顧啊，所以我目前從事私人陪酒的工作（笑）。我沒有想過要交男友，因爲男人很愛吃醋，而且又喜歡束縛女人。現在的生活既愉快，又能邂逅各式各樣的男人，賺得錢還比酒店薪水高呢！

客人大多是三十幾歲的社長，我的工作是去他們的豪華公寓陪酒，我會在大衣下穿上超短的迷你裙，還有露半球的緊身衣（笑）。陪酒時客人可以隨意摸我的身體，至於費用是一小時五千元。妳大概以爲這種撫摸陪酒的價碼很低吧，當然啦，光吃豆腐男人怎麼可能會滿足呢，接下來不用我說妳也懂吧（笑）！

通常完事以後我都會直接住在客人家裡，所以到了隔天早上付款時，鐘點費大約有五萬元左右，那些社長早上都很早起呢！回到家後我都是把錢丟進衣櫃裡（笑），錢賺愈多心情也會比較從容，每天才能開心過日子啊！

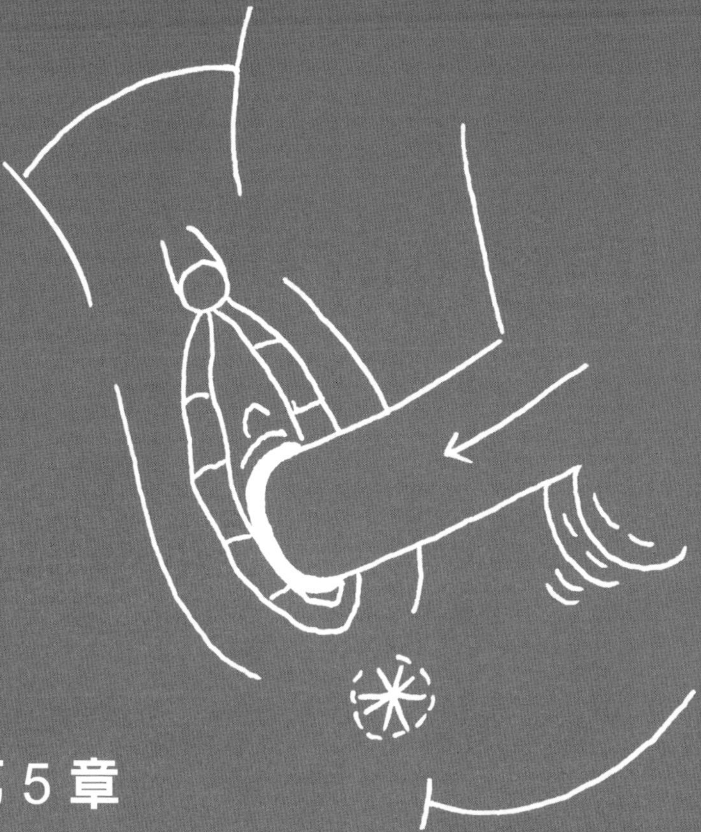

第 5 章

用陰莖愛撫女性

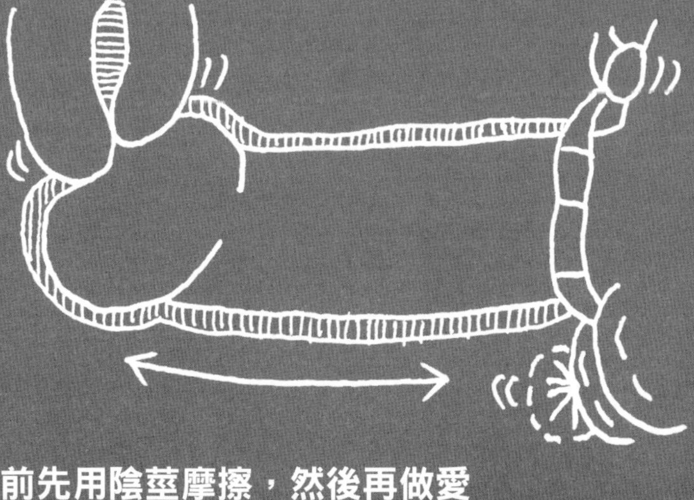

插入前先用陰莖摩擦，然後再做愛

用遊刃有餘的陰莖挑逗愛撫

現在陰道已經變得很敏感，正迫不及待等著勃起的陰莖插入。在性愛的過程中，尚有口交及六九體位等方法，但本書主旨是《極致愛撫②——女性器篇》，故這些方法暫且不表。

首先用遊刃有餘的陰莖抵住陰道口，讓龜頭沾染愛液，女性會以為自己即將得到渴求已久的陰莖，這時我們要出人意表，用陰莖沿著花蕊中央來回摩擦。女性性器被完全勃起的陰莖摩擦，期待感會更加高漲，愛液也會源源不絕地流出。也正因為陰莖還遊刃有餘，不急於插入，才能顯示出男性從容的氣度。

插入前的挑逗會讓女性更饑渴

陰道這時已是興奮難耐、迫不及待等著陰莖插入的狀態，早已失去女性該有的從容與矜持。相對的，陰莖還能遊刃有餘地在插入前挑逗愛撫，使女性更加饑渴。首先將龜頭抵住陰道口沾染愛液，

若僅以龜頭插入陰道沾染愛液，沾完後再拔出來會有更大的挑逗效果。這是因為陰道被龜頭插入後，會迫不及待地希望勃起的陰莖快點插入深處的緣故。這種方法能讓女性感受到陰莖遊刃有餘的態勢，進而提高期待感。

插入前先挑逗陰道。

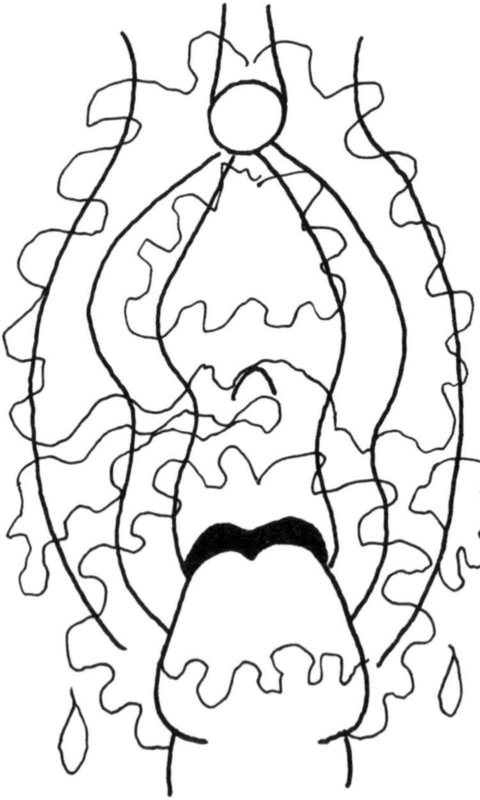

以遊刃有餘的龜頭抵住陰道沾染愛液。

沿著花蕊中央來回摩擦

用龜頭分開左右兩瓣花蕊，並以龜頭和莖幹來回摩擦。陰道口、尿道口、陰道前庭等部位被沾滿愛液的龜頭和莖幹摩擦，陰道口會產生無與倫比的挑逗快感。再加上龜頭敏感的內側部位和溼滑的外陰部縫隙摩擦，會使陰莖在插入前變得更加堅硬，這樣一來等正式插入後，陰莖和陰道的摩擦感會更顯著。為了挑逗陰蒂，龜頭在碰觸到陰蒂前必須停下來。記得要大動作地摩擦陰部。

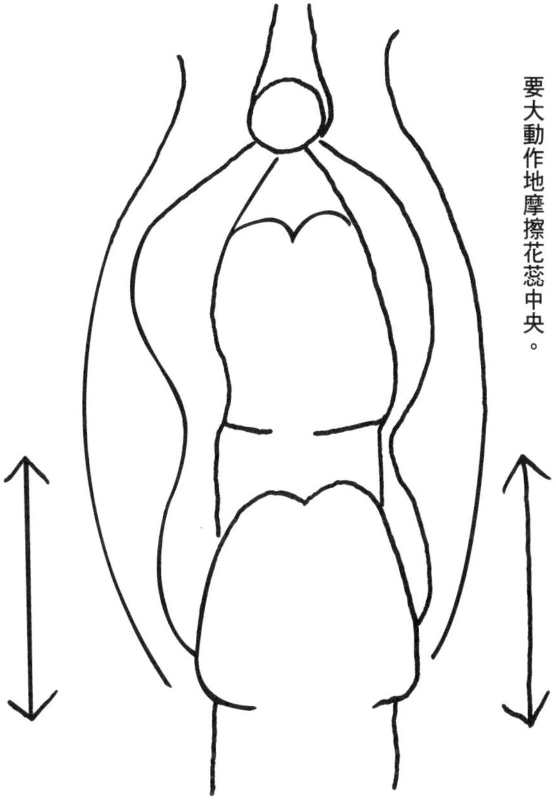

龜頭在碰到陰蒂前必須停下來

要大動作地摩擦花蕊中央。

●女性會期待遊刃有餘的陰莖

在這個節骨眼如果只是猴急地插入，然後猛烈地擺腰抽插，女性根本感受不到陰莖遊刃有餘的態勢。女性會期待遊刃有餘的陰莖，並且享受陰莖摩擦陰道的快感。先將龜頭插入陰道的效果也非常顯著，女性會以爲陰莖將直接插入陰道，這時故意反其道而行可以挑逗女性的情慾，保證她會更加渴求陰莖。

用勃起的陰莖摩擦花蕊中央，女性會期待陰道被陰莖插入的感覺。這裡要注意的是，女性一旦被這種技巧挑逗，陰道會更加饑渴難耐。當饑渴難耐的陰道被陰莖插入的一瞬間，那股快感只能用感動來形容。用遊刃有餘的陰莖愛撫，可說是愛撫的終極技巧。

從陰道口到陰蒂

先用龜頭的內側抵住陰道口，然後向上摩擦至陰蒂。陰莖的莖幹和龜頭要在花蕊的中央大動作地來回摩擦，使整個陰部徹底溼潤。陰道被龜頭和莖幹不停摩擦，加上陰蒂被龜頭的前端撞擊，兩者相乘的快感簡直難以言喻。若是遇到一字鮑，可請女方先把性器掰開再來摩擦；要領是用單手握住陰莖，將陰莖抵住女性性器，前後擺動腰部。

直線來回摩擦陰道口到陰蒂的位置。

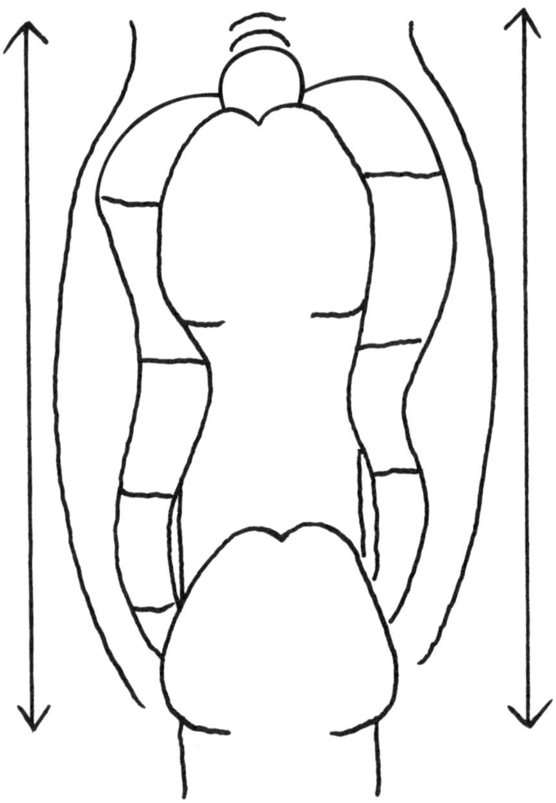

●女性會感到無與倫比的興奮

當女性性器被手技和口技準確地愛撫，性慾會節節升高，並且極度渴求陰莖，這時用陰莖愛撫女性性器，女性會感到無與倫比的興奮。敏感的陰部被龜頭的內側和莖幹沿著外陰部的縫隙摩擦，陰蒂又被龜頭的前端撞擊，換成是我的話，大概會受不了快感直接高潮吧（笑）！

對女人來說，男人的睪丸也是性器，那種柔軟的觸感同樣會讓人興奮。依照陰莖的位置不同，當龜頭的前端撞擊陰蒂時，睪丸約莫會碰觸到肛門或陰道附近。女人很喜歡這種觸感，包含肛門在內，整個下體都會興奮難耐。

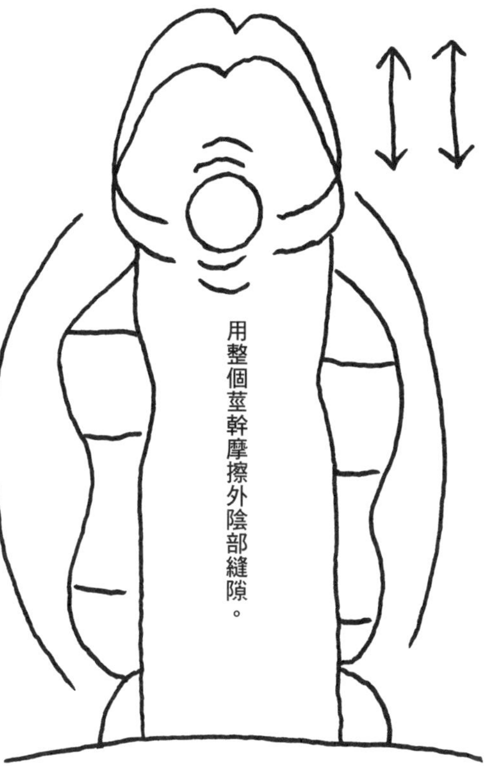
用龜頭的內側輕輕摩擦陰蒂。
用整個莖幹摩擦外陰部縫隙。
用睪丸摩擦肛門、會陰或陰道口附近。

摩擦陰蒂，同時用睪丸摩擦陰部

按照三井京子的要求，接下來將為你介紹如何用敏感的龜頭輕輕摩擦陰蒂，順便用睪丸摩擦肛門、會陰或陰道附近，同時莖幹還能輕輕摩擦整個外陰部縫隙。有些女性性器的角度比較不好摩擦，你可以請女方抱著自己的雙腿，讓雙腿呈V字型，女性性器的位置也會往上抬高。陰莖被花蕊包住前後擺動的樣子會形成強烈的視覺刺激。

●龜頭、莖幹、睪丸的三重奏

請各位讀者務必將上圖介紹的如何用陰莖愛撫女性性器的方法，試著用在你的另一半身上。這個方法能使淫蕩的氣氛更火熱，興奮度和快感度也會急速上升。

當女性張開雙腿以正常位和男性做愛時，陰莖每次抽插，睪丸便會撞擊到肛門附近，這種感覺會讓女性既舒服又興奮。若是以後背位做愛，則每次抽插時睪丸會撞擊到陰蒂，這也是既興奮又舒服的感覺。請用龜頭、莖幹、睪丸的陰莖三重奏讓女性享受舒服又興奮的快感吧！

假如女方的陰蒂比較大顆，用敏感的龜頭內側摩擦會非常舒服，我個人最喜歡上圖所示的愛撫方法了（微笑）。

同時刺激陰蒂和陰道

左圖雖沒有畫上睪丸，但記得要用睪丸壓住陰部，並且用手握住陰莖左右摩擦陰蒂。溼滑的陰蒂摩擦溼滑的龜頭內側，彼此都會感到舒服；另外，擺動你的腰部，讓睪丸摩擦陰道口附近的部位。如同三井京子所述，睪丸的觸感會帶給陰道興奮的感覺，同時別忘了用莖幹左右摩擦花蕊。

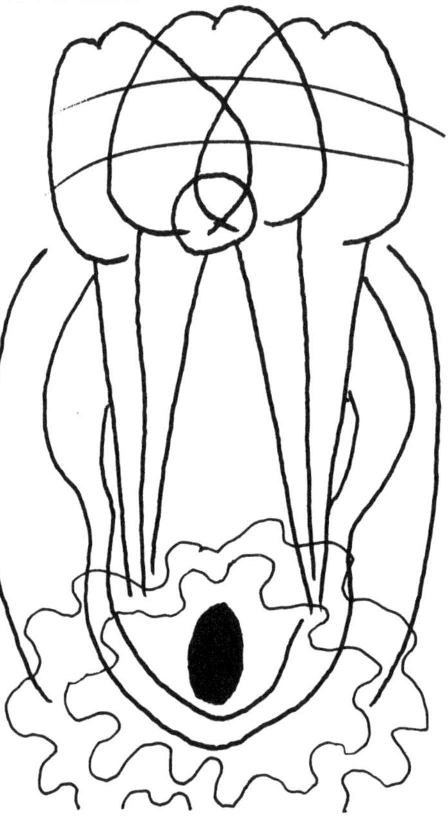

集中摩擦陰蒂。
睪丸摩擦陰道口。
莖幹也要摩擦花蕊。

●你的另一半肯定能達到高潮

這些介紹如何用陰莖愛撫女性性器的方法，乃是身爲女人的我及性經驗豐富的辰見大師共同著述的。身爲一個女人，我親自體驗過性器被睪丸撞擊的快感，那種快感我非常清楚；另外，辰見大師透過實際體驗取材也徹底了解到，睪丸的觸感會讓女性十分愉悅。也請讓你的女友或老婆享受睪丸的觸感吧，我想她們的性器應該沒有品嘗過睪丸的滋味。

男性勃起的陰莖是外陰部，女性除了有外陰部和內陰部（陰道）以外，還外加了上半身的兩大陰蒂（乳頭），女性的身上擁有許多快感器官。請你準確且執拗地愛撫那些部位，你的另一半肯定能達到高潮。

以腰部畫圓帶動陰莖摩擦

首先將睪丸壓住陰部、龜頭內側抵住陰蒂，再來用手固定陰莖，並以腰部畫圓帶動睪丸和龜頭內側摩擦陰部。如果遇上女方的陰蒂包莖或細小的情況，可以請女方主動露出陰蒂。萬一碰上陰道口緊閉的情況，用睪丸撞擊、摩擦也能為女方帶來快感。先用遊刃有餘的陰莖給予挑逗的快感，接下來一七八頁將為你介紹做愛的技巧。

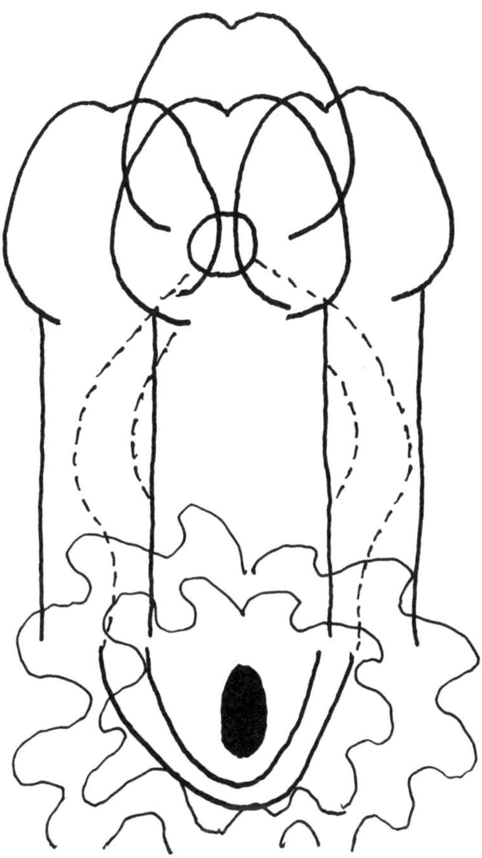

以腰部畫圓帶動睪丸摩擦陰道口。

以腰部畫圓帶動陰莖摩擦陰蒂。

●性愛的最高潮

愛撫到這個地步，想必女方已經迫不及待想被插入了。萬一不小心直接高潮了，那就無法進行到性愛的最高潮，也就是做愛這一步了。所以請你別再挑逗了，女方這時已經是極度饑渴的狀態了。

本書的姐妹作《極致愛撫①——胸部特集》中記載了女性讀者的眞實心聲，絕大多數的女性表示，她們從來沒享受過那種愛撫，而且也希望能享受那種愛撫。

本書《極致愛撫②——女性器篇》中記載的愛撫方法，相信幾乎所有的女性都沒體驗過。實際上各位男性讀者，你們應該也沒有這樣愛撫過女性吧，我說的對嗎？

插入後愛撫陰蒂

將臉部貼近女性性器，並試著用手指愛撫陰蒂，你將會看到陰道和肛門收縮的模樣，這是由於陰蒂的快感傳達到陰道口和肛門的關係。

肛門在夾緊異物的時候快感非常強烈，當手指或陰莖插入陰道抽插，陰道收縮的感覺也很舒服。你可將龜頭插入陰道裡，然後試著用手指愛撫陰蒂，陰蒂的快感會傳達到陰道，導致陰道口收縮夾住龜頭，那種感覺對女性來說相當舒服。

很多女性喜歡一邊被陰莖抽插，一邊被愛撫陰蒂和乳房，因為這種玩法可以輕易達到高潮。相反的，有些女性則喜歡專心享受陰道的快感，這種情況下，你若愛撫女方的陰蒂很可能會適得其反。記得要找出女方的喜好並隨機應變。

陰道夾住龜頭的快感

陰道被陰莖插入後，陰道口被陰莖撐開會非常舒服。若同時用手指愛撫陰蒂，陰蒂的快感會傳達到陰道口，當陰道口夾緊龜頭會產生十分強烈的快感。這時再用陰莖抽插陰道，收縮的快感加上摩擦的快感，女性很快就會達到高潮。據說三井京子被抽插的時候，也很喜歡被愛撫陰蒂和乳頭。

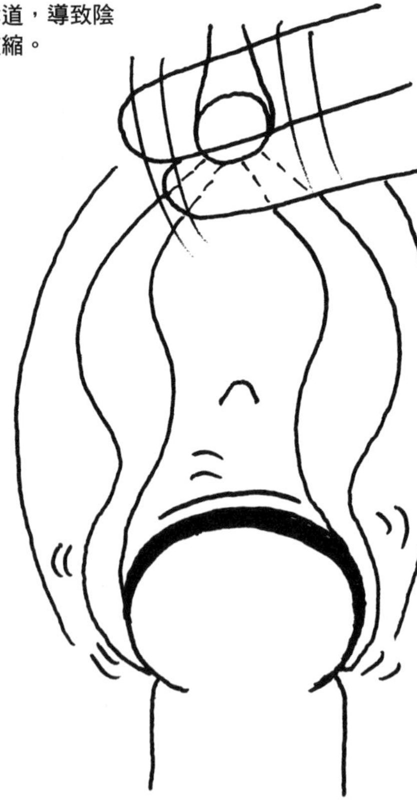

龜頭插入陰道，再以手指愛撫陰蒂。

在做愛時自慰來調節快感

三井京子曾說過，女性為了享受快感願意做任事，這裡我們為你介紹如何讓男女雙方同時高潮的技巧。要抓準時機讓彼此一起高潮是一件很困難的事情，這時男方若表示快要射精的徵兆，女方為了配合男方的高潮時機，可以自慰來提高自己的快感。等到男方射精的時候一起高潮，便能獲得無與倫比的快感；況且男女雙方高潮時，陰莖和陰道都會產生痙攣，這種互相刺激的快感絕對是無可比擬的。

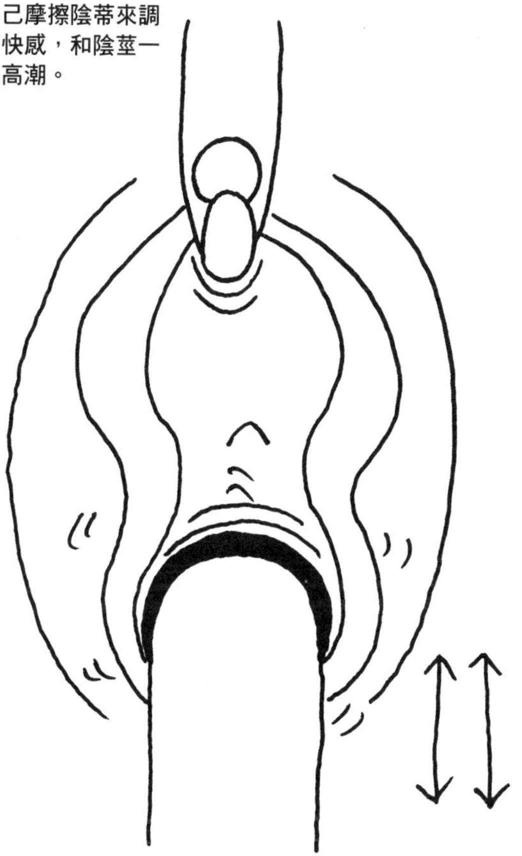
自己摩擦陰蒂來調節快感，和陰莖一同高潮。

●調節快感一同高潮

男女雙方要是已經習慣和對方做愛，想要一同高潮是有可能的，但不論是男性還是女性，都會受到身體狀況的影響，有時候可能易於高潮，也有可能不易高潮。在這種情況下，女方如果知道男方已經要射精了，可以自己摩擦陰蒂來提升快感。藉由這個方法，女性便可調節自己的快感，和對方一同高潮。

至於爲什麼一同高潮能夠享受到無與倫比的快感？這是因爲陰莖在射精的時候，陰道也會產生痙攣。有一種說法是，陰道之所以會痙攣，是爲了藉由痙攣刺激陰莖射精，使子宮能盡量吸取到大量的精子。此外，一同高潮所產生的精神上的滿足感也能形成一種快感。

《性愛動作指導手冊》

假如陰道已經迫不及待地等著勃起的陰莖插入，這時你當然也可以不加思索地直接插入抽送，但為了展現出陰莖遊刃有餘的態勢，奉勸各位可參考我的著作《性愛動作指導手冊》中記載的方法。在此我稍微講解一下該書的內容；首先第一步是正常體位的抽插方法，第二是騎乘位的抽插方法，第三是後背位的抽插方法，第四是連續體位的抽插方法，書中以不同體位來講解抽插時的要領。以遊刃有餘的陰莖享受各種體位才能和對方一同達到高潮，彼此將能體驗到無可比擬的快感。

前面也已提過，陰道口內兩到三公分的位置是最敏感的部位，在抽插的時候，摩擦陰道口的是陰莖的莖幹，而非龜頭。陰莖插入陰道後，先做輕淺的抽插動作，好讓陰莖徹底沾滿愛液。

做愛後先用輕淺的抽插動作使陰莖沾滿愛液，也可以一口氣插到底；但陰莖遊刃有餘的輕淺抽插，會為陰道帶來挑逗的快感，女性會更期待陰莖插入深處。插入深處對男女雙方都有一種精神上的滿足感，女性特別喜歡性器在深處性交、龜頭刺激子宮的感覺。挑逗玩法能讓陰莖沾滿愛液，那股快感會促使陰道分泌更多愛液。

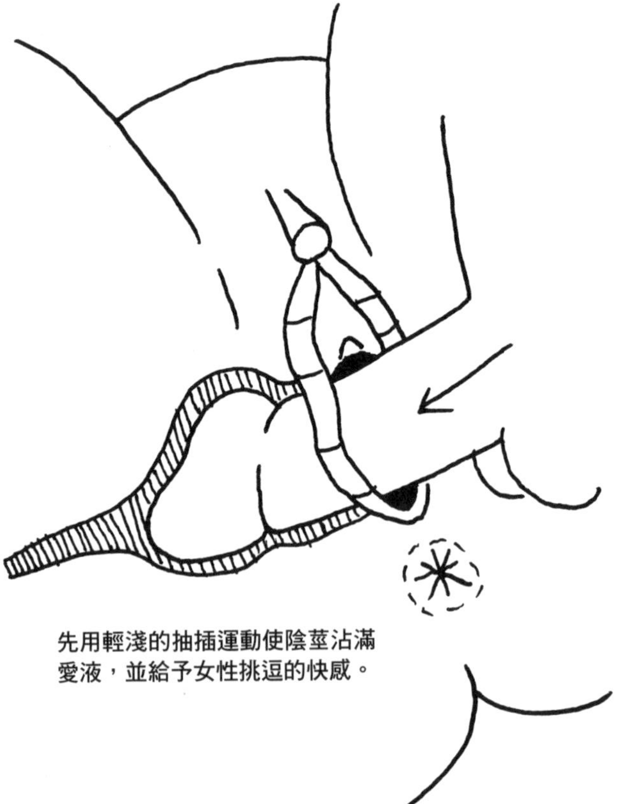

先用輕淺的抽插運動使陰莖沾滿愛液，並給予女性挑逗的快感。

輕淺的抽插動作持續一會後，女性會迫不及待地等著陰莖插入深處。陰莖沾滿愛液後觸感會更加滑潤，龜頭和陰道口會極度渴求激烈的快感。

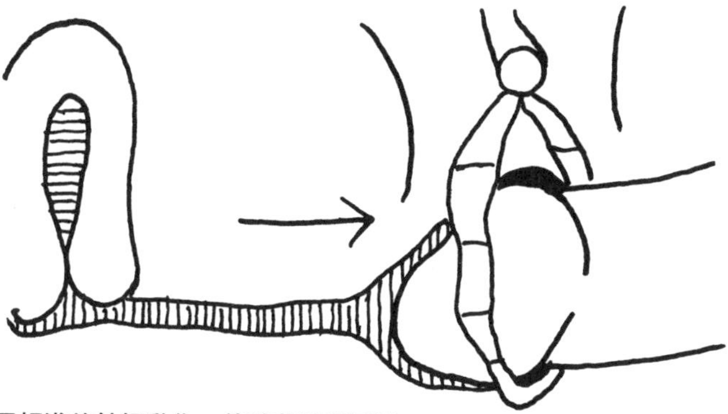

用輕淺的抽插動作，使陰莖沾滿愛液。

龜頭滑順摩擦陰道壁的感覺非常舒服，陰道被陰莖的莖幹滑順摩擦也很舒服。在抽插的時候，記得莖幹要刻意摩擦陰道口。

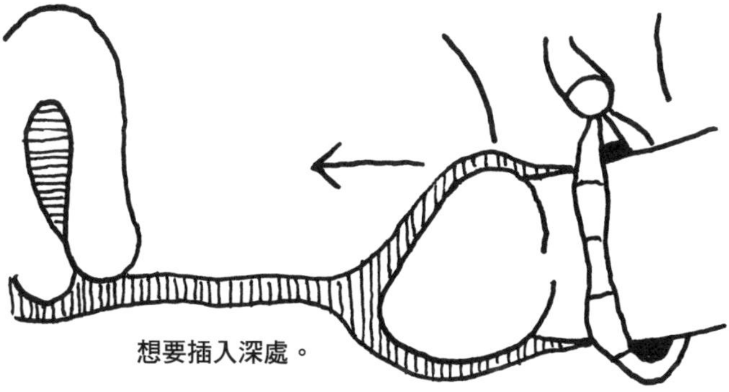

想要插入深處。

●請讓你的另一半高潮吧

插入深處的感覺對男性來說有精神上的滿足感，不過女性的滿足感則是更爲強烈的。興奮的男方爲了射精而想插入陰道深處，女性的本能則希望男性能在自己的體內深處射出精液。

尤其當陰道口附近被輕淺的抽插動作挑逗，女性會期待陰莖激情地抽插深處，因此遊刃有餘的抽插動作才能安心地貪求快感。

萬一女性即將要高潮了，你從頭到尾只用一種體位也沒什麼問題，但最好還是享受一下騎乘位或後背位。對女性來說，勃起的陰莖可說是興奮和快感的化身，請讓你的另一半高潮吧！

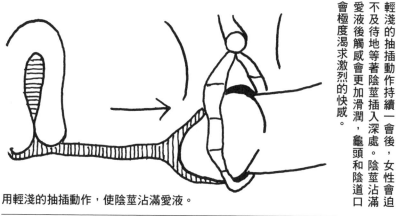

激情地抽插會使快感度急速上升

等陰莖沾滿愛液，陰道口也徹底獲得了被挑逗的快感，這時陰莖便可滑順地一插到底。男女雙方的性器互相摩擦時，陰莖插入陰道深處會使龜頭和陰道口感受到強烈的快感，激情地抽插則能迅速提高快感度。

特別是女性被激情抽插的時候，她們會意識到男方正興奮地享受著自己體內的觸感，這種意識也會帶來興奮和快感。男性主要是想在陰道內射精，所以才會心無旁騖地激情抽插。女性則是希望男方可以在自己的體內射精，這種意識使得女性能沉醉在陰道口附近被摩擦的快感，以及子宮被龜頭撞擊的快感當中。

睪丸撞擊肛門附近的快感我們已經為你解說過了，只要你愈激情、愈用力擺腰抽送，睪丸就會愈用力撞擊到肛門附近。

陰莖沾滿愛液後，一口氣插入陰道深處。陰莖滑順地摩擦陰道口附近，龜頭也滑順地摩擦陰道壁，彼此的快感度會急速上升。當你刻意用莖幹摩擦陰道口，便會萌生一股想讓女方舒服的體貼心意，這股心意會讓你的抽插動作不同以往。

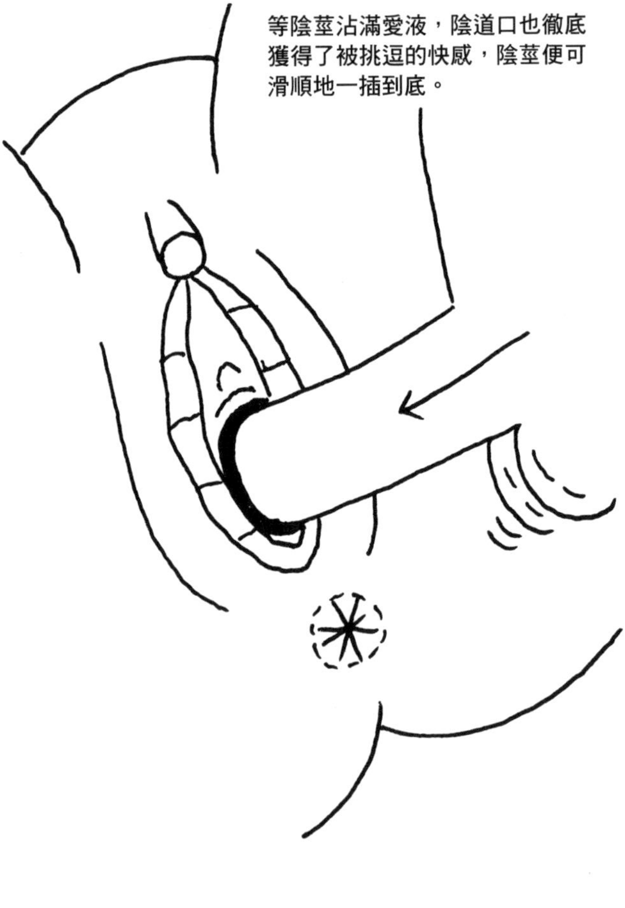
等陰莖沾滿愛液，陰道口也徹底獲得了被挑逗的快感，陰莖便可滑順地一插到底。

從陰道口到陰道深處，龜頭長時間摩擦陰道壁的快感簡直無可比擬。陰道被陰莖的莖幹長時間摩擦也有同等的快感，這種感覺足以令人腦筋一片空白。

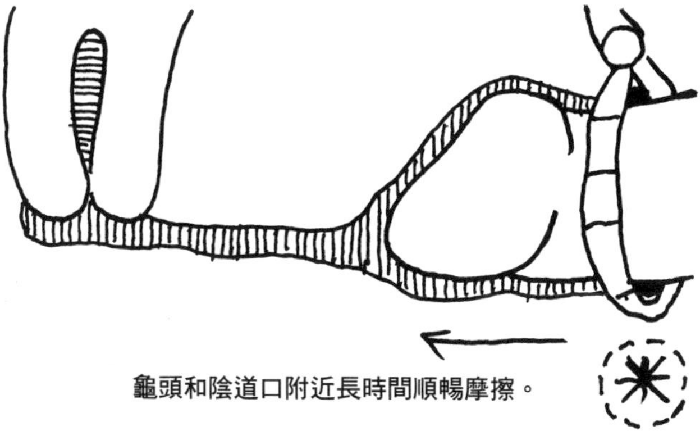

龜頭和陰道口附近長時間順暢摩擦。

陰莖激情地插入陰道深處，陰道口附近的快感、龜頭撞擊子宮的快感，以及睪丸撞擊肛門的快感融合在一起，女方會迅速達到高潮。

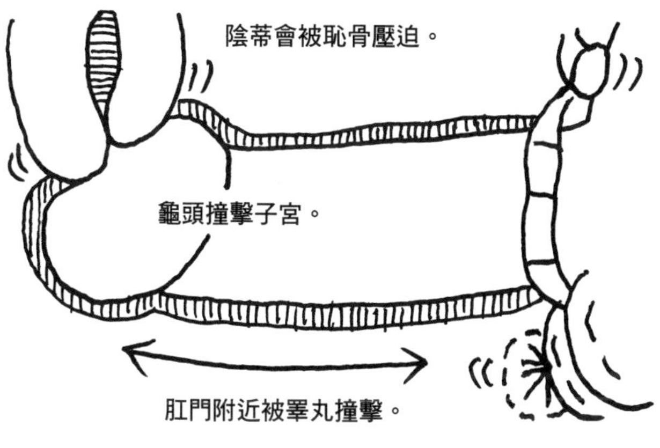

陰蒂會被恥骨壓迫。

肛門附近被睪丸撞擊。

●請持續強猛地抽插

你只要用元氣十足的陰莖強猛地抽插興奮難耐的陰道，強烈的快感會讓女方心生感激。當女性被激情地抽插，她們能感覺到陰莖十分亢奮，這種心情會讓她們感到高興，進而產生興奮感。所以請你快速摩擦陰道口、用力撞擊子宮、壓迫陰蒂，並用睪丸撞擊肛門。

男性陰莖的快感只集中在龜頭，然而女性不只外陰部和內陰部能享受快感，就連肛門也可以享受快感，這些快感足以令人腦筋一片空白。這時請你持續強猛地抽插，保證在你射精前女方會先達到高潮。如果雙方都還遊刃有餘，那就繼續享受不同的體位和抽插動作吧！

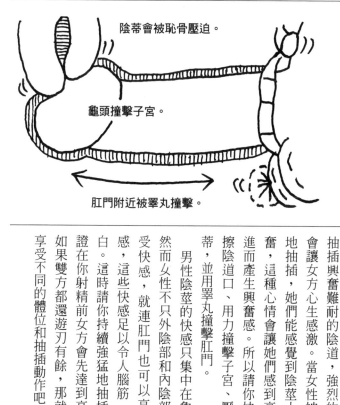

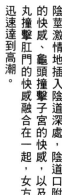

稍做休息，持續刺激

倘若你想多享受和女方做愛的樂趣，建議你可讓陰莖稍做休息一會，順便刺激陰蒂、陰道口附近及肛門。由於龜頭沒有和陰道壁摩擦，所以陰莖可保持硬度，繼續給予女方快感。

這時陰莖的莖幹並沒有快速摩擦陰道口附近，女方能夠從容地沉醉在陰蒂、陰道，以及肛門的三重快感。在陰莖插入陰道深處的情況下擺動你的腰部，讓恥骨壓迫陰蒂，這麼做陰道口附近也能獲得快感，同時睪丸要摩擦肛門附近。

在陰莖插入陰道深處的情況下以腰部畫圓，陰莖會以陰道口為基點，在陰道內旋轉。陰蒂、陰道口、肛門附近也會被強烈摩擦，快感會變得更高昂，龜頭也能享受從容的快感，進而提升持久力。

在陰莖插入陰道深處的情況下擺動你的腰部，讓恥骨壓迫陰蒂。陰道和肛門也能享受從容的快感，再加上龜頭幾乎沒有抽動，這種從容的快感能提升陰莖的持久力。這種狀態下，男女雙方只要深情激吻，便可藉由做愛來加深彼此的愛，誇張地舌吻最具神效。接吻後你可手口並用來愛撫兩顆乳頭。

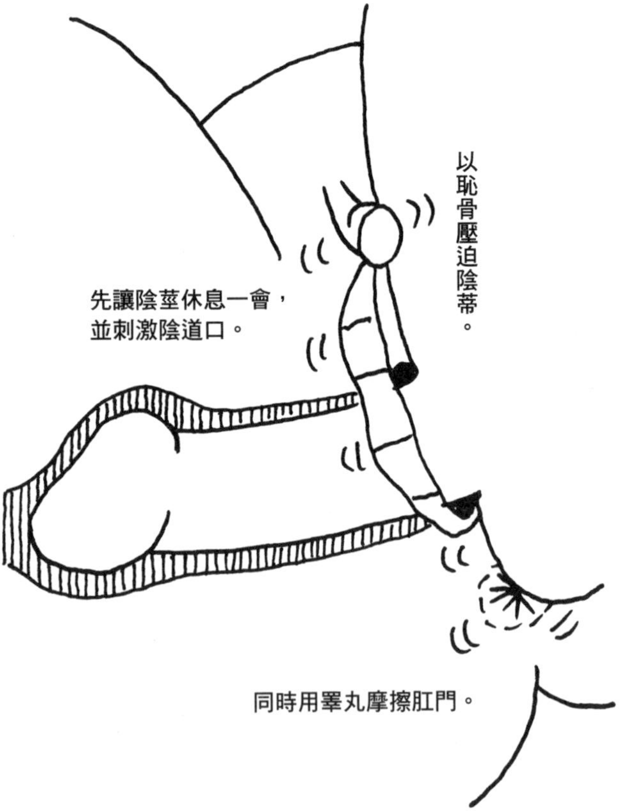
以恥骨壓迫陰蒂。
先讓陰莖休息一會，並刺激陰道口。
同時用睪丸摩擦肛門。

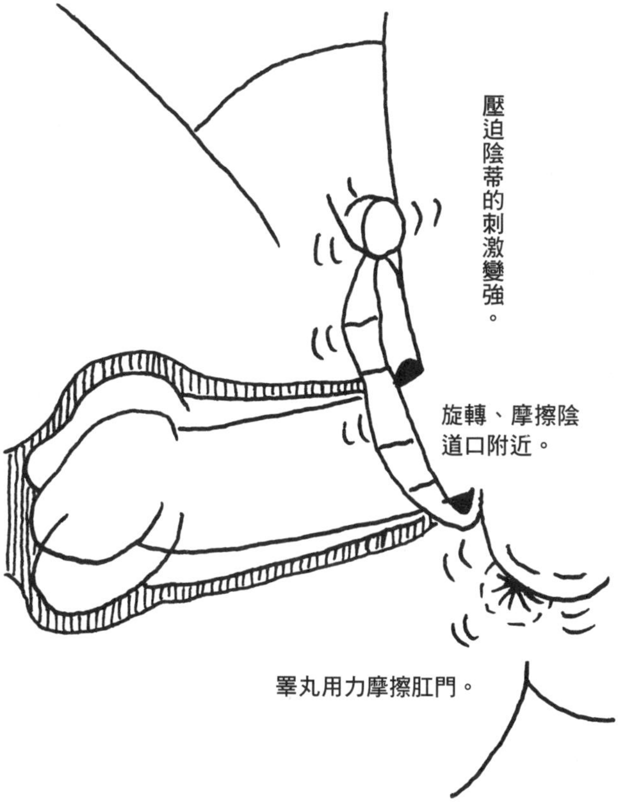
壓迫陰蒂的刺激變強。
旋轉、摩擦陰道口附近。
睪丸用力摩擦肛門。

在陰莖插入陰道深處的情況下，雙方的下腹部會緊密貼在一起，這時要以陰道口為基點轉動腰部，帶動陰莖旋轉，女方的陰蒂、陰道口附近及肛門的快感會提升，男方的龜頭則能享受從容的快感。等到陰莖適應這種感覺以後，請一邊轉動腰部，一邊前後抽插，保證男女雙方都能體驗前所未有的超級快感。這一招必須要在遊刃有餘的情況下才能施展，但絕對值得你嘗試。

●希望能盡量享受做愛的觸感

關於性愛的動作已經有辰見大師講解，我就不再贅言了；現在我要爲各位講解一下女人的心理。饑渴難耐的陰道被陰莖快速抽插固然很舒服，但女人和另一半的陰莖性交在一起會感到一種無與倫比的幸福。她們希望能獲得高潮，而且也希望能盡量享受做愛的觸感。

在陰莖插入陰道深處的情況下擺動腰部對龜頭的刺激比較少，陰莖能發揮持久的優點，延長做愛的時間。在做愛的狀態下舌吻，有助於加深愛情，愛撫乳頭也是很棒的選擇。當男女雙方的下腹部緊密貼在一起，男方一擺動腰部，女方整個下體都會受到刺激。

陰莖在陰道深處帶來強猛的旋轉刺激

我們能夠理解女性想和另一半的勃起陰莖長久做愛的心情，因此我們不但要延長做愛的時間，還要給予女性性器更強烈的快感。

在陰莖插入陰道深處的情況下，男女雙方的下腹部會緊密貼在一起，這時你要迅速而劇烈地擺動腰部畫圓，陰道口彷彿會被挖開一般，受到陰莖全方位的強烈摩擦，陰蒂和花蕊也會被恥骨帶動旋轉，那股力道足以令陰蒂和花蕊變形。當然，睪丸也會以旋轉的方式摩擦肛門附近。

接下來腰部畫8字形。在陰莖插入陰道深處、下腹部緊密貼近的情況下，以腰部畫阿拉伯數字8的字形。你只要大動作地畫8，女性的陰道口附近、陰蒂、花蕊及肛門在內，整個下體會受到宛如揉捏的刺激。陰莖還能遊刃有餘，持續給予女方強烈的快感。

在下腹部緊密貼近的情況下用腰部大動作畫圓，陰蒂和花蕊都會被擠壓刺激，陰道口也能獲得被挖掘的快感。就連號稱敏感度不佳的陰道壁，都會被陰莖猛烈摩擦的觸感刺激，進而產生快感，陰莖也能遊刃有餘地持續刺激女性性器。做這種緊密性交的動作時，激烈地親吻女方也有很大的效果。

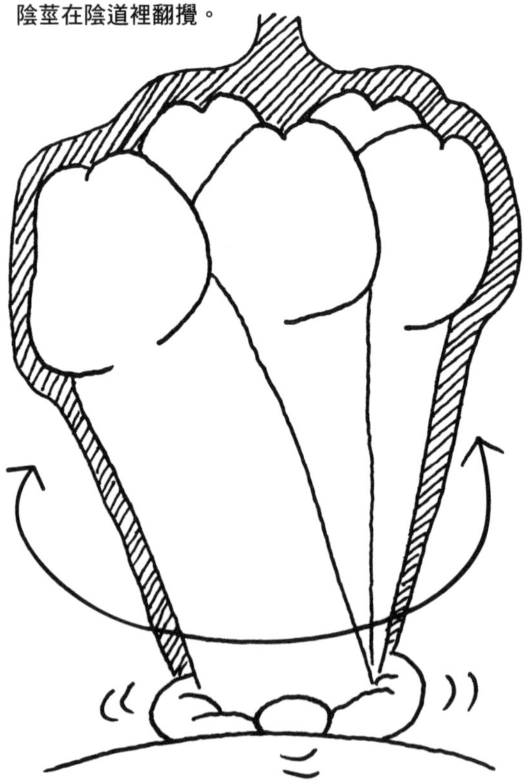
陰莖大動作旋轉。
陰道、陰蒂、花蕊、肛門一同獲得強烈快感。

在下腹部緊密貼近的情況下用腰部大動作畫圓。

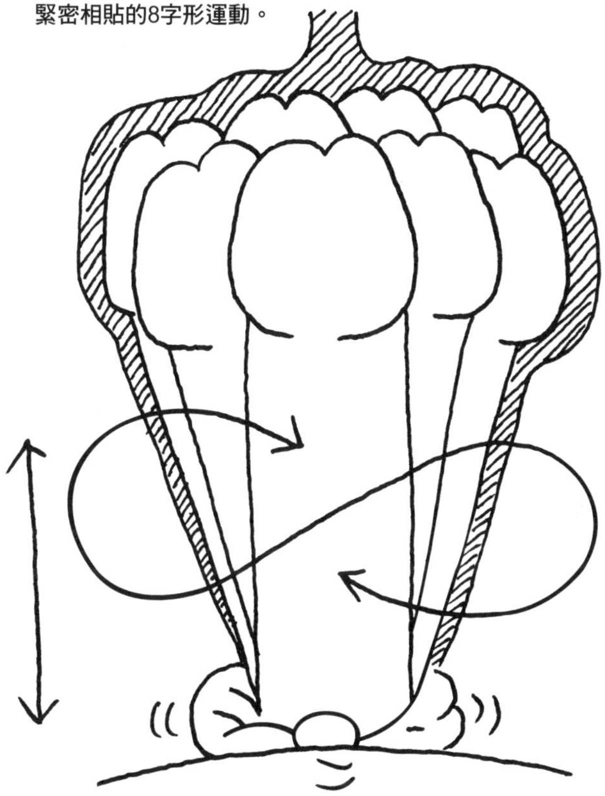
等陰莖適應後再加上前後運動。

在陰莖插入陰道深處、下腹部緊密貼在一起的情況下，腰部大動作地畫８字形，陰道口受到陰莖全方位的強烈摩擦，陰蒂、花蕊及肛門在內，整個下體會感受到高昂的快感。等到陰莖適應這種感覺以後，請一邊轉動腰部，一邊前後抽插。你的抽插技巧保證會令女方感動，再來你可以猛烈地抽插。

●這招也能應用在騎乘位上

能和男方的勃起陰莖長時間做愛，而且還充分獲得了快感，女方這時已經心滿意足了。接下來你便可一心一意地猛力抽插，盡情享受龜頭的快感。當然，女方的陰道口被陰莖的莖幹劇烈摩擦，很快就會逼近高潮的邊緣。

通常在這種情況下，我會繼續享受不同的體位，但彼此若已接近高潮，這也不失爲一個男女雙方共同高潮的好機會，請你心無旁鶩地感受雙方性器摩擦的感覺吧！

一八六頁到一八七頁的動作也能應用於女方在上、女方主動扭腰擺臀的騎乘位。女性非常喜歡騎乘位，在正常位之後可直接變換至騎乘位。

用後背位來享受變化的樂趣

據說正常位這種女方處於被動的體位最容易使女性達到高潮，因為女方能放鬆全身專注感受陰道的快感，絕大多數的女性都是用這種體位高潮。

騎乘位除了可讓女性隨自己的喜好扭腰擺臀以外，女性還能藉由這種體位積極地貪求快感。另外，騎乘位不但能為男性帶來視覺上的刺激，更可順便愛撫女性的乳頭。當女方高潮後全身癱軟倒在男方身上，女方能緊緊貼著男方的身體，沉醉在快感的餘韻當中。

後背位雖然比較不易讓女性高潮，但若以享受不同體位的觀點來看，後背位對男女雙方來說都很興奮。用後背位來享受變化的樂趣，興奮度和快感度都會倍增，最重要的是可以增加性愛的樂趣。

女性翹起的臀部和女性性器會為男性帶來強烈的視覺刺激。男性可在抽插的時候觀賞性器性交的姿態。對女性來說，翹起自己的臀部讓對方看到自己的性器和肛門，這種羞恥的感覺會成為興奮的要素。這種體位就如同動物交配，還有一種被虐的快感，在抽插時也能順便愛撫陰蒂，使女方達到高潮。

後背位對男性有種強烈的視覺刺激。

對女性來說，自己的性器和肛門全被看光，有種被虐的興奮感。

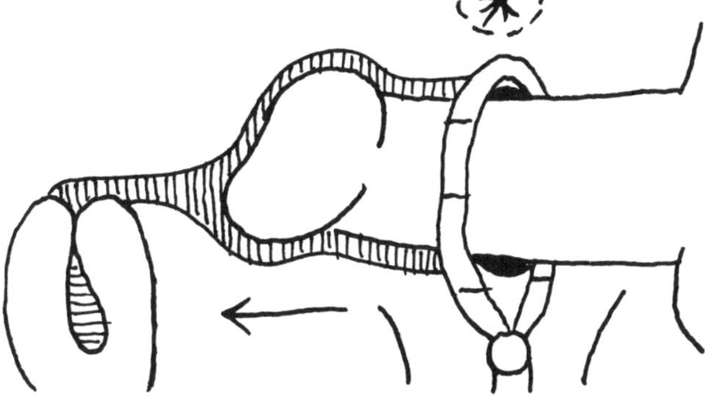

直接用後背位做愛也很興奮。

直接用後背位做愛，這種方式能為彼此帶來高度的興奮。當女方朝後翹起臀部，你可一邊抽插，一邊觀賞彼此性器性交的姿態。

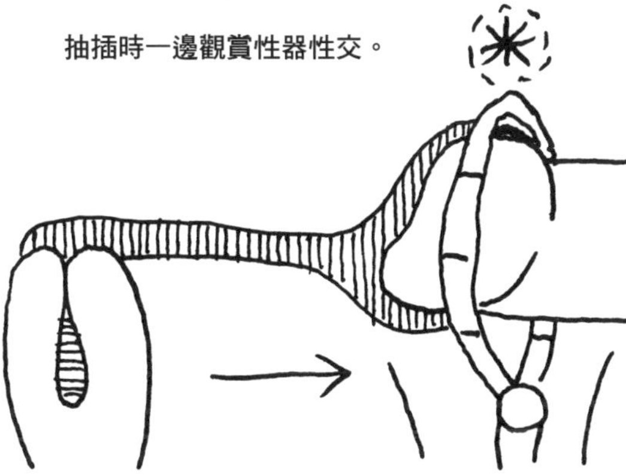

抽插時一邊觀賞性器性交。

先輕淺地抽插，讓陰莖沾滿愛液，這個要領和正常位相同。在抽插時觀賞性器性交，女方也會意識到你的視線，引發女方的興奮感，進而增加敏感度。

●後背位是相當愉悅的體位

朝男友翹高自己的臀部，代表女性願意讓男友看到自己的一切。女性必須要被徹底地愛撫，直到陰道饑渴難耐時才會願意使用後背位，在普通情況下，女性羞於把自己的一切讓對方觀看。

不過，在性愛的過程中陷入興奮狀態的情況下，女性一旦擺出淫蕩的姿勢翹高臀部，這就代表她早已拋棄了理性的枷鎖。請你盡情地觀賞、盡情地享受這種興奮感吧，最好能興奮地觀賞性器性交的部位，女方也會意識到你的視線而興奮不已。

後背位能讓女性享受到解放身心的性愛，更可以體驗到變換體位的樂趣。我很喜歡男性一邊擺動腰部撞擊我的臀部，同時愛撫我的陰蒂。

遊刃有餘地享受後背位

嘗試本書記載的方法愛撫女性性器，陰道肯定會如狼似虎地貪求陰莖。你的陰莖要是還遊刃有餘的話，可以享受一下興奮的後背位。如果你要求女方擺出後背位的姿勢，她們不但會很興奮，還會很樂意朝你翹起臀部。

對男人來說，使用後背位能品嘗到征服女人、讓女人服從的興奮感。你可以先用輕淺的動作抽插，順便觀賞性器性交，或是一邊揉捏臀部，一邊擺腰抽送，這些玩法都能令你更加興奮。男性最常要求女性的體位就是後背位，除非你能徹底取悅女方，讓她興奮難耐，她才會願意擺出後背位來犒賞你。

用正常位猛力抽插的話，睪丸主要會撞擊肛門一帶；用後背位則會撞擊到陰蒂附近。請刻意用你的睪丸來撞擊陰蒂，這種欲罷不能的觸感會為女方帶來快感。

三井京子在前面也寫過，後背位能讓女性拋開理性的枷鎖。有經驗的人就知道，當你用陰莖插入女方翹高的臀部，你會有一種了解對方一切的感覺，這種感覺能讓彼此享受性愛的樂趣。後背位也是征服和服從的象徵，不只男性觀賞性器性交會感到興奮，被觀賞的女性也會感到興奮。從後方抽插，睪丸會撞擊到陰蒂。

用輕淺的動作抽插，順便觀賞性器性交。

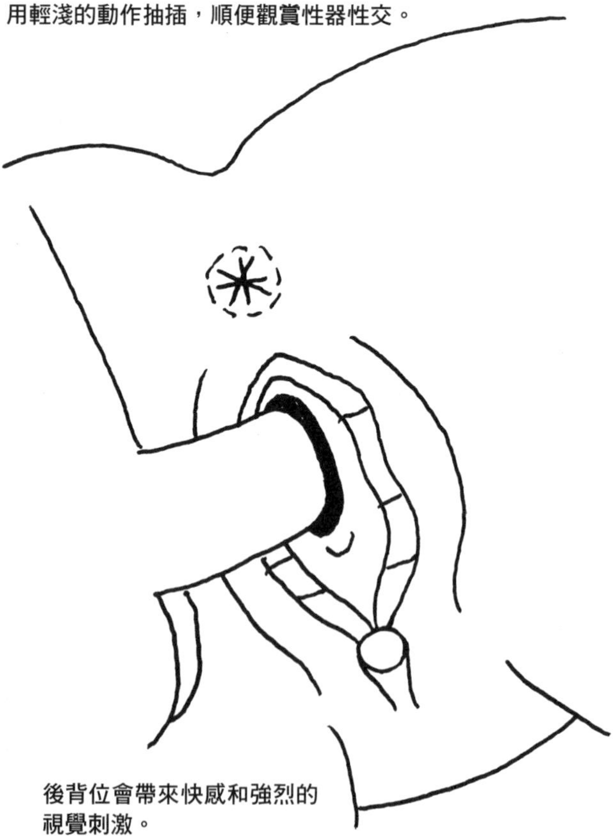

後背位會帶來快感和強烈的視覺刺激。

用興奮的後背位滑順地插進陰道的深處，即使看不到性器性交的部位，女方的臀部和後背也能形成視覺上的刺激，女方也會感到興奮。

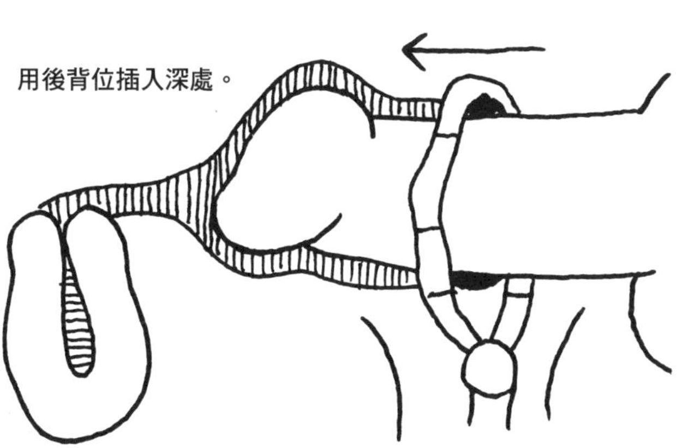

用後背位插入深處。

擺腰撞擊臀部、睪丸撞擊陰蒂。睪丸撞擊陰蒂的觸感能夠取悅女方，效果絕對超出你的想像。請猛力地擺腰抽送，用睪丸連續撞擊陰蒂。

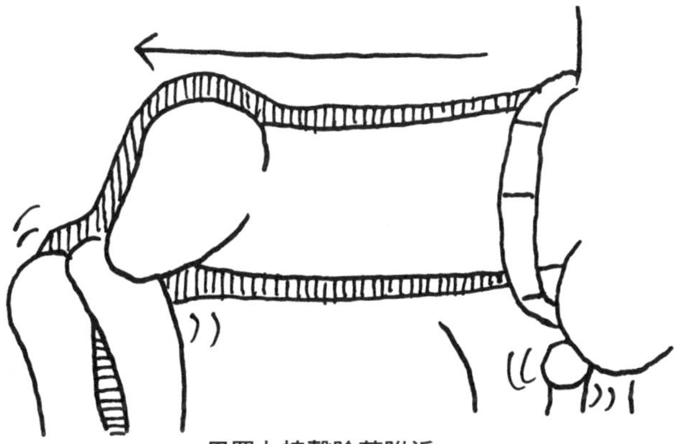

用睪丸撞擊陰蒂附近。

●愛撫的技巧到此告一段落

睪丸撞擊陰蒂的觸感和快感能夠取悅女性，效果也將超出你的想像。假如你在抽送時順便用手指愛撫陰蒂，就算是後背位也能輕易使女性達到高潮。

每當我採訪女性有關的性愛議題，大多數人都希望能享受勃起的陰莖。她們所指的陰莖包含了龜頭、莖幹、睪丸，她們想要享受這三者的快感。那些女性也知道睪丸不堪衝擊，所以她們主要是想套弄、觀賞陰莖，並且搓揉、舔弄睪丸。

如何愛撫女性性器的方法在此告一段落，請你確實引導女方達到高潮吧！接下來從一九二頁到二〇三頁爲止，我們將繼續爲你介紹女性的眞心話。

●一進賓館我們馬上心跳加速

幸子（三十四歲・家庭主婦）

每個月我們夫妻倆會選一天把小孩託付給婆婆照顧，然後兩人單獨出去外面吃飯。婆婆以為我們是去吃飯看電影，其實吃完飯後我們還會上賓館。丈夫會穿西裝打領帶，我則是穿上自己喜歡的洋裝。看到丈夫出門在外穿西裝打領帶的模樣有別於居家時的打扮，有種新鮮又興奮的感覺；丈夫看到我外出化妝打扮的樣子也顯得興致高昂。

丈夫一進賓館也覺得有點緊張，好像在做什麼背德的事情，心裡非常興奮。被穿西裝打領帶的丈夫擁抱、在沙發上擁吻，外遇的氣氛油然而生，我的下體變得非常溼潤。穿著衣服撫摸彼此的身體也很有新鮮感，我們等不及脫下衣服，就直接在床上做了。我下體溼潤的程度連我自己都羞於啓齒，丈夫的那話兒也比平常還要堅硬。這種玩法和在家做愛的感覺完全不一樣，氣氛真的很淫蕩，每次在賓館做愛我都能享受到高潮的快感，有時候還會連續做兩次。每個月我們會嘗試一次這種奢侈的玩法，真的很幸福喔（微笑）！

●按摩棒的前端開始旋轉震動

眞亞子（二十八歲・在家工作的家庭主婦）

我現在很喜歡用電動按摩棒。打從學生時代開始，我有一個無話不談的好朋友，之前我去她家玩的時候，看到她變得開朗又漂亮，我覺得很不可思議，於是問她發生了什麼事。她說電動按摩棒令她愛不釋手，聽了她的話以後我也對按摩棒產生了興趣。我和丈夫的性愛始終一成不變，最近幾乎都沒有性生活了，結果朋友把她收藏的各種按摩棒拿給我看。我挑了幾個朋友還沒用過的帶回家，丈夫看到後馬上開心地打開按摩棒的開關。當然，那天晚上我們就拿按摩棒來用了。

開關一按下去，按摩棒的前端就開始旋轉震動。按摩棒一接觸到陰蒂立刻有一股快感傳來，過沒多久我的下體就溼了。接著按摩棒插入我的體內，另一個突起的犄角抵住我的陰蒂不停震動。那是我第一次體驗按摩棒，才一會功夫我就高潮了。

之後丈夫堅硬的陰莖馬上插了進來，快感再次降臨，高潮也一波接著一波。現在我們完全迷上了按摩棒，做愛的次數比以前增加許多，夫妻感情也更爲親密。

●聽到隔壁太太的嬌喘聲

眞央（三十七歲・從事兼職的家庭主婦）

我們夫妻倆曾和丈夫的朋友及朋友的太太一起去旅行，爲了節省費用，我們兩對夫妻住在同一間房裡。我們一起品嘗美味的料理、美酒，然後隔著和室的拉門就寢。睡在我身旁的丈夫伸手觸摸我的私處，我醒來後本想拒絕他，這時卻聽到隔壁太太的嬌喘聲。丈夫被隔壁做愛的聲音點燃了慾火，那種極力壓抑的嬌喘聲聽起來好像很舒服似的，連我也開始感到興奮了。

丈夫的那話兒變得比平常還要堅挺，我費了好大功夫才忍住沒叫出聲來，但我想隔壁應該也有聽到才對。隔天早上大家一起吃早飯時，氣氛有些尷尬，也沒有什麼對話。當晚隔壁又傳來了嬌喘聲，這次的嬌喘聲簡直能用肆無忌憚來形容，我們也不再有所顧忌。

到了隔天吃早飯時，大家終於能正常對話，因爲彼此都心照不宣了（笑）。現在我們每年會一起去旅行兩次，做愛時也不再關上拉門，眞的是很愉快的旅行喔（笑）！

●我會把手伸進丈夫的裙子裡

百合（二十七歲・上班族）

我的丈夫有女裝的癖好，一開始我還挺驚訝的，不過後來就欣然接受了。他是在一流企業高就的上班族，身爲妻子的我也覺得他十分威風（笑）。可是他的體格很纖細，稍微化妝一下再戴上假髮，馬上就成爲一個連我看了也爲之心動的僞娘。我的身高有一百七十六公分，身高一七〇的丈夫能夠穿上我所有的衣服，包括胸罩和內褲（笑）。

頭一次和僞娘（丈夫）做愛時有種不可思議的興奮感和新鮮感。我一把手伸進他的裙子裡，他還害羞地夾緊雙腿呢！後來我的動作也變得很激情，丈夫勃起的陰莖從內褲露出來，我一摩擦陰莖，丈夫甚至發出了如同女人一般的嬌喘。這種玩法都是由我採取主動，而丈夫處於被動。我幫丈夫套弄陰莖時，也有一種好像在搞同性戀的感覺，我還會把頭探進丈夫裙子裡舔弄他的性器（口交）。至於做愛的體位，都是我跨在他上面的。

●向朋友借二樓的房間來和丈夫做愛

春子（二十四歲・家庭主婦）

我們家族共有八個人，除了我和丈夫以外，還有爺爺、奶奶、兩個小孩，以及丈夫的弟弟和妹妹。我和丈夫及小孩睡在僅有四席半榻榻米的房裡，和小叔的房間也只有一道拉門相隔，因此我們沒辦法太常做愛，就算做愛也不能發出一點聲音。房子雖然是獨棟，但小小的屋裡擠滿八個人，很容易累積壓力。

為了發洩累積的壓力，我們會開二十分鐘的車前往童年玩伴的家，她的丈夫從事汽車販賣的工作，禮拜六也要上班，所以不在家裡。我們會趁這段時間去她家，和她借二樓的房間來做愛（笑）。她說我們可以盡量發出聲音也沒關係，所以為了發洩壓力，我和丈夫都會搞得驚天動地。

我們的兩個小孩也是在朋友家「製造」出來的（笑）。事情結束後，我們三人會一起喝茶，朋友看到我們剛做愛完的模樣也覺得很興奮，據說等我們回去，她晚上和自己的丈夫打得很火熱呢！我的丈夫也因為在朋友家做愛而特別興奮，那話兒總是硬梆梆。

●丈夫的弟弟會從洗衣籃中偷拿我的內褲

翔子（二十六歲・新婚）

我現在每天都能品嘗緊張和興奮的滋味，我的丈夫是家中的長男，他的父母要求我們必須和他們同住。基於某些原因，我和丈夫的弟弟曾在結婚典禮上碰過面，當時我真是嚇了一跳，他的弟弟長得非常帥，我很喜歡丈夫，但我對丈夫的弟弟也很有好感。和兩個喜歡的男性住在同一個屋簷下，每天都開心得不得了。

後來我看到小叔從洗衣籃中偷拿我的內褲，我並沒有不愉快的感覺，反而感到很興奮。一想到小叔猥褻我的內褲，用我的內褲自慰，我就會私處發燙、腰軟腿麻。

不過我並沒有和小叔做愛，只是我和丈夫做愛時會想著小叔，我會幻想小叔聞著我的內褲自慰。這種時候我的下體會氾濫成災，連我自己都覺得驚訝，丈夫也很開心呢！

我只要把穿過的內褲摺好放在洗衣籃裡，過一陣子再去觀察，內褲的位置和摺疊的方法都會變得不一樣，小叔好像常常拿我的內褲自慰，我每天都好興奮呢！

●全身赤裸穿上圍裙做飯

芽衣（三十五歲・家庭主婦）

丈夫在外地工作，每個月我會去他的公寓兩次，小孩則拜託婆婆幫忙照顧。爲了避免他外遇，我得去把他累積的性慾全部榨乾才行（笑）。我都是選在禮拜五晚上去見丈夫，在他那住三天兩夜不停榨取他，畢竟我也很久沒做了，丈夫也會盡力滿足我。

我一進丈夫的公寓會先全身赤裸，然後穿上圍裙煮飯。丈夫下班開門回家，便會從後面把臉埋進我的屁股，聞我下體的氣味。接著他會讓我轉過身來，一邊聞我私處的味道，一邊舔弄我的私處。我們直接就在廚房做愛了，丈夫眞的很厲害喔，都已經射過一次了，居然還是金槍不倒呢！

最後一天夜晚我會滿足丈夫的任何要求，因爲接下來又有好一陣子沒辦法碰面，我會讓他射在我的身體裡或是嘴裡，最後再用手幫他解決一次。我會把丈夫榨取到彈盡援絕，讓他不管受到什麼刺激都沒辦法勃起才肯罷休。不過隔天一大早，丈夫在出門上班前還會和我再恩愛一次呢（微笑）！

●他會把那個插進我的私處用內褲固定住

比奈（二十歲・打工族）

我很喜歡我的好色男友，他有一個可以遠距離遙控的電動按摩棒，他會把那個插進我的私處裡，然後用內褲固定住。要是當天我穿牛仔褲，按摩棒就會緊緊塞進我的私處。不管我們到哪裡，他都會把按摩棒的開關打開喔，按摩棒插進私處不但會震動到陰道口，連敏感的部位也會被震動刺激。

被那樣玩弄根本站也站不穩，有一次啊，我用手壓住自己的下腹部蹲了下來，路邊的大嬸還跑來關心我呢！結果他還把震動的強度調成強力震動（笑），我當場就癱軟在地上，男友一看到大嬸打算叫救護車，也趕緊把電源關掉了（笑）。

還有一次我們去買泳衣的時候，我一進試衣間他馬上就舔弄我的私處。那時我們非常興奮，直接就用後背位在試衣間做愛了（笑）。我們也很喜歡玩扮演醫生和病人的玩法，他曾在河邊的草堆裡玩弄我的私處，當他壓在我身上時，屁股聚集了一大堆蚊子，後來他實在癢到受不了，只好中途停下來了（爆笑）。

●客人會把手伸進我的裙子裡

保奈美（二十九歲・偶爾從事兼職的家庭主婦）

每到禮拜五晚上我就會化身爲特種行業小姐（笑），我會在平常沒使用的房間裡換上粉紅色的霓虹燈製造氣氛，再戴上長假髮、配上濃妝艷抹、穿上性感內褲和迷你裙招待客人（丈夫）。天花板上還會掛著旋轉的玩具彩球，看起來就好像眞的風月場所一樣。

客人一進來（丈夫回家）我會先帶他到房裡，然後端出料理和啤酒。等我把溼毛巾遞給他以後，還會慰問他工作辛勞，並詢問他今晚想要什麼樣的服務，客人聽了也覺得很高興。粉紅色的燈光照在我的胸部上，彩球的燈光效果讓我看起來好像別的女人一樣。

客人會邊喝啤酒、邊摸我的胸部，甚至還會把手伸進我的裙子裡。一想到男人都在外面做這種事，我的心裡很嫉妒。我會用手搓揉他的那話兒、幫他口交，客人好像覺得眼前的女人並不是我，整個人非常興奮。他的陰莖變得比平常做愛還要堅硬，我們也會眞槍實彈地做愛，我也很享受那種玩法（笑）。

●我們家那口子買了《性愛的指導手冊》回來

涼香（二十九歲・派遣員工）

年輕時做愛就算只有單一模式也會很興奮，可是隨著年齡增長，性愛也愈來愈單調乏味。結果我們家那口子買了《性愛的指導手冊》回來，作者是誰我並不清楚，只記得好像是教導口交和舔弄技巧的書籍。那些技巧眞是不得了，我從來就不知道市面上有賣那種書，我們的性愛簡直煥然一新呢！

光是舔弄女性性器的技巧就有許多種不同的變化。他細心地幫我舔弄，舔得我十分舒服，爲了回報他的努力，我也看了那本書，學習口交的技巧幫他服務。69字形其實是有祕訣的，妳在品嘗對方性器的同時，要集中精神感受自己性器的快感（笑）。一旦了解這個祕訣，就能體驗到興奮的快感。

多虧那本書，我們最近做愛的次數也增加了，我也快三十歲了，我們也該討論是否要生孩子了。現在我們的性愛不再一成不變，我們應該可以享受性愛、造人成功才對。我們家那口子也說了，他說他還會再買更厲害的性愛指導手冊回來呢（笑）！

●他會在不知不覺間脫下我的內褲硬插進來

眞由（十九歲・打工族）

我們其實沒對性愛這件事下太多功夫，男友也才十九歲，正是精蟲衝腦的年紀，每次見面都想做愛。他會先吻我、吸吮我的乳房、舔弄我的下體，然後我幫他口交一陣子，他立刻插進來抽動，才動沒幾下就射了（笑）。他好像每天都會累積不少性慾，一大早起來他會要求我幫他口交，接下來馬上壓在我身上。男人一大早起來雞雞臭得要死，害每次我嘴裡都有怪味道，噁心死了。

即使我打完工拖著疲憊的身子回家就寢，他也會在不知不覺間脫下我的內褲硬插進來。我跟他抗議下體還沒溼，他也完全不理會，依然慢慢將陰莖插進來，我都是等他抽插一會之後才開始溼的。也因爲每天做愛的關係，我現在也開始體會到性愛的快感了。

可是每當我正要感到舒服的時候，他就已經繳械了。我覺得他根本是借我陰道發洩的發情公狗（笑）。雖然我會叫他稍微持久一點，但直到最近我才明白，他完全是個超級早洩男。我想和他分手，另外再找個男友。

●最後介紹十二位女性參與換妻性愛的經驗談

最後介紹的這十二位是我以前採訪的女性朋友，直到現在我們也還是有聯絡。她們都是享受著換妻性愛的已婚人妻，當她們的丈夫和別人的妻子做愛時，她們就在丈夫的身旁，被別人的丈夫用後背位抽插。我曾經實際看過換妻性愛現場，那股興奮的感覺我到現在都還記憶猶新，那種場面就是如此震撼。

在那種場面下，不論是口交還是舔弄女性性器都是兩對夫妻進行的，現場會響起淫蕩的黏滑水聲。兩對夫妻用69字形的場景更令我興奮過度、私處性慾高漲。換妻性愛途中，他們彼此對望的表情也顯得相當恍惚。

各位已婚的男女讀者，你們能接受換妻性愛嗎？嫉妒心確實能挑起異常的興奮感，有些丈夫看到自己的妻子被別的男人取悅，的確會感到開心、興奮；當然，丈夫也能享受別人的妻子。當兩對夫妻一同做愛，兩位男性同時猛烈抽插兩位女性的場面眞的很有魄力，連嬌喘聲都是二重奏。房間裡異常地悶熱，我看得渾然忘我，幾乎忘了當初採訪的目的。

●對方一插進來，我瞬間就達到高潮了

美貴（三十二歲・上班族）

雅夫（丈夫・假名）第一次跟我討論換妻話題的時候，我心想他是不是瘋了。有一天我在工作中接到一通簡訊，雅夫約我在外面吃飯，於是我到指定的餐廳去和他碰面。比我先到現場的雅夫正和一對貌似夫妻的情侶聊得很開心。雅夫把我介紹給他們，他們是一對謙恭有禮的夫妻，大家一起享用了美味的紅酒和料理，氣氛十分融洽。

過了一會，雅夫起身離席，我以爲他是去廁所。不久後對方的太太也離開座位，好一陣子都沒有回來。等我發現這就是交換夫妻時，立刻有種臉紅心跳的感覺。當時我也有點醉了，對方的丈夫微笑凝視著我，我的情慾也慢慢被挑起了。

等我回過神時，我們已經在賓館做愛了。我被第一次見面的男性舔弄私處，他的技巧很好，讓我非常舒服。那一天我極度放蕩，平常我根本沒辦法想像自己居然會放蕩到那種地步，對方一插進來，我瞬間就達到高潮了，那麼厲害的高潮我還是第一次體驗。

●丈夫在自己的身旁做愛

綾子（四十二歲・家庭主婦）

我們參加換妻性愛，一開始只是先打個照面而已。就是兩對夫妻一起聊天，如果談得來的話就一起吃頓飯，順便討論當天晚上要用什麼樣的玩法，過程既興奮、又愉快。接著夫妻倆手牽手進賓館，這樣做能爲之後的換妻性愛增添興奮的要素。

我們這對比較年輕的夫妻會先去洗澡，洗完後我們會穿著浴袍、喝著啤酒等對方洗澡，對方洗完後也同樣穿著浴袍和我們喝啤酒。這時就開始交換夫妻了，我的丈夫會先起身坐到對方的太太身旁，對方的丈夫也會坐到我身旁，彼此在對方的面前交換夫妻。

再來要做什麼就全憑個人喜好了，我們除了浴袍沒有穿任何衣服，因此在接吻時會被直接搓揉乳房，我也會把手伸進對方的浴袍搓揉那話兒，偶爾和丈夫視線交錯感覺很興奮。接下來彼此會互相口交、舔弄性器，然後兩組人並排在床上用自己喜歡的體位做愛，一想到丈夫在自己的身旁做愛，眞是無與倫比的興奮。

●最後一晚還會舉辦雜交派對

良美（三十二歲・上班族）

我們和一對夫妻互相交換三年了，平均一年只會見兩到三次面，見面時會一起開車去觀光。我們家的車子是小型的休旅車，我們會開車前往約定的地點，在那裡交換夫妻。我和對方的丈夫坐在後座，對方的太太則和丈夫在前座。車子一開動，對方的丈夫就會迫不及待地吻我，我也會回吻對方。

車子上高速公路前，我們會放倒後座的座椅開始做愛。一上高速公路，彼此會激烈地貪求對方。換妻性愛的醍醐味，就是彼此的丈夫和妻子都在自己身旁，只要品嘗過那種興奮就再也戒不掉了。

我們會在休息站稍事休息，這次換對方的丈夫開車，我也坐到前座。我的丈夫和對方的妻子馬上開始做愛。看他們好像興奮過度、有點迫不及待似的，突然就幫對方口交了（微笑）。到了賓館我們會交換夫妻，然後和同樣參加換妻性愛的情侶和樂相處，最後一晚還會舉辦雜交派對呢（微笑）！

●我們會和認識的年輕夫妻雜交

花梨（二十歲・兼差）

比起換妻性愛，我更喜歡雜交，我從中學時代就偷食禁果了（笑）。我們當時在高中生的家裡找來好幾對男女，到了晚上便在家裡四處做愛。我曾經一整晚被三個人輪流玩弄，結果還懷孕墮胎，被父母逐出家門（笑）。不過我和男方努力工作，最後有了一個正式的名分，父母也總算認同我們了。現在我們很享受換妻性愛的樂趣（笑）。以前我去高中生的家裡做愛時，我就和小健（丈夫・假名）認識了，那時候我們也做過好幾次。普通的性愛完全滿足不了我們，我們會和認識的年輕夫妻雜交。

我和別的男人做愛時，小健會非常嫉妒、興奮。他看到我被其他男人上會性情大變，把我身上的男人推開自己插進來，可是他自己在我面前和別的女人做愛卻很開心。每當小健的身上跨著別的女人，我被其他男人從後面上，我只能任由擺布，看著他和別的女人做愛。

●嫉妒的丈夫會激烈地貪求我的肉體

美奈子（三十二歲・家庭主婦）

我們夫妻倆和另一對夫妻享受雙重外遇的關係，外遇眞的很令人興奮（微笑）。我會趁假日丈夫在家時，特別用心化妝打扮，因爲我知道丈夫也有外遇，所以我照樣出門，不顧丈夫的勸阻。在前往車站的途中我很興奮，連私處也熱了起來；和外遇對象做愛有別於和丈夫做愛，外遇時我自己可以採取主動。我會在賓館激烈做愛，做到精疲力竭、無法動彈，最後躺在別的男人懷裡休息。一回到家裡，嫉妒的丈夫會激烈地貪求我的肉體；相反地，當丈夫出去外遇時，我也會出於嫉妒而迫不及待想做愛。一直到丈夫回來之前，我的私處簡直溼到連我自己都受不了，等丈夫回來我會脫光他的衣服，隨即跨在他身上。事前愈是忍耐、做愛時就會愈舒服，很快就會達到高潮。

我們四個人從來不會一同見面，這也是外遇之所以令人興奮的原因。對丈夫來說，沒辦法和妻子體驗的淫蕩玩法，在外遇時都能盡情體驗，丈夫也樂在其中。

●我們會有一個禮拜的時間互相交換家庭

理子（二十七歲・家庭主婦）

和我們交換夫妻的對象也是家庭主婦，因此我們會有一個禮拜的時間互相交換家庭。對方的太太當我們家的家庭主婦，我則當對方的家庭主婦。我們彼此都沒有其他家庭成員，所以能夠盡情享受當別人太太的玩法（微笑），這種家庭既刺激又愉快。

對方的丈夫會趁我在廚房時來撫摸我，他堅硬的陰莖抵住我的臀部，手也會伸進我的內褲裡。這時我們已經興奮難耐了，於是我會停止做飯，到寢室的床上做愛，在別人家的寢室做愛實在興奮無比（微笑）。我也會依照對方丈夫的要求全身脫光坐在桌子上，然後一邊吃飯，一邊喝酒。

這種生活持續一個禮拜左右，我們充分享受了性愛的樂趣，心情也煥然一新。回到家中看到隔了一個禮拜沒見的丈夫感覺很新鮮，夫妻間會互相坦白和對方的另一半做些什麼、過著什麼樣的日子。多虧這種生活，我和丈夫的性生活也十分順遂（微笑），這種人生妳不覺得很開心嗎？

●對象是年輕的情侶，而不是夫妻

純子（四十二歲・家庭主婦）

我們會舉辦家庭派對來從事換妻性愛，雖說是換妻性愛，但對象是年輕的情侶，而不是夫妻，兩位都是身分清白的大學生。詳細的情況請恕我不能多談，總之兩位都是家境清寒的學生，每次派對結束之後我們會給予他們援助。我們的孩子也都長大獨立了，儘管我們是爲了排遣寂寞才這麼做，但和年輕男女在一起實在很開心。尤其是丈夫，他十分喜歡那位年輕女性的肉體，我也相當沉迷年輕男性的肉體（笑）。

即使我已經年過四十了，年輕男性充滿爆發力的陰莖還是讓我很興奮。大家聚在一起時會先喝點酒，接著丈夫會先引誘女方，他們做愛的地方就在客廳旁邊的房間，偶爾可以聽到女方發出的嬌喘聲。聽到那嬌喘聲，我和男方也跟著興奮起來，開始做起愉快的事情。

年輕男性眞的很棒，只要握住他那堅挺的陰莖，陰莖就會一陣抖動。幫他口交的時候，整個嘴巴都會被陰莖塞滿，我的私處也會變得興奮難耐。等丈夫和女方完事以後，就換我們進房間恩愛了。

●最興奮的場面，莫過於觀賞插入的那一刻

小惠（三十四歲・經營餐廳）

我們除了會玩換妻性愛以外，還會互相觀賞對方做愛。和我們玩換妻性愛的對象大概三十多歲，對方的丈夫是公司的經營者，我們夫妻倆則是餐廳的經營者。大家會在賓館的房間裡開心談天，順便點些料理和酒來享用，接下來就丟硬幣決定由誰先來做愛。

若是丈夫和對方的太太先做愛，我和對方的丈夫會一邊喝酒，一邊觀賞他們做愛。丈夫一開始好像有些害羞，現在反而覺得這樣做很興奮，那話兒看起來也比平常堅硬許多（笑）。最興奮的場面，莫過於觀賞插入的那一刻，感覺自己好像看到了很不得了的東西，心裡相當興奮。最後我和對方的丈夫同樣興奮難耐，兩人就會開始做愛。

先做完的兩個人也會觀賞我們做愛，對方丈夫會把我的腳掰開舔弄我的私處，這種景象被別人看到眞的很興奮，我的下體也會非常淫潤。我在幫對方丈夫口交時，因爲旁邊有人觀賞，所以會刻意誇張地吸吮、舔弄。對方丈夫扭腰抽送時，他們二人會近距離觀賞抽插的情況。

●對方丈夫插進我的私處，丈夫插入我的口中

道子（二十八歲・上班族）

我們雖然有參加換妻性愛，但我個人比較喜歡3P的玩法。我們一到賓館會各自訂房，對方的丈夫會先來我們夫妻的房間玩3P，對方的太太則獨自一人興奮地等待（笑）。

同時舔弄兩根勃起的陰莖讓我覺得自己變得好淫蕩，舔弄和套弄陰莖的動作也變得更加積極。自己的私處被男人舔弄、嘴巴又被陰莖抽插，興奮狀態立刻會達到最高潮，情慾也高漲難耐。做愛的時候，對方丈夫插進我的私處，丈夫則是插入我的口中，這種玩法每次都能讓我獲得完美的高潮。不過只有對方的丈夫會射精，丈夫則要去滿足對方的太太。

後來我聽丈夫說，對方的太太已經等到內褲都溼了呢（笑）！據說當丈夫舔弄她那溼淋淋的私處時，對方便迫不及待地請求丈夫插入。因爲對方下體非常潮溼，丈夫也覺得很興奮，這次換對方丈夫的陰莖抽插自己太太的嘴巴，等對方太太滿足以後，我們才會交換夫妻，慢慢享受換妻性愛的樂趣。

●我們會用女同性戀的體位互相磨蹭私處

彩香（二十五歲・飾品銷售）

我們這兩對夫妻是在雙性戀俱樂部認識的雙性戀夫妻，所謂的雙性戀就是男女皆可的意思。以我爲例，我不但會和對方的丈夫做愛，也會和他的太太做愛；同樣的，我的老公也會和他們兩人做愛。

我在舔弄對方太太的私處時，老公和對方的丈夫會用陰莖抽插對方太太的嘴巴。接著我們會用女同性戀的體位互相磨蹭私處，老公會把陰莖插入對方太太的嘴裡，對方的丈夫也會把陰莖插入我的嘴裡。我們一邊被強制口交（男人主動擺腰抽插女人的嘴巴），一邊互相磨蹭私處。只要掌握磨蹭的方法，這種玩法每次都能高潮喔（笑）！

每次看兩個男人肛交也很興奮，丈夫會把陰莖插入對方丈夫的肛門裡，然後一邊套弄他的陰莖，這種玩法即使看在女性的雙性戀眼裡也相當興奮。之後丈夫在他的肛門裡射精，他的陰莖也會射出大量的精液；男人的肛門好像也很有感覺似的，被捅屁眼居然也會噴射大量的精液喔！

●我可以選擇自己喜歡的陰莖呢

優子（二十七歲・從事兼職的家庭主婦）

我和丈夫偶爾會參加換妻的性愛派對，基本上派對剛開始的時候大家都是全裸的，然後臉上戴一個只遮住鼻子和眼睛的面具，因此男人們不會依照長相來挑選女人，而是看身材來做選擇，腰細胸部大的女人最受歡迎。做愛基本上是一對一，但是撫摸、口交、舔弄則不在此限。

最受歡迎的男人不是那些長得帥的，擁有堅挺陰莖的男人才最受女人歡迎；光看形狀和大小，感覺插入私處會很舒服似的。最重要的原因是：那種陰莖看起來精力充沛（笑）。我因爲胸部大的關係所以很受歡迎，常常會吸引不少男人靠過來；這種時候最令人興奮了，我可以選擇自己喜歡的陰莖呢（笑）！

每次大約有五組情侶會參加派對，人數約在十個人左右。有時我在會場裡尋找丈夫的身影，會看到他挑選纖細的女性快速地擺腰抽送呢（笑）！我是可以一次和好幾個男人做啦，可是這樣一來就會有女人享受不到了。

●被丈夫硬帶去參加夫妻交換派對

靜穗（二十八歲・家庭主婦）

我在二十三歲時和丈夫結婚，新婚洞房是我的第一次體驗。剛開始丈夫每晚都會和我做愛，雖然很舒服，但礙於羞赧的緣故，我一直不敢叫出聲來。我的個性就是沒辦法積極主動，丈夫也說和我做愛很無趣，後來我們就沒再做愛了，不過我很想做。

最初我被丈夫硬帶去參加夫妻交換的派對，我的性經驗只有丈夫一個人而已，所以去到那種地方我很不好意思，一直不敢有所行動，但也有男人對我這種羞澀的態度感到興奮。雖然我還是很害羞，但還是想回應那個興奮的男人。那是我第一次發現自己有那樣的一面，好像自己的性格也跟著改變了一樣。

目前我和丈夫又有性生活了，不過現在換我覺得不滿足了。我拜託丈夫再帶我去參加換妻派對，但他因爲嫉妒不肯再帶我去了。可是前一陣子我參加了第二次的換妻性愛，和別的男人做愛反而比較開心呢（微笑）！

後記

●性愛是兩情相悅的事情（辰見拓郎）

看完本書《極致愛撫②——女性器篇》不知各位讀者覺得如何呢？我和女性實際做愛進行取材時，總會盡最大的心力來取悅女性，如果女性也願意取悅我，我也會開心地提供更多服務，即使服務過度也在所不惜。做愛這件事情，無微不至的服務永遠不嫌多，女方受到貼心的服務，自然也會反過來取悅我。

在實際做愛取材時，我都會傾聽女方的性經驗。大多數的女性，她們的前男友或是現在的男友、丈夫，做愛的模式都像蓋印章一樣，非常單調乏味。性愛次數銳減、性愛一成不變、失去性生活等問題都有一個共通的原因——那就是欠缺愛撫。各位若能取悅你的女友或老婆，你和另一半的性愛次數一定會確實地增長。你的另一半開心，另一半自然也會讓你開心，這樣一來，性愛就會是一件令人雀躍期待的愉快享受。

相信各位看了本書的共同作者三井京子採訪的女性眞心話可以得知，女性也像男性一樣想要好好享受性愛的樂趣。性愛本是男女間最能慰勞彼此的互動關係，然而缺乏愛撫反而會增加彼此的壓力。

本書的共同作者三井京子雖然謙稱自己是性學後進，但她其實也是了不起的性學泰斗。儘管她在書裡把男友寫成性伴侶，但兩人的關係十分融洽，據說他們做愛的次數始終沒有消減。這正是因爲他們懂得互相取悅對方，讓對方確實獲得高潮的緣故。

●購買本書研讀，保證能讓你的性生活煥然一新（三井京子）

感謝辰見大師的讚美（笑），其實我只是想積極享受男人罷了。女性如果一味採取被動讓男性服務，男性就算有心愛撫，也必然會心有餘而力不足。這也意味著男性缺乏如何愛撫女性的知識。我在撰寫性愛書籍時，總會實際嘗試各種不同的玩法，因此現在和男友做愛，興奮度和快感度依然不斷提升，每次都能獲得無與倫比的高潮快感。

本書《極致愛撫②──女性器篇》和《極致愛撫①──胸部特集》一書同樣受到廣大女性朋友的支持。女性朋友如果閱讀此書，可能會發現自己欠缺另一半的愛撫，反而增加壓力也不一定；這也代表男性朋友在做愛時眞的沒有好好愛撫女性。這些都是被我採訪過的女性朋友的眞實心聲，身爲女性的我都明示到這個地步了，各位男性朋友千萬要有所自覺啊（微笑）！假如各位女性讀者的男友或丈夫購買本書來研讀，保證能讓你的性生活煥然一新。當然，你也將開始體會被另一半徹底愛撫的滋味。

各位男性讀者若能好好疼愛女性，女性也會反過來疼愛你。辰見大師也說過，性愛是兩情相悅的事情，對方開心喜悅，你要更加努力地取悅對方，這種心態可以稱爲「快感的連鎖」。我隨便舉一個例子各位就能了解了；我的男友平常會煮飯給我吃，我只要一直稱讚他煮得很好吃，他的廚藝就會不斷進步。做愛也是相同的道理，你的另一半若盡心取悅妳，妳把愉悅的感覺表現在身體上，這樣對方的技巧也會愈來愈進步。所以各位女性讀者，請讚美妳的男友或丈夫吧！在各位讀者閱讀本書的當下，我想我已經在撰寫下一部作品了，還請各位讀者期待我們接下來的力作。

國家圖書館出版品預行編目資料

極致愛撫②，女性器篇／辰見拓郎、三井京子著；
葉廷昭 譯. -- 二版 -- ；臺中市：晨星，2020. 04
面； 公分. --
ISBN 978-986-443-989-8（平裝）
1.性知識

429.1 109002819

極致愛撫②—女性器篇

作　　者／辰見拓郎、三井京子
插　　畫／角愼作
譯　　者／葉廷昭
編　　輯／莊雅琦
封面設計／王大可
內文排版／林姿秀

創 辦 人／陳銘民
發 行 所／晨星出版有限公司
407台中市西屯區工業30路1號1樓
TEL：04-23595820　FAX：04-23550581
行政院新聞局局版台業字第2500號
法律顧問／陳思成律師

讀者專線／TEL：02-23672044／04-23595819#212
FAX：02-23635741／04-23595493
E-mail：service@morningstar.com.tw
網路書店／http：//www.morningstar.com.tw
郵政劃撥／15060393（知己圖書股份有限公司）
印　　刷／上好印刷股份有限公司

初　　版／2012年08月01日
二　　版／2020年03月23日
二版三刷／2023年08月16日
定　　價／350元

ISBN 978-986-443-989-8
JYOSEIKI NO AISHIKATA by Takuro Tatsumi and Kyoko Mitsui

Original Japanese edition published by DATAHOUSE
This Traditional Chinese language edition published by arrangement with DATAHOUSE, Tokyo in care of Tuttle-Mori Agency, Inc., Tokyo through Future View Technology Ltd., Taipei